그날의
꽃
그날의
기억

그날의 꽃 그날의 기억

식물학자가 들려주는 100가지 식물 이야기

유기억 지음

일조각

머리말

요즘은 나이 60이 그다지 대수롭지 않다. 경로당엘 가도 70대가 막내라고 하니 60은 어쩌면 청춘이 아닐까 싶다. 나이 60이 된 지금, 돌아보면 많은 일들이 있었다. 1983년 대학교 1학년 2학기 때부터 시작한 식물분류학연구실에서의 생활은 43년이나 되었고, 같은 연구실에 교수로 부임한 것도 23년이나 지났다. 그동안 현장에서 많은 경험도 했고 제자들도 배출하면서 연구실 명맥을 유지하기 위해 꾸준히 노력했다. 강원도 산은 높고 길도 힘들어 조사를 다녀오면 며칠을 누워 지내야만 했던 초창기 때를 생각하면 지금의 체력은 우리나라 어느 곳을 가라 해도 두려울 것 없을 만큼 강해졌고, 현장 교육의 틀도 잡혀 학생들을 교육하기에도 충분한 경험을 쌓아 놓았다. 식물분류의 새로운 방법을 배우기 위해 돌아다녔던 시간도 마찬가지다. 혼자서 이웃집 동냥하듯 이리저리 뛰어다니며 고군분투했던 시절이 지금 생각하면 훌륭한 디딤돌이 되었고, 그 위에 반석을 다져 지금에 이른 것 같다. 그동안 우리 연구실을 스쳐 지나간 후학들도 100여 명이 훌쩍 넘는다. 대학교 졸업논문을 위해 1년 남짓 실험실 생활을 했던 제자들, 자기 방처럼 적극적으로 생활했던 학생이 있는가 하면 적응이 어려워 뛰쳐나간 학생도 있어 우여곡절도 많았는데, 지금도 바라는 것은 그때 뛰쳐나간 학생들이 다시 돌아와 아름다운 마무리를 했으면 하는 것이다. 대학원생들은 어떤가! 20여 년을 스승과 제자의 관계로, 같은 학문 분야를 전공하는 동역자로, 인생 선배로서 삶에 대한 멘토로, 그리고 형과 동생 같은 친근한 관계로 서로가 지금까지 이어지고 있다. 첫 번째 제자가 박사학위 취득을 하던 날 나도 모르게 마음이 울컥했던 때도 있었고, 7–8명이 함께 야외조사를 나갔다가 너무 힘든 나머지 씻지도 못하고 잠든 바람에 고약한 발냄새가 진동하는 방에서 함께 머물렀던 기억도 있다. 실험실 선배가 기강을 위해 목소리 높여 혼냈던 일들은 요즘도 모이면 한바탕 웃음꽃이 피어나는 재미있는 이야기 재료가 되었다. 이젠 점점 더 성숙해 가는 제자들을 보면서 새로운 것보다는 무르익는 것에 더 중심을 두었으면 좋겠다는 생각을 해 본다.

나이 60에 식물학자로서 할 수 있는 것이 어떤 것이 있을까? 며칠을 곰곰이 생각해 봐도 특별한 것이 떠오르지 않았는데, 결국은 학생들과 함께했던 소중한 조사에서 만났던 식물이나 스스로 다니면서 인상 깊게 보아 온 식물 이야기를 해 보자는 결론에 도달했다. 원고를 마치고 보니 100종류 중에는 우리나라에 절로 나 자라는 식물은 물론이고 외래식물과 원예식물도 포함돼 있다. 다양하지만 많은 추억이 깃든 종류들이다. 분류군별로는 양치식물과 겉씨식물이 각각 6종류, 쌍떡잎식물이 77종류, 외떡잎식물 11종류로 구성돼 있으며, 초본과 목본의 비율은 59:41이다. 각 식물에 대한 이해를 돕기 위해 그동안 연구 과정에서 직접 촬영한 사진 중 해당 식물의 특징을 잘 나타내고 있는 사진들도 골라 실었다. 글 내용은 크게 네 개의 단락으로 구성했다. 우선 주인공 식물을 만나게 된 배경이나 특정한 장소와 산행에 대한 과정들을 포함한 전반적인 내용 모두를 담아 이야기했다. 이어서 학명의 유래, 우리 이름의 기원과 지방에서 부르는 다른 이름, 주인공 식물이 포함된 속(屬)의 총 분류군 수와 형태적으로 가장 비슷한 종류와의 구별점을 설명하고, 한방에서 부르는 사용부위별 이름과 효능을 소개했다. 그리고 정리 단계로 주인공 식물에 대한 개인적 생각, 정, 기대 등의 소회를 밝혔다. 마지막으로 뿌리, 줄기, 잎, 꽃, 열매 등 모든 형질을 도감 형식으로 상세히 서술하여 식물학적 특징을 잘 알 수 있도록 했다.

100세 시대라고는 하지만 60이 되고 보니 이젠 활짝 피려 하기보다는 지금까지 해 왔던 것을 잘 정리하고 많은 것을 내려놓는 연습이 필요할 때인 것 같다. 정년까지 남은 앞으로의 5년 동안은 그렇게 살아야겠다고 다짐해 본다. 그동안 몇 권의 책을 내긴 했지만, 이번에는 이제까지의 연구 생활에서 겪은 개인적인 이야기와 함께, 주변의 가족과 이웃, 동료들, 그리고 대학에서 특히 대학원생들과 더불어 겪은 일들을 내용의 중심으로 했다는 데 의미가 있다. 이 책이 식물에 관련된 정보뿐 아니라 인간관계의 아름다움을 엿볼 수 있는 하나의 표본이 되기를 기대해 본다.

끝으로 책이 나오기까지 물심양면으로 노력해 주신 일조각출판사 여러분께 감사드린다.

2025년 11월 10일

나이 60이 되는 날

유기억

차례

이 책에 등장하는 100종류의 식물은 국가표준식물목록(http://nature.go.kr/kpni/index.do)을 따라 Engler의 분류 체계를 기초로 양치식물, 겉씨식물, 속씨식물(쌍떡잎식물과 외떡잎식물)의 과(科)별 순서로, 속(屬)은 알파벳 순서로 배열하여 작은 식물도감 형태로 구성했다.

식물의 이해

식물이란?

우리가 흔히 식물이라고 부르는 것은 대부분 바다에서 기원되어 물이 없는 환경인 육지에 적응한 것으로 첫 번째 그룹인 비관속육상식물 이끼류를 지나 뚜렷한 관속조직을 가진 식물을 통틀어 부르는 이름이다. 관속조직은 물과 물속에 녹아 있는 무기양분을 이동시키는 물관부(도관부)와 물에 녹아 있는 당을 운반해 주는 체관부(사관부)로 구성되며, 주변에 함께 연결되어 있는 세포들과 융합해 식물의 생장과 번식에 필요한 조직과 기관을 만든다.

식물의 역사

지금까지 알려진 최초의 육상 관속식물은 고생대 데본기 초기인 약 4억 1,600만 년 전에서 3억 6,000만 년 전 사이에 출현한 화석식물인 라이니아식물(Rhyniophytes)로 알려져 있다. 그 이후에는 지금도 살아 있으며 잎이 없거나 발달이 미약한 석송식물(Lycopodiophytes)이 번성하였고, 연이어 뚜렷한 잎을 가진 종류들로 분화되었다. 이 종류들은 고생대 석탄기(약 3억 4,500만 년 전)에 번성했으며, 포자를 통해 번식하는 특징이 있고 양치식물(Pteridophytes)이라 부르는 고사리 종류들이 여기에 포함된다.

약 3억 5,000만 년 전-3억 1,000만 년 전 사이에는 번식 방법으로 종자(씨)를 만드는 종자식물이 출현하게 되는데 크게 겉씨식물과 속씨식물로 구성돼 있다. 겉씨식물(Gymnosperms)은 고생대 석탄기 초기(약 3억 5,000만 년 전)에 출현해 광범위하게 퍼져 나갔으며 중생대 지층에서 많은 화석이 발견된다. 겉씨식물은 꽃가루받이(pollination)가 일어날 때 배주(ovule)가 씨방에 싸여 있지 않고 겉으로 노출되는 특징이 있어 나자식물이라 부르기도 하며 은행나무, 소나무 종류가 포함된다.

중생대의 백악기 초기(약 1억 4,000만 년 전-1억 3,000만 년 전)에 출현한 속씨식물(Angiosperms)은 뚜렷한 꽃이 있고 꽃가루받이 때 배주가 씨방에 완전히 둘러싸여 있는 종류로 피자식물 또는 현화식물이라 하며, 현재 전 세계 육상식물의 95%를 차지하고 있어 지구의 주인이라 해도 과언이 아니다. 속씨식물은 다시 종자가 발아해 나오는 떡잎의 수에 따라 쌍떡잎(쌍자엽)과 외떡잎(단자엽) 식물로 나누기도 하지만, 최근 DNA자료를 기초로 만들어진 APG 분류 체계에서는 기저 속씨식물, 외떡잎식물, 진정쌍떡잎식물 등 3개 그룹으로 나눠져 차이가 있다.

식물의 구조

식물은 종류에 따라 뿌리와 줄기가 딱딱하게 목질화되어 오랫동안 살아갈 수 있는 나무(목본)와 목질화된 조직이 거의 없고 매년 새로운 줄기가 자라는 풀(초본)로 구분한다. 나무는 높이에 따라 큰키나무(교목), 작은키나무(아교목), 떨기나무(관목)로 구분하며, 풀 종류는 생육 기간에 따라 한해살이풀(1년생), 두해살이풀(2년생), 그리고 여러해살이풀(다년생)로 구분한다. 하지만 식물체를 구성하는 기본 요소, 즉 성장과 광합성에 필요한 뿌리, 줄기, 잎, 그리고 번식과 관련된 꽃, 열매와 종자를 맺는 기관은 공통적으로 갖는다.

뿌리

식물체를 지탱하고 물과 무기물을 흡수하는 기능을 한다. 솔잎란속(*Psilotum*)과 근연종을 제외한 모든 육상관속식물에 있다. 대부분 땅속에 들어 있지만 겨우살이나 난초 종류처럼 지상에 노출된 종류도 있으며 고구마처럼 저장기관으로 변형된 것도 있다. 쌍떡잎식물은 중심뿌리(주근)와 곁뿌리(측근)가 함께 있지만 외떡잎식물은 수염뿌리만 존재한다.

줄기

잎과 생식기관을 지탱하면서 일정한 높이에 위치시키는 지지기관 역할을 하며, 관속조직을 통해 잎, 뿌리, 생식기관에 물과 영양분을 공급해 주는 통로다. 나무는 줄기 분열조직 때문에 나이테가 생겨 부피생장을 할 수 있으며, 풀 종류에서는 줄기의 유무가 종 동정에 중요한 형질로 사용되기도 한다. 줄기에는 마디가 반복되어 있고 각각에 잎, 가지, 꽃이 달려 식물의 생장을 이어가게 한다. 줄기가 변형되어 만들어진 땅속줄기는 지하경이라 하고, 줄기가 변형된 저장기관으로는 감자가 있다. 쌍떡잎식물 줄기의 관속조직은 규칙적이지만 외떡잎식물은 불규칙하게 산재한다.

잎

식물에 필요한 영양분을 만들어 내는 광합성이 일어나는 장소로, 빛 흡수에 용이하도록 납작하고 넓은 형태를 갖는다. 잎에는 기공이라 부르는 작은 구멍이 있어 대기 중 이산화탄소를 흡수하고 산소와 수분을 방출하는 역할을 한다. 잎몸, 잎자루, 흔적잎(탁엽)으로 구성된 것을 완전엽이라 하고, 잎이 줄기에 달리는 순서를 잎차례(엽서)라 한다. 잎몸의 위, 아래, 끝, 가장자리 모양에 따라 특징을 세분하며, 잎이 변형되어 만들어진 가시와 덩굴손도 있다. 잎의 개수에 따라 단엽과 복엽으로 나누고 소나무류는 대부분 바늘잎이다. 쌍떡잎식물의 맥은 그물맥(망상맥)이지만 외떡잎식물은 평행맥(나란히맥)이어서 구별된다.

꽃

다음 세대로 유전물질을 전달하는 기관으로, 생애주기에서 영양기관에 비해 출현시간은 적지만 반드시 필요한 부분으로 종류에 따라 모양과 색깔이 다양하다. 꽃은 암술, 수술, 꽃잎, 꽃받침으로 구성되며 4가지 모두를 갖춘 것을 갖춘꽃(구비화, 완전화)라 하고, 암술과 수술이 같은 꽃에 있으면 양성화, 서로 다른 꽃에 있거나 퇴화했으면 단성화라고 한다. 한편 꽃잎이 한 장으로 구성된 것은 합판화(통꽃), 여러 장으로 된 것은 이판화(갈래꽃)라 하여 구별한다. 꽃이 꽃줄기에 부착하는 순서와 모양은 꽃차례(화서)라고 하는데 종 식별형질로 자주 사용된다. 꽃에는 꿀을 분비하는 꿀샘(밀선)이 있어 꽃가루받이를 위한 벌, 나비 등 수분매개체를 유인하는 역할을 한다. 쌍떡잎식물의 꽃 구성 요소는 4 또는 5의 배수지만 외떡잎식물은 3의 배수다.

열매

꽃에서 꽃가루받이를 통해 암술의 자방(씨방)이 성숙하거나 주변 기관과 연관되어 만들어진 종자 보호기관이다. 전자는 진과(true fruit)라 하고 후자는 가과(false fruit)라 한다. 열매는 익으면 껍질이 벌어져 종자를 내보내는 개과(dehiscent)와 열리지 않는 폐과(indehiscent)로 크게 나누며, 한 개의 꽃에 있는 하나의 암술에서 발달한 열매는 단과(simple fruit), 여러 개의 암술로부터 발달한 것은 취과(aggregate friut), 그리고 여러 개 꽃이 모여 발달한 것은 다화과(multiple fruit)라 한다.

종자

종자는 배(embryo), 또는 배와 배유(endosperm)로 구성된 배주가 성숙해 만들어진다. 배는 잎과 줄기로 발달할 상배축(epicotyl), 뿌리가 될 유근(radical), 그리고 상배축과 유근을 연결하며 어린싹의 발달과 관련된 하배축(hypocotyl)으로 구성된다. 종자는 발아를 위해 일정 기간 휴면이 필요하며, 종자 껍질의 색깔과 미세구조는 종을 구별하는 데 유용하게 사용되는 형질이다.

기재용어

식물학에서 쓰는 용어는 주로 한자에서 시작된 전문어라 이해하기가 쉽지 않다. 특히 본문 내용 중 외부형태 특징을 설명한 부분은 되도록 쉽게 쓰려 했지만 한계가 있었다. 따라서 이 책 내용의 이해를 돕기 위해 본문에 등장하는 식물분류학 용어를 다음과 같이 풀이하였다.

줄기

근경(根莖, rhizome): 수평으로 자라는 땅속줄기로, 보통 마디 사이가 짧고 비늘조각모양의 잎이 달려 있음. 지면에서 수평으로 자라는 양치식물 줄기를 의미하기도 함.

덩굴손(tendril): 다른 물체를 감고 올라갈 수 있는 구조물. 잎이나 줄기의 변형 형태임.

생식경(生殖莖, reproductive stem): 고사리 종류에서 포자주머니를 매달고 있는 줄기.

영양경(營養莖, vegetative stem): 고사리 종류에서 포자를 맺지 않는 잎이나 줄기로만 구성된 기관.

인경(鱗莖, bulb): 양파처럼 다육질 잎으로 둘러싸인 짧은 땅속줄기.

지하경(地下莖, subterranean stem): 땅속에서 자라는 줄기의 총칭, 양분을 저장하거나 새로운 개체를 만드는 생식기능이 있음.

포복경(匍匐莖, stolon): 길게 옆으로 뻗어 가며 생장하는 줄기, 마디 사이가 길고 끝에서 새로운 개체가 뿌리를 내림.

피목(皮目, lenticel): 나무껍질에 있는 구멍으로, 일반적으로 기체 교환의 기능이 있음.

눈

아린(芽鱗, bud scale): 어린눈의 정단분열조직과 잎이 될 눈을 보호하는 작은 비늘형 잎.

잎

경엽(莖葉, cauline leaf): 줄기에 달리는 잎.

근엽(根葉, radical leaf): 뿌리에서 처음 나오는 잎으로 땅 위에 줄기가 없는 종류의 잎은 모두 근엽으로 구성.

기공선(氣孔線, stomatal line): 기공이 모여 흰색 또는 연한 녹색의 줄모양으로 나타나는 것.

단엽(單葉, simple leaf): 하나의 잎몸으로 만들어진 잎.

로제트형(rosette): 잎이 땅에 붙어 있는 중앙부에서 방사상으로 배열된 상태의 모양.

복엽(複葉, compound leaf): 두 장 이상의 잎몸으로 만들어진 잎.

소엽(小葉, leaflet): 복엽을 구성하는 각각의 작은 잎.

엽설(葉舌, ligule): 벼과(科) 식물에서 볼 수 있는 줄기를 감싸는 엽초 위쪽 부분에 달리는 돌기 또는 돌출물. 잎혀라고도 부름.

엽초(葉鞘, sheath): 부분적으로 또는 완전하게 줄기를 감싸는 편평한 엽저 또는 잎자루.

엽축(葉軸, rachis): 복엽에서 소엽이 붙는 중심축.

우상복엽(羽狀複葉, pinnately compound leaf): 복엽을 구성하는 작은 잎이 중앙축, 즉 엽축을 따라 마주나거나 어긋나 달리는 형태.

우편(羽片, pinna): 양치식물 잎에서 첫 번째로 갈라진 잎 또는 갈라진 잎 조각.

유저(流底, attenuate): 잎몸이 잎자루까지 좁아지면서 내려오는 모양의 엽저. 기부 교차각도가 45도 이하임.

장상복엽(掌狀複葉, palmately compound leaf): 복엽을 구성하는 소엽이 손바닥모양으로 달리는 것.

주맥(主脈, mid vein): 잎몸 가운데로 뻗어 가는 가장 큰 유관속을 가지는 맥.

탁엽(托葉, stipule): 잎자루 기부 양쪽에 쌍으로 달려 있는 잎 모양의 구조로 엽침이나 선점으로 변형되기도 함. 턱잎이라 부름.

포자엽(胞子葉, sporophyll): 1개 이상의 포자낭을 가지고 있는 특수화된 잎.

털과 표면

강모(剛毛, bristle): 곧고 빳빳하며 뾰족한 털.

관모(冠毛, pappus): 국화과(科) 식물의 꽃받침이 까락, 인편 또는 강모로 변형된 형태로 씨의 위쪽 끝부분에 나는 털.

선모(腺毛, grandular trichome): 끝에 분비샘이 발달하여 둥글게 변형된 돌기를 가지는 털.

선점(腺點, pellucid dot): 잎이나 꽃잎에 나는 검은색 또는 투명한 점으로 분비물이 나옴.

성상모(星狀毛, stellate trichome): 여러 갈래로 갈라진 별모양의 털.

꽃

각두(殼斗, cupule): 꽃을 보호하는 총포(總苞)가 변형되어 만들어진 컵모양의 구조물로 열매 기부를 감쌈.

기판(旗瓣, vexillum): 콩과(科) 식물 꽃 구성 요소 중 가장 크고 가장 상부에 있는 꽃잎.

꽃받침(萼, calyx): 잎이 변형되어 만들어진 기관으로 꽃의 가장 바깥 부분에 위치.

꽃부리(花冠, corolla): 꽃잎을 총칭하여 부르는 용어로 꽃받침 안쪽에 위치.

꽃뿔(距, spur): 제비꽃이나 현호색의 꽃처럼 꽃 뒤쪽이 원통형으로 둥글거나 뾰족하게 돌출된 모양으로 꽃받침이나 꽃잎에서 발달하며 안쪽에 꿀샘이 들어 있음.

내영(外穎, palea): 벼과(科) 식물 꽃의 암술과 수술을 직접 감싸는 보호기관 중 안쪽 포엽.

단성화(單性花, unisexual flower): 꽃의 필수기관인 수술과 암술 중 한 가지만으로 구성된 꽃.

대포자(大胞子, macrospore): 대포자주머니에서 감수분열을 통해 만들어지는 암배우자체.

두화(頭花, head): 국화과(科)의 꽃처럼 복합꽃받기 위에 꽃자루가 없거나 작은 꽃자루를 가진 꽃들이 무리 지어 있는 상태.

발아구(發芽口, aperture): 꽃가루 벽의 얇은 부위로 꽃가루관이 나오며, 꽃가루 모양을 유지하고 암술머리 위에서 수분을 흡수하는 주된 통로 역할을 함.

배주(胚珠, ovule): 종자식물에서 종자가 되는 밑씨.

불염포(佛焰苞, spathe): 꽃을 보호하는 색깔을 가진 넓은 포, 천남성과(科)와 종려나무과(科)의 특징.

설상화(舌狀花, ligulate flower): 두상화를 구성하는 꽃의 한 가지로 화관이 혀모양인 꽃.

소수(小穗, spikelet): 꽃이 피는 줄기가 축소 변형된 것으로 꽃과 포가 배열함. 가장 아래쪽에 2개의 포영이 있고 위쪽에 1개 이상의 소화가 달림.

소포자(小胞子, microspore): 소포자 주머니에서 감수분열을 통해 만들어지는 수배우자체.

소화(小花, floret): 내영과 호영, 암술과 수술로 구성된 벼과(科) 식물의 꽃 구성 단위. 내영은 퇴화되거나 간혹 없어지기도 함.

수꽃(雄花, staminate): 수술만 있는 꽃.

수분(受粉, pollination): 꽃가루가 바람이나 동물에 의해 직접 배주에 전달되는 것을 의미함. 꽃가루받이라고도 함.

수술(雄蕊, stamen): 꽃잎 바로 안쪽에 위치하며 꽃가루가 들어 있는 꽃밥주머니와 꽃밥자루로 이루어진 수술군의 구성 요소.

씨방(子房, ovary): 꽃에서 수정하기 전 미성숙 종자인 배주를 포함하는 암술 구성 요소. 자방이라고도 함.

암꽃(雌花, pistillate): 암술만 있는 꽃.

암술(雌蕊, pistil): 씨방, 1개 이상의 암술대, 그리고 1개 이상의 암술머리로 이루어진 암술군의 구성 요소.

양성화(兩性花, bisexual flower): 꽃의 필수기관인 수술과 암술을 모두 가지고 있는 꽃.

외영(外穎, lemma): 벼과(科) 식물 꽃의 암술과 수술을 직접 감싸는 보호기관 중 바깥쪽 포엽. 호영이라고도 부름.

용골판(龍骨瓣, keel): 콩과(科) 식물 꽃 구성 요소 중 가장 아래쪽에 위치하는 2장의 꽃잎.

익판(翼瓣, alata): 콩과(科) 식물 꽃 구성 요소 중 기판과 용골판 사이에 위치하는 2장의 꽃잎.

자성배우자체(雌性配偶子體, female gametophyte): 난세포가 들어 있는 장란기만을 가진 배우자체.

자웅동주(雌雄同株, monoecious): 수꽃과 암꽃이 한 개체에 달리는 것.

주변화(周邊花, peripheral flower): 방사상 꽃을 가진 두화에서 가장자리에 배열되는 꽃.

총포(總苞, involucre): 꽃이나 꽃줄기를 받치고 있는 잎 모양의 보호조직.

총포편(總苞片, involucral bract): 꽃이나 꽃줄기를 받치고 있는 보호조직인 총포를 구성하는 각각의 조각.

취약웅예(聚葯雄蕊, syngenesious): 수술의 특징 중 수술머리인 약은 합쳐져 있지만 수술대는 분리되어 있는 상태.

통상화(筒狀花, tubular corolla): 화관이 통모양으로 되어 있는 합판화의 한 종류로 국화과(科)의 관상화가 좋은 예.

포(苞, bract): 변형되어 퇴화된 잎으로 속씨식물에서는 꽃이나 꽃줄기 주변에 존재.

포막(胞膜, indusium): 포자낭군을 덮고 있는 조직.

포영(苞穎, glume): 벼과(科) 식물의 작은 꽃이삭 밑에 나 있는 한 쌍의 보호잎.

포자(胞子, spore): 반수체 세포로 육상식물에서는 포자낭 내 포자모세포의 감수분열에 의해 만들어지며, 배우자체로 자람.

포자낭(胞子囊, sporangium): 포자체에서 포자를 만들어 내는 기관.

포자낭군(胞子囊群, sorus): 포자낭들이 모여 일정하게 무리 지어 있는 것.

화탁(花托, receptacle): 꽃 구성 요소들이 붙는 꽃의 조직이나 장소. 꽃턱이라 부르기도 함.

꽃차례

두상화서(頭狀花序, capitulum): 국화과(科) 식물의 꽃처럼 꽃줄기가 없는 꽃이 함께 무리 지어 달리는 꽃차례, 때때로 총포에 의해 둘러싸여 있음.

미상화서(尾狀花序, catkin): 꽃차례 주축이 길게 신장하고 주변에 단성화가 여러 개 달려 꼬리처럼 보이는 꽃차례.

산방화서(繖房花序, corymb): 꽃줄기 끝이 거의 같은 높이로 자라고 꽃이 가운데 쪽을 향해 피어 들어가는 꽃차례.

산형화서(繖形花序, umbel): 길이가 거의 같은 꽃자루들이 동일한 지점에서 우산모양을 만드는 꽃차례.

수상화서(穗狀花序, spike): 길고 가느다란 꽃줄기 축에 작은 꽃자루가 없는 꽃이 다닥다닥 붙어 있는 꽃차례, 보리나 질경이가 좋은 예.

원추화서(圓錐花序, panicle): 작은 꽃자루를 가진 꽃들이 여러 개로 갈라진 가지에 달리는 무한꽃차례의 한 종류.

육수화서(肉穗花序, spadix): 두껍거나 육질성 중앙축을 지닌 수상화서로, 꽃들이 밀집해 달림.

집산화서(集散花序, cyme): 유한화서의 한 종류로 화축 끝과 가지 끝에 꽃이 달리는 형식이 반복적으로 나타나는 꽃차례. 곁가지가 나는 모양에 따라 다양한 꽃차례로 불림.

총상화서(總狀花序, raceme): 긴 꽃축에 작은 꽃자루를 갖는 꽃이 달리지만 가지를 치지 않는 꽃차례.

취산화서(聚繖花序, cyme): 꽃줄기 끝에 달리는 꽃 아래로 3개 이상의 꽃대가 달려 만들어지는 형식의 꽃차례.

열매와 종자

건개과(乾開科, dry dehiscent fruit): 익으면 틈 또는 봉선을 따라 껍질이 터지는 열매.

건폐과(乾閉果, dry indehiscent fruit): 익어도 터지지 않고 껍질이 종자를 싸고 있는 열매.

견과(堅果, nut): 도토리처럼 종자 한 개로 이루어지고 익어도 껍질이 열리지 않는 열매.

골돌(蓇葖, follicle): 박주가리처럼 하나의 암술로 구성되며 봉합선을 따라 열리는 열매.

구과(毬果, cone): 하나의 축에 여러 개의 실편들이 겹쳐서 이루어진 열매.

내과피(內果皮, endocarp): 열매가 여러 층으로 나누어져 있을 경우 가장 안쪽 층.

단각과(短角果, silicle): 꽃의 암술을 구성하는 2개의 심피에서 유래하고 모양이 납작하고 짧으며 익으면 격막에 따라 아래쪽부터 열리는 건개과.

배(胚, embryo): 육상식물의 접합자에서 발달한 미성숙한 2배체 포자체.

배봉선(背縫線, dorsal suture): 씨방의 벽에서 심피의 뒤쪽으로 뻗는 관다발이 흐르는 부분.

배유(胚乳, endosperm): 배젖이라고도 하며 속씨식물 종자의 영양조직 역할을 함.

삭과(蒴果, capsule): 합쳐진 심피의 씨방이 성숙해서 만들어진 열매 형태로, 성숙하면 껍질이 벌어져 씨가 노출됨.

살눈(肉芽, bulbll): 주아(珠芽)라고도 하며 변형된 눈의 일종으로 땅에 떨어져 무성적으로 새로운 개체를 만드는 눈.

소견과(小堅果, nutlet): 크기가 작은 견과로 1개의 종자로 이루어진 건폐과.

수과(瘦果, achene): 1개의 종자로 이루어진 건폐과로, 종자는 열매껍질의 한 곳에만 달라붙어 있음.

시과(翅果, samara): 단풍나무 종류처럼 종자에 날개가 달린 열매.

실편(實片, seed scales): 열매의 한 종류인 구과를 구성하는 비늘모양의 조각.

외과피(外果皮, exocarp): 열매가 여러 층으로 나누어져 있을 경우 가장 바깥층.

이과(梨果, pome): 사과, 배 등 열개하지 않는 과실의 일종으로 열매 안쪽은 씨방이 변해서 만들어진 것이고, 씨방을 둘러싸는 육질 부분은 화탁이 변해 만들어짐.

장과(漿果, berry): 포도나 꽈리처럼 다육성 열매껍질을 가지고 있는 육질성 열매.

종의(種衣, aril): 종자 표면을 덮고 있는 부속물로 가종피(假種皮)라고도 함.

중과피(中果皮, mesocarp): 열매가 여러 층으로 나누어져 있을 경우 가운데 층.

포린(苞鱗, bract scale): 침엽수 열매인 구과를 형성하는 2개 인편 중 배주가 달리지 않은 바깥쪽 조각.

핵과(核果, drupe): 딱딱한 돌 같은 내과피, 다육질의 중과피, 얇은 막 껍질의 외과피로 구성된 육질성 열매.

협과(莢果, legume): 익으면 껍질이 열리는 건개과로, 긴 2개의 봉합선을 통해 터짐. 꼬투리과라 부르기도 함.

기타

관속조직(管束組織, vascular bundle tissue): 물과 무기양분의 이동통로인 물관부와 당 및 단백질 등 유기물을 운반하는 체관부로 구성된 특수화된 세포층.

귀화식물(歸化植物, naturalized plant): 인위적 또는 자연적으로 다른 나라에서 들어와 자연생태계에서 도태되지 않고 자력으로 토착하여 나름대로 공존하면서 살아가는 외래식물.

기생식물(寄生植物, parasitic plants): 다른 식물에 붙어 생활하는 종류로, 광합성이 가능한 반기생식물과 광합성 능력이 없는 전기생식물로 나눔.

다육식물(多肉植物, succulent plant): 잎이나 줄기에 저장조직이 발달하여 수분이 많은 식물.

단위생식(單爲生殖, parthenogenesis): 암수배우자 수정 없이 비정상적인 2배체 자성배우자체나 난자로부터 배가 발생하는 것.

방추형(紡錐形, fusiform): 더덕 뿌리처럼 정중앙이 굵고 끝으로 갈수록 가늘어지는 모양.

유관속(維管束, vascular bundle): 물관부와 체관부 조직으로 만들어진 세포 띠. 관다발이라고도 함.

유액(乳液, latex): 유액관으로부터 분비되는 식물액. 초식을 방해하거나 식물조직을 상처로부터 보호하는 역할을 함.

육질성(肉質性, carnose): 즙이 많거나 수분이 많은 상태를 말하며, 다즙성, 다육질과 유의어.

인편(鱗片, scale): 눈이나 땅속줄기 또는 사초과(科) 식물의 수상꽃차례에 달리는 비늘 조각 형태의 작은 물체.

착생식물(着生植物, epiphyte): 토양 이외에 바위나 나무 등에 붙어 자라는 식물.

총생(叢生, fasciculate): 줄기 등이 한 곳에서 2개 이상씩 모여 자라는 상태.

팽압운동(膨壓運動, turgor movement): 식물의 운동기관인 엽침과 그 밖의 운동 부위에서 운동세포의 팽압 변화로 일어나는 운동.

양치 식물 *Pteridophytes*

포자로 번식하며 관속조직을 갖는 가장 오래되고 원시적인 식물로,
크게 석송류(Lycopods)와 고사리류(Ferns)로 나눈다.
습한 환경이 지속되었던 3억 4,500만 년 전 고생대 석탄기에 번성했으며,
페름기의 건조한 환경 때문에 많은 종류가 사멸되어 석탄층 대부분을 형성한다.
그 후 중생대 공룡시대까지 살아남은 양치식물은
커다란 군락을 형성하며 번성하기도 했지만
꽃이 피는 현화식물의 출현으로 입지가 약해졌고, 현재까지
탄생과 멸종을 거듭하면서 지구상에 가장 오랫동안 생존한 식물로 자리 잡았다.
전 세계에 11,800여 종이 분포하며 열대지방의 종 다양성이 가장 높다.

꼬리처럼 길게 뻗은 잎이 특징인 **가는쇠고사리**

바위틈을 좋아하고 동그란 포자뭉치가 아름다운 **고란초**

잎맥을 따라 붙는 흰색 포자가 인상적인 **고비고사리**

공작이 허리깃털을 활짝 펴고 있는 모습을 닮은 **공작고사리**

우리나라에는 366 종류가 분포하는 것으로 알려져 있으며,
관중과에 84 종류가 포함돼 있어
과별 다양성이 가장 높고,
지역별로는 230여 종류가 자라는 제주도에 가장 많다.

행운의 상징 네잎클로버 잎을 닮은 수생 양치식물 **네가래**

가지를 많이 치고 늘푸른잎을 가진 **만년석송**

석회암지대를 알려 주는 대표 식물 중 한 가지 **산토끼고사리**

양치식물 중 유일한 특산속 식물 **제주고사리삼**

1

부처손과

구실사리

우리나라 식물이 모두 나열돼 있는 도감을 펼쳤을 때 가장 먼저 등장하는 식물은 어떤 것일까? 대부분 석송과, 부처손과, 속새과, 솔잎란과 등이다. 순서는 책에 따라 조금씩 다르긴 하지만 이 종류들의 공통점은 육지에 올라와 적응한 물관부와 체관부를 갖는 관속식물 중 현존하는 첫 번째 그룹이라는 것이다. 여기에는 34종 정도가 포함돼 있는데, 모양을 보면 일반적인 식물의 형태는 찾아볼 수 없고 옆으로 기거나 곧게 자라는 긴 줄기에 잎처럼 생긴 작은 부속물들이 붙어 있는 것처럼 보여 어린아이들이 보면 이게 식물이냐고 질문할 정도로 이상하게 생겼고, 잘못하면 이끼 종류와 혼동하기 쉽다. 그러나 고등식물에 포함되어 있으니 무시할 수는 없는 존재다. 이 중 형태나 사는 모습이 가장 특이한 종류를 예로 들어 보라면 구실사리를 들겠다.

석송

부처손

속새

솔잎란

구실사리(군락)

이 식물을 특이하게 생각한 건 딸아이와 함께 영상 촬영을 위해 강원도 홍천군에 위치한 팔봉산을 갔을 때다. 이 산은 이름처럼 8개의 봉우리로 이뤄져 있는데 대부분 바위로 연결돼 있어 산행이 그리 녹록지는 않다. 첫 번째 봉우리를 만나고부터는 거의 암벽을 타는 수준으로 가야 하는데 북사면 쪽으로 나 있는 길을 가다 보면 항상 구실사리가 눈에 들어온다. 오래전부터 가장 살기 좋은 곳에 터를 잡았고 그동안 축적되어 온 마르고 오래된 줄기들이 주춧돌 역할을 해주면서 그 위에 새로운 가지와 잎이 뻗어 가는 것이다. 바위를 덮고 있는 모습도 주변의 다른 식물들에 비해 특별한 것은 없지만 봉우리를 지나면 지날수록 다양한 모습으로 나타나는 구실사리 군락은 새로운 놀라움을 선사해 주었다. 8봉을 다 지난 후 마지막 인터뷰에서도 팔봉산에 오면 꼭 만나 봐야 할 식물 중 한 가지로 구실사리를 꼽았고 왜 그런지 이유도 설명했다.

강원도 춘천시에 위치한 삼악산을 갔을 때도 마찬가지였다. 등산로 입구에는 사계절 내내 물이 흐르는 골짜기가 있는데, 그 주변은 커다란 바위로 구성돼 있다. 폭포도 많아 바위 위는 항상 젖어 있을 정도인데 그곳을 구실사리가 차지하고 있는 것이다. 팔봉산 군락이 산 능선부 약간 그늘진 곳에 주로 자리하고 있는 데 비해, 삼악산은 계곡에 있는 바위 위를 점령하고 있어 소금은 다른 입지를 보였다. 면적으로 보면 삼악산 군락이 훨씬 크고 습기 때문인지 생육 상태도 좋아 어떤 곳은 바위 전체를 구실사리가 덮고 있었다. 반대쪽 입구도 마찬가지였는데 골짜기 맞은편에 위치한 조그만 암자의 기와지붕과 어우러지는 조화로운 모습도 볼 수 있었다.

비늘이끼

구실사리의 학명은 *Selaginella rossii*다. 속명 '*Selaginella*'는 좀다람쥐꼬리의 고대 라틴명인 selago의 축소형 어휘로 작은 *Selago* 속이라는 뜻으로 부처손속(*Selaginella*)을 말한다. 종소명 '*rossii*'는 영국의 선교사 John Ross의 이름에서 유래했다. 우리 이름은 옆으로 뻗는 줄기에 작은 잎이 배열한 모습이 국수, 새끼, 실 같은 것을 동그랗게 포개어 감는 뭉치를 의미하는 사리와 비슷하다는 뜻에서 유래했다. 지방에서는 구슬사리, 구슬살이, 바위비늘이끼라 부르기도 한다. 우리나라에서 자라는 부처손속(*Selaginella*) 식물은 10종류가 있고, 형태적으로 구실사리와 가장 비슷한 종류는 비늘이끼인데 줄기 측면에 달리는 잎 가장자리에 톱니가 없어 밋밋하고 끝이 뾰족해 구별된다. 한방에서는 구실사리 지상부를 지백(地柏)이라 하여 항암제로 사용한다.

대학 시절 하숙집 근처에 선술집이 있었는데, 가게 안 수반에는 작은 나무 한 그루가 심겨 있었고 주변에 놓인 자갈 위에는 구실사리가 얽혀 있었다. 주인은 이것을 이끼라고 불렀다. 제대로 된 이름을 알려 주고 몇 번을 확인했지만 한번 머릿속에 각인된 이름을 바꾸기는 쉽지 않았다. 결국 갈 때마다 건네는 첫 번째 인사말은 '구실사리'가 되었고, 나중에 주인은 다른 식물에도 관심을 가지게 돼 나름 보람 있었다. 지금도 그 집 이름이 생각난다. '술 한잔 인생 한잔 그리고 얘기 한마당', 구실사리와의 인연이 시작된 추억의 장소다.

구실사리(잎)

구실사리(줄기)

부처손과(Selaginellaceae)에 속하는 구실사리는 늘푸른잎을 가진 여러해살이풀로 다른 물체에 붙어 자란다. 키는 10-20센티미터 정도이고, 줄기는 철사처럼 가늘고 단단하며 붉은빛을 띠고 옆으로 뻗으면서 끝은 둘로 갈라지고 군데군데 뿌리를 낸다. 잎은 비늘조각모양으로 4줄로 배열하며 원줄기에는 드문드문 달리지만 작은 가지에는 빽빽이 달린다. 줄기 옆쪽으로 붙어 자라는 측엽은 긴 달걀모양 타원형으로 수평으로 퍼지며 약간 처지고 아래쪽에 톱니가 있고 끝은 뭉툭하다. 위쪽으로 나는 잎은 긴 달걀모양으로 가장자리에 가시 같은 톱니가 있고 2열로 붙는다. 포자낭 이삭은 길이 1센티미터 정도로 가지 끝에 1-2개씩 달리고 네모지며 자루는 없다. 포자엽은 삼각형으로 양쪽 가장자리가 오므라들며 주변에 작은 톱니가 있다. 소포자는 주황색 또는 연한 황색으로 주름이 있고, 대포자는 흰색이며 불규칙하고 작은 돌기가 있다.

2

잔고사리과

고사리

먹을 것이 부족했던 시절에는 탈이 나지 않는다면 뭐든지 음식 재료로 사용했다. 그 정도로 어려웠던 시대에 살지는 않았지만 어른들을 통해 듣거나 책에서 얻은 정보다. 시간이 지나 요즘은 그 당시 음식들이 웰빙이니 추억의 음식이니 하면서 새롭게 회자되고 있다. 곤드레나물밥, 꽁보리밥, 김치밥, 시래기장국 등 밥상의 주된 주인공은 말할 것도 없고 취나물, 무나물, 고사리나물 같은 반찬 종류도 마찬가지다. 특히 반찬 종류들은 재료가 풍성한 이른 봄에 채취해 삶은 뒤 말려 놨다가 시기와 상관없이 생각날 때마다 꺼내 사용한다. 아지랑이 피는 봄이 오면 동네 어른들은 함께 뒷산으로 올라가 먹을 수 있는 나무나 풀의 새순을 뜯고 오순도순 이야기도 나누며 행복한 시간을 보냈다. 어른들을 따라갔다가 산나물은 뜯지도 못하고 배가 고파 점심시간만을 기다렸던 생각도 나고, 뉘엿뉘엿 해가 질 무렵 하루 종일 수확한 나물을 보자기로 묶어 머리에 이고 내려오던 친구 어머니 모습도 생생하다. 요즘은 산나물 종류를 알려 주고 함께 채취하러 떠나는 동호회도 생겼다고 하니 말 그대로 격세지감이다.

지금까지 산나물과 관련한 경험 중 가장 특이했던 것은 고사리다. 고사리는 그리 높지 않은 산 햇빛이 잘 들어오는 양지 쪽이라면 쉽게 만날 수 있다. 그래서 봄이면 가끔 어머니 산소가 있는 곳을 들른다. 인사도 드리고 고사리가 나오는 상태를 보기 위해서다. 추석 명절 전 벌초를 위해 묘소 주변 푸나무를 제거하다 보면 키가 1미터나 되는 커다란 고사리를 많이 잘라 없애는데 해마다 같은 일이 반복될 만큼 고사리가 살기에 최적인 장소가 되었다. 큰형님은 해마

고사리(군락)

다 어머니 산소 주변 지역에서 채취한 고사리를 잘 보관해 놨다가 제사 때 사용하기도 한다. 하지만 고사리를 많이 뜯을 수 있는 주변 장소에 대해서는 아직도 비밀이다.

대학 기숙사 식당에서 있었던 고사리나물과 관련된 이야기도 있다. 이 식당 영양사는 학생들을 포동포동하게 살찌우는 것을 목표로 운영 수익과 상관없이 제대로 된 식사를 제공하려 무던히도 애를 썼고, 조리사분들도 몇십 년씩 음식을 만들던 전문가들이어서 대학 내 식당 중 밥맛이 가장 좋기로 소문난 곳이었다. 어느 날 점심식사 반찬으로 고사리나물이 나왔다. 배식그릇에 한가득 푸짐하고 먹음직스럽게 담겨 있었는데 갑자기 식판을 들고 있던 한 분이 고사리 배식그릇 앞을 가로막아 섰다. 이유를 물었더니 고사리에는 프타퀼로사이드(ptaquiloside)라는 독성물질이 들어 있어 먹으면 안 된다는 것이었다. 예전부터 식용으로 이용했고 생으로 조리하지 않았기 때문에 괜찮다는 설명을 했지만 그분은 굴하지 않고 고사리 배식그릇을 빼앗아 갈듯 완강하게 반응해 한참 동안 실랑이를 벌였던 적이 있다. 연구 결과를 보니 생고사리는 5분만 데

쳐도 독성물질의 60% 이상이 제거되고, 남은 독성의 2/3는 열에 의해 테로신B라는 발암성이 없는 물질로 전환된다고 한다. 따라서 고사리 독성물질은 데쳐 낸 후 물을 자주 갈아 주면서 12시간 정도가 지나면 독성의 99.5% 이상은 제거된다는 것이다. 베테랑 조리사들이 몸에 독이 되는 성분 이름은 알지 못했을지라도 관행적으로 내려오는 요리법을 충분히 감안해 조리했을 텐데 그분의 지나친 지식의 오버가 이런 지경을 만들었던 것 같다.

고사리(어린순)

고사리의 학명은 *Pteridium aquilinum* var. *latiusculum*이다. 속명 '*Pteridium*'은 그리스어 pteron(날개)에서 유래되어 깃 모양의 잎이 날개를 닮았다는 뜻이고, 종소명 '*aquilinum*'은 독수리 같은 또는 굽었다는 의미이며 변종소명 '*latiusculum*'은 약간 넓다는 뜻으로 잎 모양을 표현한 것이다. 우리 이름은 굽어 있다는 뜻의 옛말 '곱다'와 감겨 있거나 뭉치를 의미하는 '사리'의 합성어로 고사리순이 처음 나올 때 끝이 동그랗게 말려 있는 모양을 굽은 사리로 본 것에서 유래했다. 지방에서는 북고사리, 참고사리, 층층고사리라 부르기도 한다. 우리나라에서 자라는 고사리속 식물은 고사리 1종뿐이다. 한방에서는 고사리의 어린순을 궐(蕨)이라 하여 위와 장에 있는 열독을 풀어 주며, 이뇨 작용도 있는 것으로 알려져 있다.

고사리 어린순이 올라오는 모습은 애기 주먹처럼 아담해 보여 꺾기가 조심스럽기는 하지만, 우리나라 사람들이 가장 좋아하는 인기 나물 반찬 중 한 가지라고 한다. 어떤 지역에서는 '산에서 나는 소고기'라 부르기도 한다는데, 이 때문인지 재배하는 곳도 많아졌다. 또 요즘은 고사리 종류가 실내 정화식물로 각광받으면서 인기가 치솟고 있다. 식용과 관상용, 그리고 또 다른 용도를 가진 전천후 식물로 늘 번성하기를 고대해 본다.

고사리(어린줄기)

고사리(잎)

고사리는 잔고사리과(Dennstaedtiaceae)에 속하는 여러해살이풀로 땅속줄기는 길게 옆으로 뻗으며 군데군데 잎이 난다. 잎은 높이 1-3미터까지 자라고 잎자루는 20-80센티미터로 연한 볏짚색이며 땅속에 묻힌 부분은 진한 갈색으로 털이 있다. 잎몸은 길이 30-95센티미터, 너비 25-70센티미터로 달걀을 닮은 삼각형이며 3-4회 우상으로 갈라진다. 첫 번째 조각은 전체의 절반을 차지할 정도로 가장 크고, 갈라진 조각은 장타원형이다. 잎맥은 1-2회 Y자처럼 갈라진다. 포자낭군은 잎 가장자리에 붙고 서로 연결된다.

3

꼬리고사리과

골고사리

고등식물 중 포자로 번식하는 식물들은 대부분 고사리류, 즉 양치식물을 예로 드는데 꽃이 피지 않기 때문에 구분하기가 쉽지 않다. 2018년에 출판된 『한국의 양치식물』이란 책에 의하면 남북한을 포함해 한국에서 자라는 양치식물은 33과 72속 271종 1아종 14변종 1품종 11교잡종으로 총 298분류군이 보고된 바 있다. 여기에 국내에서 자란다고 알려졌지만 아직까지 발견되지 않은 61종류를 포함하면 대략 360여 종류나 된다. 우리나라 양치식물의 분포 중심지는 제주도나 남해안 지역인데, 주로 서울 이북 지역에서만 활동하다 보니 흔하게 볼 수 있는 고사리나 고비, 관중처럼 생긴 종류들이 전부인 줄 알았다가 남쪽이나 섬 지역을 방문했을 때 처음 보는 종류들이 너무 많아 당황한 적이 여러 차례다. 골고사리를 만났을 때도 마찬가지였다.

골고사리는 전형적인 고사리 모양이 아닌 마디풀과의 소리쟁이 잎처럼 생긴데다가 번들거리기까지 했으며 울릉도에서만 자라는 것으로 배워 왔는데 내륙 지역에서도 발견된다고 해 놀라웠다. 확인을 위해 거리상으로 가까운 강원도 태백을 방문했다. 잘 발달된 일본잎갈나무 숲 아래 약간 습한 지역에서 올망졸망 몇 개체씩 모습을 보여 주며 우리를 반겼다. 이후에도 웹상에서는 전북, 전남, 제주도에서도 자란다는 정보가 올라오기 시작해 이 식물의 분포가 여태까지 알려지지 않은 이유가 궁금해졌다. 그래서 대학원생 석사학위논문 주제로 분포지 주변의 식생과 환경, 집단별 유전다양성분석을 연구해 보도록 했다. 조사를 하면서 더 재미있었던 것은 전라남도 모악산 집단은 자생지 주변을 학생

골고사리(군락)

들과 함께 3일이나 자세히 관찰했는데도 달랑 2개체만 확인할 수 있었으며, 전라북도 변산반도 집단은 계곡의 큰 바위 위에서 자라 접근조차 힘들었던 기억이 있다. 자생지 집단은 총 10개를 확인했으며, 대부분 전석지가 발달한 북사면에 위치했고, 해발고도는 110–973미터로 지역에 따라 분포의 폭이 컸다. 식생조사 결과 큰키나무층은 제주도는 고로쇠나무, 산뽕나무와 비목나무, 울릉도는 너도밤나무, 섬피나무와 섬단풍, 강원도는 일본잎갈나무, 전라도는 층층나무, 느티나무와 서어나무가 우점종이었다. 초본층은 제주도는 십자고사리와 일색고사리, 울릉도는 일색고사리, 강원도는 관중, 전라도는 현호색과 십자고사리가 우점해 골고사리와 친화도가 높은 것으로 나타났다. 이렇게 식생이 완전히 다름에도 불구하고 DNA 실험 결과에서는 제주도와 울릉도 집단이 하나의 그룹으로 모여 다른 두 지역의 집단과 다른 양상을 보였다.

골고사리의 학명은 *Asplenium komarovii*다. 속명 '*Asplenium*'은 부정적인 의미의 접두어 a와 지라라고도 불리는 비장을 의미하는 splen의 합성어로 이 속에 속하는 어떤 종류가 비장의 통증을 치료하는 약재로 사용된 것에서 유래한 것이며, 종소명 *komarovii*는 만주 식물을 연구한 소련의 분류학자 Vladimir Leontjevich Komarov의 이름에서 왔다. 우리 이름은 습한 골짜기에서 자라는 고사리라는 뜻으로 붙여진 것이라고 하며, 지방에서는 나도파초일엽 또는 변산일엽이라 부르기도 한다. 우리나라에서 자라는 꼬리고사리속(*Asplenium*) 식물은 18종 5교잡종이 있다. 골고사리와 형태적으로 가장 비슷한 종류는 솔잎고사리인데, 솔잎고사리는 잎은 길이 1-4센티미터, 너비 1-4밀리미터로 소나무 잎처럼 가늘고 잎몸이 1-2회로 갈라져 구별된다. 한방에서의 용도는 알려져 있지 않다.

소리쟁이

골고사리가 자라는 곳을 보면서 어떻게 이런 곳에 자리를 잡았는지 모르겠다고 생각했다. 포자로 번식하는 만큼 최고로 편안한 곳을 찾아 정착했을 것이라 생각하면 쉬울 수도 있겠지만 아직까지도 신기하기만 하다. 모악산에서 만난 2개체가 지금도 그대로인지 아니면 여러 개체가 새로 생겼는지 갑자기 궁금해진다.

골고사리(포자)

골고사리(잎)

골고사리는 꼬리고사리과(Aspleniaceae)에 속하는 상록성 여러해살이풀로, 높이는 15-60센티미터까지 자란다. 뿌리줄기는 짧고 비스듬히 서며 막질로 진한 갈색의 비늘조각이 달린다. 잎은 몇 장이 모여나고 잎자루는 갈색 또는 연한 갈색으로 길이 3-16센티미터 정도인데 표면에 갈색 비늘조각이 밀생한다. 잎몸은 녹색이고 넓은 선형으로 길이 15-40센티미터, 너비 3-6센티미터로 끝은 뾰족하고, 기부는 둥근 귀처럼 되어 심장모양이 되며 가장자리는 밋밋하거나 약간 굴곡이 진다. 잎의 맥은 나란히 자라는 유리맥으로 Y자처럼 분기하는데 잎 가장자리까지 도달하지는 못한다. 포자를 매달고 있는 포자낭군은 잎 뒤쪽 2/3 지점까지 측맥과 나란히 쌍을 지어 배열하는데 길이는 불규칙하다. 포막은 선형으로 갈색의 연한 막질로 되어 있다.

4

관중과

관중

잎이 갈라져 만들어진 작은 조각의 모양이 양의 이빨을 닮았다고 해 붙여진 양치식물은 고사리 종류를 의미한다. 그런데 이 식물들을 생각하면 머릿속에 그려지는 모습이 있다. 봄에는 뿌리에서 막 올라온 애기 주먹처럼 생긴 어린순이나 잎이 생각나고, 가을이면 빳빳하거나 큼직한 잎들이 한 장씩 또는 한꺼번에 여러 장이 함께 나와 전체가 둥그런 모양을 이룬 모습이 떠오른다. 이들 군락지를 보면 화려하기까지 하여 마치 일부러 심어 놓은 것처럼 보일 정도다. 공룡이 살던 시절 고사리가 지구 전체에 우점해서 자랐던 때는 어땠을까? 영화에서 나오는 장면을 보면 우선은 그 웅장함에 놀라고, 우리나라에서는 볼 수 없는 나무고사리 같은 종류도 커다란 군락을 이루어 자라고 있으니 지금의 숲과는 사뭇 다르다. 지금까지 야외조사를 진행하면서 특정 지역에서 자라는 식물의 분포상을 논문으로 출판한 목록에 포함된 고사리 종류를 보면 국립공원처럼 면적이 넓은 지역은 70-100여 종류가 기록돼 있고 그 외 지역은 대부분 20-40 종류 정도가 들어 있다. 이 중에는 모든 목록에 항상 등장하는 종류들도 있다. 우리나라 전체를 비교할 수는 없지만 비교적 다양성이 높은 강원도의 5개 국립공원, 우리나라 유일의 고층습원이 있는 대암산, 그리고 춘천 지역 주변 10개 산의 식물분포를 종합적으로 분석한 『강원의 자연』이란 책을 보면 모든 지역에서 조사된 양치식물은 꿩고비, 고비, 황고사리, 고사리, 뱀고사리, 관중, 십자고사리, 산일엽초 등 8종류다. 식물도감을 봐도 이 종류들은 우리나라 어느 곳에서나 만날 수 있다고 되어 있다. 이 중 가장 인상 깊게 본 종류

관중(군락)

를 설명하라면 관중을 들겠다.

이 식물은 숲 해설이나 야외실습 때 반드시 설명하는 단골 대상종이다. 우선은 우리나라 중부 이북 지역에서 가장 큰 잎을 가진 고사리 종류라는 걸 이야기한다. 이른 봄에 올라오는 어린 모습을 아무 생각 없이 보게 된다면 마치 뱀 여러 마리가 똬리를 틀고 있는 것처럼 보여 깜짝 깜짝 놀랄 때가 많으며, 가을에 다 자란 모습의 군락을 만난다면 소름이 돋을 정도로 공포감을 느끼기도 한다. 좋은 점을 말하라면 동그랗게 배열된 커다란 잎들이 마치 우애 좋은 형제자매를 보는 것처럼 정겹고 바람에 흔들리는 모습은 믿음직스러울 정도다. 우리나라에는 원시림이 없다고 하지만 잘 발달된 숲속에 하층식생 전체를 관중이 군락을 만들고 있는 모습을 본다면 생각을 바꿀 수 있

꿩고비

고비

을 정도로 멋지다.

관중의 학명은 *Dryopteris crassirhizoma*이다. 속명 '*Dryopteris*'는 그리스어 dryos(참나무 또는 나무)와 pteris(양치식물)의 합성어로 참나무 숲속에서 자라는 양치식물이란 뜻이며, 종소명 '*crassirhizoma*'는 뿌리가 큰, 커다란 땅속줄기를 가졌다는 뜻이다. 우리 이름은 한자어 관중(貫衆)에서 유래했다. 잘 자란 개체를 위에서 내려다보면 방사상으로 무리 지어 자라는 각각의 잎 축 아래에 뿌리가 있어 마치 뿌리 하나가 여러 개 잎을 꿰고 있는 모습처럼 보여 붙여진 이름이다. 지방에서는 면마, 호랑고비, 회초미, 회초, 범고비라 부르기도 한다. 우리나라에서 자라는 관중속 식물은 37종 2변종 정도로 많고, 형태적으로 관중과 가장 비슷한 종류는 북관중인데, 갈라진 열편 간격이 넓고 가장자리의 톱니가 약간 깊으며, 잎자루와 중축의 비늘조각은 밝은 갈색으로 조밀하게 달리지 않고 잘 떨어져 차이가 있다. 한방에서는 뿌리줄기를 관중(貫衆)이라 하는데, 구충작용, 해열 및 해독작용, 지혈, 진통, 소염작용이 있는 것으로 알려져 있다.

이른 봄 관중이 자라는 곳을 가 보면 지난해 나왔던 잎이 말라 바닥을 덮고 있어 지저분해 보이지만 그 중앙을 뚫고 올라오는 새순을 보면 신비함이 있다. 조금씩 조금씩 성장해 완전한 잎 모양을 갖춰 가는 과정도 예쁘다. 다 자라면 잎도 월등히 크고, 잎 뒷면 1/3까지만 포자낭 무리를 만들어 자기의 존재를 쉽게 알게 하는 지혜도 가졌다. 말은 못하지만 성장해 가는 과정 속에 모든 정보가 들어 있다. 한마디로 배울 게 많은 식물이다.

황고사리

고사리

뱀고사리

십자고사리

산일엽초

관중(어린순)

관중(어린잎)

관중(잎)

관중(인편)

관중은 관중과(Dryopteridaceae)에 속하는 여러해살이풀로 높이는 60~100센티미터 정도다. 뿌리줄기는 굵고 곧게 자라며 여러 개의 잎이 모여난다. 잎자루는 길이 14~25센티미터로 갈색이고 아랫부분에는 피침형 또는 달걀모양의 갈색 또는 진한 갈색의 비늘조각, 즉 인편이 밀생한다. 잎몸은 긴 타원형 또는 선상 피침형으로 1회 우상으로 갈라지고 길이 40~80센티미터, 너비 20~25센티미터로 중간 위아래로 가면서 점차 좁아지며 중심축에는 황색 털처럼 보이는 인편이 밀생한다. 갈라진 우편은 27~33쌍으로 선상 피침형이며 길이 10~15센티미터, 너비 2~3센티미터이고 자루는 없다. 잎 각각의 조각은 긴타원형으로 밀착해 달리며 가장자리에는 톱니가 없거나 둔하게 나타나기도 하고 끝은 둥글다. 포자낭군은 엽신 위쪽 우편 중심부 가까이에 2줄로 나며 포막은 둥근 콩팥모양이고 성숙하면 불규칙하게 갈라진다.

5

넉줄고사리과

넉줄고사리

가끔 꽃집을 방문하면 화려한 꽃과 향기가 있어 눈과 코가 호강한다. 몇십 년 동안 우리나라 사람들이 가장 좋아하는 꽃은 장미라고 하는데 요즘은 붉은색뿐만 아니라 수십여 가지 다양한 색깔로 개량되어 이벤트에 맞는 꽃을 골라 선택할 수 있게 되었다. 꽃집에는 화려함만 있는 게 아니다. 꽃다발이나 장식을 더 빛나게 해주는 조연 같은 식물들도 있기 때문이다. 꽃다발 속의 안개꽃, 봄을 알려 주는 버들강아지라 부르는 버드나무 꽃, 가을을 알리는 데 사용되는 노박덩굴의 붉은색 열매 같은 것이 대표적이다. 잘생긴 돌을 이용하는 석부작이나 죽은 나무줄기나 껍질을 이용해 목부작을 만들 때도 마찬가지다. 얼마나 다양한 식물을 붙이느냐가 관건인데, 그러다 보니 땅으로 기어가며 자라는 뿌리나 줄기를 가진 종류들이 주로 선택된다. 가장 그럴듯한 것을 예로 들라면 넉줄고사리다. 주로 자라는 곳은 약간 습기가 있는 바위틈인데 몇 개체씩

버드나무(꽃)

노박덩굴(열매)

넉줄고사리(군락)

나기도 하고 바위 전체를 덮을 정도로 생육이 왕성한 곳도 있다.

지금까지 만났던 군락 중 가장 인상 깊었던 곳은 전라북도 고창군에 있는 선운사와 도솔천으로 유명한 선운산을 갔을 때다. 선운사에서 시작해 수리봉을 거쳐 생태공원 방향으로 내려오는 경로였는데 북사면과 능선부에 위치한 바위에는 대부분 넉줄고사리가 자라고 있었다. 가장 큰 군락이 있는 곳에서 학생들에게 넉줄고사리와 관련된 경험담을 이야기했다. 30여 년 전 이 식물을 처음 만났을 때 지도교수님은 이름만 알려 주고 바로 걸음을 재촉해 가 버리셨다. 왜 이런 이름이 붙었는지 궁금해하다가 '넉줄'이란 단어가 있으니 어느 부분인지는 몰라도 식물체에 4개의 줄이 있을 것이라 생각했다. 그래서 채집한 식물체를 뿌리에서 잎까지 전체적으로 훑어봤는데 줄은커녕 바위에 붙은 뿌리줄기에는 갈색 비늘조각이 잔뜩 붙어 있고 잎은 매끈하고 부드러워 흔적조차 찾을 수 없었다. 나중에 알고 보니 '넉줄'이란 단어는 덩굴을 의미하는 '덩쿨'의 북한말이기도 하고, 평남, 평북, 황해도 지역에서 부르는 '넌출'의 방언이었다. 결국 뿌리줄기가 바위 위로 뻗어 가는 모습이 덩굴처럼 보여 붙여진 이름인 것이다. 설명을 들은 학생들도 어딘가는 줄이 있을 거라는 똑같은 생각을 했다고 해 한바탕 웃었다.

넉줄고사리는 전국적으로 분포하기 때문에 비교적 흔한 편인데 자라는 모습이 너무 예뻐 몇 뿌리를 집으로 가져온 적도 있다. 수빈에 작은 돌로 장식을 하고 그 위에 식물체를 올려 현지에서 만났던 모습처럼 왕성하고 멋지게 자라기를 기대했다. 그런데 생각과는 달리 뿌리줄기는 활착이 되지 않고 잎도 금세 말라 버렸다. 그래도 미련이 남아 수반에 물과 흙을 보충하고 그늘진 곳에 둔 뒤 새로 나올 잎을 고대했는데 한 달을 기다려도 반응이 없어 결국 실패하고 말았다. 식물도 적재적소에 있어야 가장 아름다운 모습을 볼 수 있다는 것을 다시 한번 느끼게 해준 경험이었다.

넉줄고사리(화분)

넉줄고사리의 학명은 *Davallia mariesii*다. 속명 '*Davallia*'는 영국의 식물학자 Edmund Davall의 이름에서, 종소명 '*mariesii*'는 중국과 일본 식물을 채집한 영국의 식물학자 Charles Maries의 이름에서 왔다. 우리 이름은 덩굴처럼 자라는 고사리라는 뜻으로 뿌리줄기가 자라는 특징을 표현한 것이다. 전남 지방에서는 바구꼬사리라 부르기도 한다. 우리나라에서 자라는 넉줄고사리속 식물은 1종밖에 없다. 한방에서는 넉줄고사리의 뿌리줄기를 골쇄보(骨碎補)라 하여 약으로 쓰는데 진통과 진정작용, 고지혈증과 골다공증 예방, 그리고 골절된 뼈를 붙이는 데 효과가 있는 것으로 알려져 있다.

요즘 실내 벽을 활용한 플랜트 월(plant wall)이 인기다. 시멘트벽이 화단이 되어 수직정원이 만들어지는 셈이다. 여기에 심는 식물 중 반음지인 벽에 적절한 수종으로 고사리 종류가 유용한 것으로 알려져 있는데 넉줄고사리도 후보군에 넣을 수 있을 것 같다. 식물의 높이도 적당하고 벽을 타고 뻗어 가는 뿌리줄기의 모습도 아름답기 때문이다. 또 이 종류들은 NASA가 선정한 공기정화 식물목록에도 들어 있고, 실내 습도를 일정하게 유지하는 데도 도움을 준다고 하니 그 기능에 대해서는 다시 봐 줘야겠다.

넉줄고사리(뿌리줄기)

넉줄고사리(포자엽)

넉줄고사리는 넉줄고사리과(Davalliaceae)에 속하는 여러해살이풀로 대부분 바위나 나무에 붙어 자라고, 높이는 20-45센티미터 정도다. 뿌리줄기는 굵고 길게 자라며 겉에는 광택이 나는 길이 6-7밀리미터의 갈색 비늘조각으로 덮여 있고 마디 중간중간에서 잎이 나온다. 잎자루는 8-15센티미터로 길고 붉은빛을 띠며 비늘조각이 붙어 있다. 잎몸은 달걀을 닮은 삼각형으로 길이 10-30센티미터, 너비 8-17센티미터이고 3-4회 우상으로 갈라진다. 최종적으로 갈라진 잎조각은 긴 타원모양의 피침형으로 끝이 뾰족하고 잎맥은 1-2회 Y자로 갈라지거나 단순한데 잎 가장자리까지 연결되지는 않는다. 포자낭은 잎조각 잎맥 끝에 1개씩 달리고 포막은 막질로 주머니처럼 생겼으며 길이 1.5-2밀리미터, 너비 1밀리미터 정도다.

6

고란초과

콩짜개덩굴

한동안 제비꽃 연구를 위해 제주도를 포함한 남부지방을 열심히 조사 다녔던 적이 있다. 짧은 거리라면 당일치기도 가능하겠지만 충청도 이남으로 내려가면 쉽지 않다. 장시간 운전이 다소 무리인 면이 있지만 어지간해서는 운전대를 학생들에게 주지 않는 성격이라 여유 있게 계획을 세우는 편이다. 남쪽으로 내려가면 숲이 달라지고 풀 종류들도 다양하기 때문에 익숙해지기 위해서는 시간이 좀 걸린다. 예를 들면 2010년에 서귀포시 표선 일대에 분포하는 오름 식물조사를 1년 동안 수행한 적이 있었는데, 처음 세 번은 제주에 사는 지인과 함께 수목원과 곶자왈 지역에서 자라는 식물들을 공부한 후 현장에 투입되었던 경험이 있을 정도다. 제주도 식물학자가 강원도에 온다면 같은 경험을 해야 하는 맥락으로 이해하면 쉬울 것 같다. 어쨌든 찾아야 하는 식물은 제비꽃 종류지만 실제 남쪽 조사지역에 가면 볼거리가 너무 많아 계획 대비 진도율은 항상 낮은 편이다.

등칡

콩짜개덩굴을 만났을 때도 그랬다. 나무줄기를 타고 올라가는 모습이 중부 지역에서는 전혀 볼 수 없는 형태라 더 놀랐다. 담쟁이덩굴, 칡, 등칡 같은 종류만 보다가 콩알만 한 잎을 가졌고 주변에 작은 주걱처럼 보이는 포자엽 등 서로 다른

콩짜개덩굴(군락)

콩짜개란

두 가지 잎을 가지고 있으니 당연히 낯선 모습이다. 그런데 이 식물이 고사리 종류라니 더 놀랄 수밖에 없었다. 주변을 둘러보았다. 약간 계곡성이고 습기가 많은 지역이었는데, 주변에서 자라는 나무 중 나무껍질에 골이 파여 있거나 소나무 줄기처럼 죽은 세포가 축적되어 두꺼운 보호층이 있는 종류들, 그리고 표면이 거친 바위나 돌멩이에는 여지없이 콩짜개덩굴이 자라고 있었다. 골짜기 전체에서 만났던 그 모습은 마치 크리스마스 때 작은 전구를 나무에 장식해 놓은 것처럼 보여 야생에서 자라는 살아 있는 트리로 생각될 정도였다.

콩짜개덩굴이란 이름도 특이해 식물도감을 찾았더니 '콩짜개란'이란 식물도 있었다. 반으로 나뉜 콩 반쪽을 닮은 잎을 가져 이름 붙여진 늘 푸르고 다른 물체에 붙어 자라는 여러해살이 난초 종류로 환경부의 멸종위기 야생동식물 적색목록 중 취약종에 해당한다. 남쪽 섬 지역에서 주로 자라 자생지가 중복되고 잎 모양도 비슷해 얼른 보면 헷갈리기도 하지만 식물분류학적으로 콩짜개덩굴은 관속식물 중 가장 하등한 양치식물에 포함되고 콩짜개란은 가장 고등한 난초과 식물에 들어 있어 전혀 다르다.

담쟁이덩굴

칡

콩짜개덩굴의 학명은 *Lemmaphyllum microphyllum*이다. 속명 '*Lemmaphyllum*'은 그리스어 lemma(가죽)와 phyllon(잎)의 합성어로 잎이 마르면 가죽질처럼 빳빳해지는 특징에서 유래했으며, 종소명 '*microphyllum*'은 '작은 잎의'란 뜻으로 잎의 특징을 설명했다. 우리 이름은 잎 모양이 콩을 둘로 쪼갰을 때 조각 하나의 모습과 비슷하고 덩굴을 이루며 자란다고 해 붙여졌다. 지방에서는 콩조각고사리, 콩짜개고사리라 부르기도 한다. 우리나라에서 자라는 콩짜개덩굴속 식물은 콩짜개덩굴과 긴콩짜개덩굴 등 2종류가 있다. 긴콩짜개덩굴은 콩짜개덩굴에 비해 영양엽이 더 크고 포자엽도 보다 가늘고 길어 변종으로 취급하기도 하지만 학자에 따라서는 모종에 통합하기도 한다. 한방에서는 콩짜개덩굴 지상부를 나염초(螺厴草)라 하여 피가 나는 것을 그치게 하고, 종기 치료에 효과가 있으며, 청폐(淸肺) 작용이 있어 폐질환이나 기침을 낫게 하는 데 사용한다.

제주도 돈네코 계곡에 물이 폭포처럼 쏟아져 내려오고 주변 아름드리나무 갈색 껍질에 콩짜개덩굴이 녹색 옷을 입혀 놓은 듯 한가득 붙어 자라는 것을 본 적이 있다. 모든 생물이 함께 공존하는 숲, 저마다 주어진 역할이 있기에 작은 것 하나라도 자세히 봐 줄 필요가 있음을 느끼게 해준 광경이었다. 자욱한 물안개와 더불어 4월 제주의 대표 모습처럼 보였던 그때가 새록새록 기억난다.

콩짜개덩굴(영양엽)

콩짜개덩굴(포자엽과 포자)

콩짜개덩굴은 고란초과(Polypodiaceae)에 속하는 착생식물로 여러해살이풀이고, 높이는 2-4센티미터로 작다. 뿌리줄기는 가늘고 길게 기어가며 자라고 겉에는 어두운 갈색 비늘조각이 드문드문 달린다. 잎은 두 가지 모양으로 포자가 달리지 않는 영양엽은 1-4밀리미터의 짧은 잎자루가 있고 원형 또는 넓은 타원형으로 길이 1-2센티미터, 너비 1-1.5센티미터로 가장자리는 밋밋하며 끝은 둥글거나 뭉툭하고, 밑 부분은 둥글거나 넓은 쐐기모양으로 두툼한 가죽질이다. 포자엽은 6-15밀리미터의 잎자루가 있고 넓은 선형 또는 거꾸로 놓은 피침형으로 길이 2.5-3.5센티미터, 너비 3-4밀리미터이며 아래쪽으로 갈수록 점차 좁아지고 뒷면에는 어두운 갈색 비늘조각이 있다. 포자낭 무리는 잎 가운데 맥 양쪽에 선형으로 나고 성숙하면 전면에 넓게 퍼진다.

겉씨 식물 *Gymnosperms*

종자로 번식하며 수분이 일어날 때 배주가 씨방에 싸여 있지 않고 겉으로 드러난 식물로, 나자식물(裸子植物)이라고도 하며 본질적으로 꽃은 존재하지 않는다.
고생대 석탄기 초기에 출현해 광범위하게 퍼져 나갔으며, 중생대 지층에서는 소나무 종류 화석들이 다량 출토된다.
전 세계에 1,113여 종이 다양한 기후 지역에 폭넓게 분포하며, 이 중 솔방울 모양으로 열매를 맺는 구과식물(Conifers)이 630여 분류군으로 대부분을 차지한다.

히말라야시다 또는 설송이라 불리는 **개잎갈나무**

바닷가를 책임져 주는 튼튼한 소나무 **곰솔**

크리스마스트리로 유명해진 특산식물 **구상나무**

비바람을 막아 주는 든든한 지킴이 **삼나무**

우리나라를 포함한 북반구 온대지역에서 구과식물은 여러 지역에서 우점식생을 형성하며, 목재나 펄프, 가로수 등으로 널리 사용되고 있어 중요한 산림자원 중 한 가지다.

우리나라에는 30종류가 자라며, 소나무과가 14분류군으로 가장 많다.

쉽게 만날 수 있어 늘 친구 같은 **소나무**

든든한 버팀목처럼 믿음직한 **소나무 숲**

울릉도를 지켜 주는 터줏대감 **솔송나무**

열매가 살구나무와 비슷하여 이름 붙여진 **은행나무**

7

소나무과

전나무

사람들이 많이 찾는 장소를 가 보면 그럴 만한 이유가 있다. 국립공원처럼 수려한 산림과 희귀동식물이 자라는 곳이 있는가 하면, 사찰처럼 소장된 문화재와 역사적 가치를 보유하고 있는 곳도 있다. 이 두 가지 매력을 모두 가지고 있는 곳이라면 어떨까? 굳이 설명이 필요 없을 것 같다. 내가 이웃집 드나들듯 오대산을 자주 찾는 이유도 여기 있다. 대학원 시절 논문재료 수집을 위해 방문한 것이 처음이었는데 지금도 그때 채집했던 금강초롱꽃, 만삼, 외대잔대, 산마늘 같은 희귀식물들이 사는 곳을 찾아가라면 당장이라도 갈 수 있을 정도로 기억 속에 남아 있다. 그 후로는 국립공원 자연자원 조사, 백두대간 식물상 연구와 종자 수집 같은 프로젝트에 참여하여 방문하곤 했다. 또 우리 학과에서는 2학년 학생들의 채집 행사로 오대산 노인봉을 매년 방문하고 있어 친숙하기도 하다. 국립공원 사무소에는 우리 학과 출신 제자들도 있다. 방문할 때마다 신세 아닌 신세를 지곤 하는데 그저 고마울 따름이다. 그런데 몇 년 전부터 오대산 방문은 성격이 조금 달라졌다. 강원도에 살고 있다는 이유 때문에 지인들이 방문할 때면 안내 역할을 제안받게 되는데 대부분 이동 경로가 내륙 지역의 유명 관광지를 방문하고 그곳에서 점심식사를 마친 후 동해안 쪽으로 넘어가는 것을 원한다. 여행 일정이 춘천에서 강릉이라면 중간 기점으로 오대산이 안성맞춤이다. 오대산에는 월정사, 상원사 같은 천년 고찰과 부처님 사리를 모시고 있는 적멸보궁, 그리고 불교문화를 엿볼 수 있는 성보박물관도 있다. 주변에는 산나물을 활용한 전문식당가가 활성화되어 있고 요즘에는 다양한 분위

전나무(군락)

기의 카페들도 속속 들어서고 있어 점점 더 화려해지고 있다.

오대산을 들르게 되면 반드시 경험해야 할 것이 있다. 월정사를 관람하고 일주문에서 금강교까지 펼쳐진 대략 1킬로미터의 전나무 숲길을 산책하는 것이다. 월정사와 상원사를 잇는 선재길도 힐링 탐방코스로 인기가 있긴 하지만 약 8.7킬로미터를 걸어야 하기 때문에 부담이 되는 데 비해, 이 길은 금강교를 거쳐 반대쪽으로 나 있는 순환 경로를 이용하면 총길이는 2킬로미터 정도여서 가벼운 산책이 가능하다. 금강교까지 가는 숲길 주변에는 곧게 쭉쭉 뻗어 자란 1700여 개체의 아름드리 전나무가 있어 장관을 이루고 있다. 또 길 중간에는 600년이나 된 가장 나이가 많은 나무가 쓰러진 채 그루터기가 고사목처럼 놓여 있어 숲의 역사를 알려 주는 상징처럼 보인다. 반대편 풍광도 좋다. 하천과 바로 연결된 길을 따라 주변에는 고로쇠나

전나무(고사목)

무, 피나무, 신나무 등이 전나무와 함께 조화를 이루고 있기 때문이다. 짧은 시간에 오대산을 만끽할 수 있는 최적 코스다.

전나무, 고로쇠나무, 피나무의 조화

전나무의 학명은 *Abies holophylla*다. 속명 '*Abies*'는 같은 속에 속하는 *A. alba*의 고대 라틴명에서 유래했으며, 종소명 '*holophylla*'는 갈라지지 않은 잎이라는 뜻이다. 우리 이름은 전나무의 옛 이름인 '젓나모'에서 기원했는데, 구과나 가지에서 흰색 젖물이 나온다는 의미에서 '젓'과 나무를 뜻하는 '나모'가 만나 젓나모가 된 후 젓나무–젼나무–전나무로 변화한 것이다. 지방에서는 젓나무 또는 저수리라 하며, 북한에서는 삼송, 사송, 백송, 즛나무, 저수리 등 여러 이름으로 불린다. 우리나라에서 자라는 전나무속 식물은 전나무, 구상나무, 분비나무와 일본에서 들여와 남부지방에 식재하는 일본전나무를 포함해 4종류다. 전나무의 형태는 일본전나무와 비슷한데 이 종류는 잎 끝이 2개로 갈라지고 구과의 포가 실편 밖으로 나와 전나무와 구별된다. 한방에서의 용도는 알려져 있지 않지만, 지역에 따라서는 나무 자체를 정원수로 사용하거나, 줄기를 건축재, 펄프재, 기구재 등으로 활용한다.

전나무는 산지 해발 천 미터 이상에서만 자란다. 이들이 분포하는 군락 안쪽에 들어가 보면 심신이 압도되는 분위기가 느껴지는데 갑자기 천둥 번개라도 친다면 무조건 잘못을 뉘우치겠다고 해야 할 정도다. 그렇지만 밝은 날은 다르다. 고개 들어 나뭇가지 사이로 쏟아져 내려오는 햇살을 보고 있노라면 모든 시름이 없어질 듯 평안해진다. 두 가지 매력을 동시에 가진 믿음직한 존재다.

전나무(전체)

전나무(가지와 어린잎)

전나무(잎과 열매)

전나무는 소나무과(Pinaceae)에 속하는 늘푸른 큰키나무로 높이 40미터, 지름 1.5미터까지 자란다. 줄기껍질은 거칠며 갈라지고 잿빛이 도는 어두운 갈색이다. 잔가지는 회갈색이며 얕은 홈이 있다. 잎은 선형으로 길이 17.3–39밀리미터, 너비 1.6–2.3밀리미터이며 끝은 뾰족하고 뒷면에 흰색 기공선이 있다. 꽃은 4월 말에 피고 암수한그루다. 수꽃은 황록색이며 길이 15밀리미터 정도인 원주형으로 4.5밀리미터 정도의 잎자루에 달려 있다. 암꽃은 2–3개가 인접해 달리고 길이는 3.5센티미터로 통모양이며 잎자루는 약 6밀리미터다. 열매는 솔방울처럼 생긴 구과로 밝은 갈색이며 원주형으로 길이 10–14.5센티미터, 너비 3.3–3.9센티미터다. 구과를 구성하는 실편은 190–203개이고, 포는 평활하며 밖으로 돌출하지 않는다. 실편 안쪽에는 연한 갈색에 달걀을 닮은 삼각형처럼 생긴 날개 달린 종자가 2개씩 들어 있다.

8

소나무과

잣나무

식물의 생존력이란 대단하다. 현장조사를 갔다가 필요한 개체들은 학교 온실로 옮겨 오기 마련인데 그중 십중팔구는 죽고 만다. 학생들의 실력 때문이기도 하지만 고유한 사생지를 떠나 새로운 정착지에 적응하는 것이 쉽지 않기 때문이다. 차라리 씨앗을 받아서 파종해 개체를 얻으면 더 빠를 수도 있겠지만 시간이 오래 걸린다는 단점이 있다. 또 씨앗마다 특이성이 있어 어떤 것은 일정 기간 냉장고에 넣었다가 심어야 발아가 되는가 하면 어떤 종류는 씨앗을 받는 즉시 땅속에 묻어야 하는 경우도 있다. 그러다 보니 식물을 전공하기는 하지만 발아나 성장에 대한 것은 문외한에 가까울 정도로 지식이 부족하다. 그런데 올봄 재미있는 경험을 했다. 우리 대학 학술림에서 받았던 잣나무 씨앗에 대한 이야기다. 2024년 대학 동창회 걷기대회에 참가했다가 선물로 받은 것인데 씨가 딱딱한 껍질째 봉투에 넣어져 있어 받아 오기는 했지만 특별한 용도가 생각나지 않아 연구실 한구석에 던져 놓은 후 몇 달이 지난 상태였다. 어지간한 물건은 모두 치워 버리자고 마음먹고 청소를 시작했는데 잣나무 씨가 담긴 봉투를 보고 한참 동안 고민에 빠졌다. 그동안 관심을 주지는 못했지만 씨앗이다 보니 함부로 버릴 수 없었기 때문이다. 그러다가 문득 '야생화관찰회'를 갔다가 잣나무 조림지에서 씨가 발아해 새싹이 나오는 모습을 보고 그곳에 있던 모든 사람들이 신기해했던 생각이 났다. 뾰족하게 올라온 새싹에 아직 떨궈내지 못해 딱딱한 껍질을 뒤집어쓰고 있는 것도 있고, 무거움을 훨훨 떨어버리고 5장의 바늘잎을 막 펼치려는 듯한 어린잎을 가진 개체도 있었다. 그래서 연

잣나무(군락)

구실 창가에 아무것도 자라지 않던 화분에 잣나무 씨를 심어 보기로 했다. 기대보다는 버리기 아까워 임시방편으로 심은 셈이 됐다. 그 후 한 달이 지났다. 가끔씩 물을 주긴 했지만 아무것도 새로 얼굴을 내미는 것은 없었다. 그러다가 약 두 달 정도 되던 어느 날 5일 정도 제주도 출장을 다녀와 출근을 했는데 화분에 무언가가 올라와 있는 모습이 보였다. 그것도 하나가 아니라 2개 화분에서 2개씩 뾰족하게 올라온 잣나무 싹을 본 것이다. 얼마나 반가운지 오전 내내 몇 번이고 화분을 쳐다보면서 지냈다. 어떻게 그리 딱딱한 껍질을 뚫고 나왔는지 정말 대단하다. 또 세상을 보기 위해 지난 두 달 동안 땅속에서 했던 노력들을 헤아려 본다면 경이롭기까지 하다. 끈질긴 생명력이 있고 오랜 시간 인내의 결과를 즐길 줄 아는 멋진 식물 중 한 가지인 것 같다.

잣나무는 여러 지역에 조림을 통한 식재 때문에 전국에 분포하는 것으로 알고 있는 사람들이 많다. 하지만 잣나무가 야생에서 절로 나 자라는 곳은 주로

눈잣나무(군락)

눈잣나무(가지와 잎)

지리산 이북의 높은 산지나 중부 이남의 해발 1천 미터 이상인 곳으로, 추운 곳을 좋아하는 이른바 한대성 식물이다. 구상나무, 전나무, 눈잣나무, 분비나무도 같은 종류로 함께 자란다.

잣나무의 학명은 *Pinus koraiensis*다. 속명 '*Pinus*'는 라틴 고명이며 켈트어 중 산을 뜻하는 pin에서, 또는 송진을 뜻하는 pix나 picis에서 유래된 것으로 알려져 있으며, 종소명 '*koraiensis*'는 한국에서 자란다는 뜻이다. 우리 이름은 '잣'과 '나무'의 합성어로 유래에 대해서는 '뾰족하다'는 의미라는 의견도 있고, 먹을 수 있는 귀한 자원인 '젖'과 같은 어원에서 온 것이라고도 한다. 다른 이름으로는 홍송이라 부른다. 우리나라에서 자라는 소나무속(*Pinus*) 식물은 자생종 5종류와 도입종 6종류 등 11분류군이 분포하며, 잣나무와 형태적으로 가장 가까운 종류는 설악산 이북의 높은 산지에서 자라는 눈잣나무인데, 키가 작은 떨기나무로 잎은 길이 3-6센티미터, 송진관 2개, 열매의 길이가 3-5센티미터로 작아 구별된다. 한방에서는 잣나무의 씨를 해송자(海松子)라 하여 사지마비, 관절염, 폐 건조에 따른 마른기침, 그리고 변비 치료에 사용한다.

잣나무는 늘 푸르다. 줄기도 곧게 올라가 멋진 모양을 만든다. 청설모에게는 먹잇감을 주고 놀이터도 제공한다. 높은 산을 갈 때면 정상이 가까워 왔음을 알려 주는 지표종처럼 사용되기도 한다. 내 연구실 창가의 삭막함도 없애 주는 역할도 했다. 무엇을 나무라겠는가! 언제 만나도 반가운 존재인 것 같다.

잣나무(전체)

잣나무(잎)

잣나무(어린열매)

잣나무(열매)

잣나무는 소나무과(Pinaceae)에 속하는 상록성 큰키나무로 높이는 30미터까지 자라고 줄기는 진한 갈색으로 껍질은 불규칙하게 떨어진다. 바늘모양의 잎은 5개씩 모여나 오엽송이라고도 하며 길이는 5.6-13.5센티미터로 길고 너비는 0.7-1.5밀리미터로 가늘다. 잎은 삼각형으로 5-6줄의 기공선이 있고, 유관속은 가운데 부분에 1개가 발달해 횡단면을 현미경으로 보면 잘 정돈된 삼각형 구조물처럼 보인다. 꽃은 5월에 피고 암수한그루다. 수꽃은 황색이고 타원형이며 새 가지 밑에 달리는 반면, 암꽃은 연한 홍자색으로 타원형이고 새 가지 끝에 달린다. 열매는 원통처럼 생긴 달걀모양으로 길이 5-10센티미터, 너비 3-5센티미터로 어른 주먹만 하다. 종자는 삼각형으로 양면에 얇은 막이 있고 열매 한 개에 100개 정도가 들어 있으며 12년 정도가 돼야 맺을 수 있다.

9

측백나무과

노간주나무

겨울이 되면 시골집은 한가해진다. 농사일을 모두 거두고 힘들었던 시간을 회상하며 내년을 위한 준비를 한다. 지금이야 농기계 보급으로 일 자체가 쉬워지기도 했지만 씨앗도 자가채종이 아닌 종묘사나 국가기관 등 공신력이 있는 경로를 통해 구입한 것들을 사용하니 발아율이나 생산량도 좋다. 그럼에도 불구하고 농사일이라는 게 허드렛일도 많아서 그리 호락호락한 것은 아닌 것 같다. 겨울 농한기가 되면 감자나 고구마가 간식을 대신했다. 긴 겨울밤을 이겨내기 위해 화로에 묻어 놓았던 것을 꺼내 살얼음이 둥둥 떠다니는 물김치와 곁들여 먹으면 다른 어느 것도 부러울 게 없었다. 그 맛에 흰 이를 드러내고 활짝 웃을 때면 불에 탄 껍질에서 나온 시커먼 재가 입 근처에 묻어 있어 서로 쳐다보며 박장대소했던 기억도 있다.

가장 재미있는 사건은 참새를 잡는 것이었다. 겨울철 참새의 모이는 벌레 같은 것이 아니고 곡식들이 대부분이어서 식용으로 해도 별 탈이 없었다. 잡는 방법은 친구들 여럿이 그물을 쳐서 잡기도 하고, 소쿠리로 덫을 놓아 잡기도 했다. 우리 집은 외양간 근처에 소먹이로 짚단을 쌓아 놓았었는데, 짚단 가까이 지게에서 떼어낸 발채를 막대기를 넣어 거꾸로 세우고 그 아래에 벼이삭을 먹잇감으로 모아 놓은 후 막대기에 새끼줄을 연결해 참새가 모여들면 줄을 당겨 잡았다. 방 안에서 가만히 기다리다가 새끼줄을 당길 때면 마치 낚시에서 월척을 낚았을 때의 손맛처럼 짜릿했던 기억이 있다. 하지만 겨울철 참새잡이의 하이라이트는 뭐니 뭐니 해도 노간주나무를 이용하는 것이다. 옛날 시골

노간주나무(군락)

울타리는 시멘트 담장이 아니고 가시가 달린 나무나 과실수가 주로 그 역할을 했다. 빽빽이 심겨진 노간주나무 같은 경우는 비집고 들어갈 공간조차 없을 정도였는데 눈이 내려 갈 곳이 마땅치 않을 때 참새들은 잠을 자기 위해 노간주나무 가지 안쪽을 이용했다. 나뭇가지가 옆을 향하지 않고 대부분 비스듬히 자라므로 나무 모양은 원통이나 원뿔처럼 보여 바람을 막을 수 있는 충분한 공간이 만들어졌다. 밤이 깊어지면 우리 형제들은 랜턴과 빗자루를 들고 참새사냥을 나갔는데 나무 안쪽에서 조그만 새소리가 들리면 재빠르게 랜턴을 비춰 일시적으로 시야를 방해한 후 옆에 있던 다른 사람이 빗자루로 내려쳐 참새를 잡는 것이다. 조금은 원시적인 방법인 것 같지만 순간 타이밍이 맞지 않으면 그곳에서 잠자던 참새 모두가 날아가 버리기 때문에 항상 신중했고 여러 번 경험하다 보니 한번에 2-3마리를 잡은 적도 있었다. 돌이켜 보면 이 모든 것이 추억이건만 이젠 시골 고향집에 가도 나무가 울타리를 대신하는 집은 하나도 없는 것 같다. 도심에서 흙을 밟기가 어렵듯 시골도 점점 도시화돼 가고 고령화로 인해 인력 수급에도 많은 문제를 안고 있으니 앞으로는 농사일뿐만 아니라 추억으로 함께했던 겨울놀이도 잊혀질까 걱정이 앞선다.

노간주나무의 학명은 *Juniperus rigida*다. 속명 '*Juniperus*'는 향나무 종류의 고대 라틴명에서 유래했으며, 종소명 '*rigida*'는 딱딱하다는 뜻으로 줄기가 단단한 것을 표현한 것이다. 우리 이름은 한자어 노가자목(老柯子木)에서 기원한 것으로, 오래된 가지를 가진 나무라는 뜻에서 유래했다. 지방에서는 노가주나무, 노가지나무, 노간주향이라 불린다. 우리나라에서 자라는 향나무속(*Juniperus*) 식물은 8종류 정도가 있는데 학자에 따라서는 열매의 길이와 서식 장소에 따른 변이품을 변종으로 인정하기도 하고 연속적인 변이로 취급해 모종에 통합하기도 한다. 노간주나무는 형태적으로 해변노간주와 비슷한데 줄기가 포복성으로 누워 자라고 잎이 조밀하게 달려 구별된다. 한방에서는 노간주나무 열매를 두송실(杜松實)이라 하여 관절염이나 몸이 붓는 것을 치료하는 데 사용한다.

노간주나무는 절로 나 자라는 곳에서 커다란 군락을 만들지 않지만, 토양이 마사토인 지역이나 산 능선부 침엽수림에서는 특히 잘 자란다. 석회암지대 지표종으로 알려져 있기도 하지만 바닷가에서도 잘 자라는 것을 보면 분포에 관한 한 전천후 식물인 것 같다. 어렸을 적 추억이 묻어 있는 나무, 고향의 풍경이 그려지는 나무, 그래서 마치 고향의 나무 같다는 생각도 함께 해 본다.

노간주나무(전체)

노간주나무(잎)

노간주나무(열매)

노간주나무는 측백나무과(Cupressaceae)에 속하는 늘푸른 큰키나무로, 높이 8미터, 지름 20센티미터까지 자라지만 대부분 2-3미터 정도의 떨기나무인 개체가 많다. 줄기껍질은 세로로 얕게 갈라지며 2년생 가지는 진한 갈색이다. 잎은 바늘모양으로 3개씩 돌려나며, 밑부분에 마디가 있고 길이 8.3-23.8밀리미터, 너비 0.6-1.3밀리미터 정도다. 잎 표면에는 흰색의 좁은 홈이 있다. 꽃은 4-5월에 피고 암수딴그루로 묵은 가지 잎겨드랑이에 달린다. 수꽃은 타원형으로 길이 2.3-4.9밀리미터이고 1-3개씩 나며 20개 내외의 비늘조각과 4-5개의 꽃밥이 달린다. 암꽃은 구형이다. 열매는 구과로 동그랗고 길이 5.5-9.5밀리미터, 너비 4.9-9밀리미터다. 열매는 익으면 끝이 3개로 갈라지고 밑부분에는 보호조직인 포가 9개 있다. 구과 한 개당 3개의 종자가 들어 있고, 종자는 달걀모양으로 길이 4.2-6.3밀리미터, 너비 1.9-4.3밀리미터다. 결실기는 다음 해 10-12월이다.

10

측백나무과

눈측백

식물 이름이 '누운', '누은', '눈'이란 단어로 시작되면 식물체가 누워 자라거나 비스듬히 기울어진 모습을 빗대어 표현한 것이다. 대부분 모종에 비해 그렇게 자란다는 것이기 때문에 그 종이 포함된 속에는 적어도 2종류 이상의 식물이 들어 있다. 산림청 국립수목원에서 2020년 발행한 『국가표준식물목록(자생식물)』의 국명 찾아보기를 보니 '누운'이란 단어로 시작하는 이름은 28종류, '누은'은 10종류, 그리고 '눈'으로 시작하는 것은 37종류나 된다. 이 목록은 지방명이거나 북한에서 부르는 이름도 포함돼 있어 다소 많아 보이긴 하지만 확실한 건 형태적 특징이 잘 반영된 이름이란 것에는 의심의 여지가 없다. 이 중 가장 대표적인 것을 예로 들어 보라면 눈잣나무와 눈측백을 들겠다. 우리나라 중부 이북 지역 고산지대나 아고산지대에서 자라는 겉씨식물 종류다. 이름에 맞게 두 종류가 자라는 곳을 가 보면 마음이 아플 정도다. 산 정상부나 능선 지역이 대부분인데 그동안 해발 천 미터가 넘는 곳에서 비바람과 싸우며 견뎌낸 결과이기 때문이다. 키는 크지 못했고 줄기는 누워 자라고 있으며 사는 곳도 바위나 돌 틈이 많다. 눈잣나무가 설악산 정상부 근처에서만 자란다면 눈측백은 상대적으로 분포역이 넓다.

눈측백을 처음 만난 것은 한계령휴게소에서 출발해 대청봉 정상으로 가는 등산로에서였다. 한계령 삼거리부터 중청봉까지 연결되는 서북능선 5.4킬로미터 능선길 주변 약간 습한 지역에 많이 분포하는데 이 나무를 기억하는 이유는 지도교수님으로부터 들었던 특별한 이야기 때문이다. 결론부터 이야기하자

눈측백(군락)

면 눈측백이 자라는 곳에는 곰이 산다. 곰의 쓸개, 즉 웅담에서 나는 향이 눈측백에서 나는 향기와 비슷한데, 곰이 겨울잠을 자러 들어가기 전 잎과 열매를 충분히 먹기 때문이다. 마을 사람들은 눈측백이 자라는 곳을 눈여겨봐 뒀다가 겨울잠이 들 때쯤이면 곰을 잡으러 그곳으로 갔다. 근처에 있는 커다란 나무 그루터기를 망치로 두들기면 비몽사몽 중인 곰은 밖으로 나오고 이때다 싶어 창을 던지면 곰은 아무 일도 없는 것처럼 툭툭 털어 버렸다. 시간이 계속되자 화가 난 곰은 그렇게 해서 나를 잡겠느냐며 쉬운 방법을 알려 주겠다면서 스스로 자기 급소를 창으로 찔러 죽음을 선택하는 바보 같은 짓을 해 곰을 잡을 수 있었다는 것이다. 그때부터 '미련 곰탱이 같은 녀석'이라는 말이 나왔다고 한다. 믿거나 말거나 한 이야기지만 교수님으로부터 직접 들었을 때는 정말 그럴듯했다. 사실 학생들이나 숲 해설가를 위한 야외실습 때 측백나무가 심겨 있는 곳이 있으면 똑같은 이야기를 해 주는데 반응은 비교적 좋은 편이다. 눈측백이 있으니 측백나무는 당연히 있다. 처음 두 종류는 같은 눈측백속에 포함돼 있었는데, 측백나무는 가지가 수직으로 발달하고 열매는 열리면 6-8개의 두꺼운 실편(實片)으로 구성되며 종자에 날개가 없고 잎 표면 기공 주변에 돌기물이 발달하지 않는 특징으로 측백나무속(*Platycladus*)으로 분리되어 지금에 이르고 있다. 이름은 비슷하지만 소속이 변경되어 생이별을 한 셈이다.

측백나무

서양측백

눈측백의 학명은 *Thuja koraiensis*다. 속명 '*Thuja*'는 송진이 나오는 나무 종류나 노간주나무를 지칭하는 그리스어 thyia, 또는 제물을 태우거나 희생을 뜻하는 thyo, thyein에서 유래한 것이며, 종소명 '*koraiensis*'는 '한국에 분포하는'이란 뜻이다. 우리 이름은 줄기가 누워서 자라는 측백나무라는 의미로 붙여졌다. 지방에서는 누운측백, 누운측백나무, 찝빵나무, 측향나무, 천리송, 향측백나무라 부르기도 한다. 우리나라에서 자라는 눈측백속 식물은 눈측백과 서양측백 등이 있는데, 서양측백은 북아메리카 원산으로 형태적으로는 잎 끝이 뾰족하고 가지의 잎은 서로 떨어져 달리며 뒷면은 황록색이어서 눈측백과 구별된다. 한방에서의 용도는 알려져 있지 않지만 민간에서는 관상용이나 향료용으로 사용한다.

눈측백을 강원도 방언으로는 찝빵나무라고 한다. 좀 생뚱맞은 이름처럼 보이지만 '집에 있는 방'이란 뜻으로 줄기가 비스듬히 누워 자라 만들어진 나무 모양 때문에 붙여진 이름 같다. 이처럼 눈측백은 다르게 불리는 이름도 많으며, 사는 곳도 특이하고, 관련된 재미있는 이야기도 있으니 잘 기억해 두면 어떨까? 적어도 설악산 등산을 간다면 한번쯤은 확인해 보자. 근처에 곰이 있는지도 살펴보고….

눈측백(어린열매)

눈측백(열매)

눈측백은 측백나무과(Cupressaceae)에 속하는 늘푸른 작은키나무지만 흔히 옆으로 누워 자라고 가지는 수평으로 발달한다. 줄기껍질은 회적색이고 껍질은 얇게 갈라진다. 잎은 마주나고 중앙부 것은 마름모형인 데 비해 옆쪽에 달리는 잎은 타원상 삼각형으로 길이 1.7–2.7밀리미터, 너비 1.8–2.9밀리미터 정도다. 잎 표면은 녹색이고 뒷면은 황록색이며 흰색 기공선이 있다. 꽃은 5월에 피고 암수한그루로, 수꽃은 황색으로 달걀모양이며, 암꽃은 길이 3밀리미터로 8개의 인편, 즉 비늘조각으로 구성돼 있고 달걀처럼 생겼다. 열매는 구과로 타원모양이며 길이 8.7–12.3밀리미터, 너비 4.2–7.5밀리미터로 짙은 갈색이다. 열매는 익으면 벌어져 8–10개의 얇은 실편으로 나뉘고, 안에는 5–13개의 종자가 들어 있다. 종자는 장타원형으로 길이 2.2–4.7밀리미터, 너비 0.9–1.7밀리미터이며, 양쪽에는 길이 4.2–6.3밀리미터, 너비 0.3–1밀리미터의 날개가 달려 있다.

11

주목과 주목

사회적으로 이슈가 되는 행사에는 별의별 일이 다 벌어진다. 모두 좋은 일이면 좋겠지만 실상은 그렇지 못한 경우도 있다. 강원도에서 열렸던 '2018 평창 동계올림픽'도 그중 한 가지다. 몇 빈의 도전을 거쳐 대회 유치에 성공했고, 이를 완벽하게 완성하기 위해 관련기관에서는 다방면으로 노력해 성공적인 결실을 얻었다. 하지만 가리왕산에 설치된 케이블카 운영에 대해서는 산림청이 '가리왕산 합리적 보전 활용 협의체'를 구성해 운영하며 케이블카 유지 여부를 고민하고 있다. 환경단체와 지역 주민과의 첨예한 대립 속에 평행선을 달려오던 회의는 이미 2024년 12월 31일로 한시적 운영을 약속한 해를 넘겼고, 해결점을 찾기 위해 6개월 연장 운영에 돌입했다. 허가기간이었던 지난 2년 동안 그곳을 찾아온 관광객들은 36만 명 정도로 가리왕산의 숲과 정상부 조망을 만끽하는 경험을 했다. 이곳이 문제가 되었던 것은 산림훼손이 가장 컸지만 정상부 근처에서 자라는 주목이라는 나무도 역할을 했다.

1996년 산림청은 가리왕산 내 주목 군락지 65헥타르를 산림유전자원보호구역으로 지정했고 2008년도에는 그 범위를 2,475헥타르로 확대해 중요성을 인정했다. 2024년 10월 18일 정선 지역을 방문했다가 케이블카를 탔다. 일부러 간 것은 아니었지만 앞으로 영원히 타지 못할 수도 있겠다는 생각에서다. 동계올림픽과 관련된 지난 몇 년 동안의 일들에 대한 만감이 교차하는 가운데 올라탄 케이블카는 가리왕산 숲 전체를 조망해 보는 데 안성맞춤이었다. 비록 군데군데 훼손된 지역이 눈에 띄긴 해도, 아래로 내려다보이는 붉고 노란 단풍이

주목(전체)

주목(고사목)

며 위쪽으로 갈수록 달라지는 숲과 나무들 모습이 마치 양탄자에 수를 놓은 것처럼 멋졌다. 정상부에 다다를수록 자작나무 종류들이 군락을 형성해 하얀 줄기를 가진 나무들이 많아지기 시작했고, 듬성듬성 우뚝 서 있는 커다란 주목이 마치 가리왕산의 터줏대감처럼 위엄을 뽐내고 있었다. 흔히 주목을 '살아서 천년 죽어서 천년 가는 나무'로 상징하고 있는데, 과연 아주 적절한 표현이라 생각했다. 가리왕산의 똑같은 주목인데 몇십 년 전 등산길로 올라가 만났던 개체와 케이블카에서 내려다본 개체는 그 모습이나 모양이 조금은 다르게 보이지만 모두 한결같이 의미 있었다. 하나하나가 모두 소중하다는 뜻이다. 정상부에 다다라 케이블카에서 내려 주변을 둘러보았다. 온통 산으로 둘러싸인 모습과 능선을 넘어 불어오는 강한 바람 때문에 한쪽 방향으로 틀어져 자라고 있는 잣나무와 주목의 나뭇가지들이 우리를 반겨 주었다.

주목의 학명은 *Taxus cuspidata*다. 속명 '*Taxus*'는 고대 그리스어로 주목을 뜻하는 taxos에서 유래했고, 종소명 '*cuspidata*'는 갑자기 뾰족해진다는 뜻으로 잎 끝의 특징을 설명한 것이다. 우리 이름은 붉은나무를 뜻하는 한자어 주목(朱木)에서 유래했으며, 지방에서는 경복, 노가리나무, 적목 등으로 불린다. 우리나라에서 자라는 주목속 식물은 주목과 설악눈주목 등 2종류뿐이다. 한편 주목에 비해 잎의 너비가 3-4.5밀리미터로 넓은 것을 회솔나무라 하여 변종으로 취급하는데 잎의 변이가 심해 학자에 따라서는 모종으로 통합하는 견해도 있다. 한방에서는 주목의 가지와 잎을 자삼(紫杉)이라 하여 붓기를 빠지게 하고, 혈당을 낮추며, 생리통을 줄이는 데 사용하는 것으로 알려져 있다.

설악눈주목(사진: 장창석)

주목은 백두대간을 중심으로 아고산이나 고산지대에 주로 분포하므로 우리나라 중심허리를 안내해 주는 지표종 역할을 한다. 가끔 생명을 다하고도 꼿꼿하게, 그리고 꿋꿋하게 그곳을 지키고 있는 모습을 볼 때마다 존경은 물론 위엄까지 느껴진다. 그 앞에 서면 나는 한없이 작아질 뿐이다.

주목(잎과 수꽃)

주목(열매)

주목과(Taxaceae)에 속하는 주목은 소나무 종류 중 한 가지다. 높이는 20미터 정도로 자라고 너비는 1미터에 달하는 큰키나무다. 줄기껍질은 붉은색을 띠는 갈색으로 얕게 갈라지고, 새로 나온 가지는 녹색, 2년생은 연한 갈색, 그리고 3년생은 회갈색을 보여 다양한 색깔을 띠고 있다. 잎은 선형으로 길이 1.5-2센티미터, 너비 3밀리미터이고 가지에 나선상으로 달리는데 2-3년 정도 지나면 떨어진다. 잎 표면은 녹색이지만 뒷면에는 2줄로 배열된 연한 황색줄이 있다. 암수딴그루로 꽃은 4월에 피는데 암꽃은 잎겨드랑이에 달리고 달걀모양으로 녹색이며 10개의 인편이라 불리는 비늘조각에 싸여 있는 데 비해, 수꽃은 동그랗거나 거꾸로 된 달걀모양으로 6개의 인편으로 싸여 있으며 작은 꽃자루가 있어 구별된다. 열매는 동그랗고 컵처럼 생긴 붉은색 종자옷, 즉 종의 속에 딱딱한 종자가 한 개씩 들어 있다. 종의 속에는 끈적끈적한 액체 물질이 들어 있는데 맛을 보면 달달해서 잘 익으면 동물, 특히 새의 먹이가 되고 함께 먹은 후 소화되지 않은 종자는 배설물에 섞여 나와 산포 역할을 한다.

12

주목과

비자나무

나이가 들수록 가족을 찾는 경우가 많다. 달랑 네 식구지만 아들은 결혼했고 딸은 취업으로 서울에 있다. 결혼한 지 33년이 지난 후 현실이다. 아이들이 어렸을 때는 미우나 고우나 말 그대로 매일을 지지고 볶는 일들이 대부분이어서 소중함이 덜했다면 지금은 많이 달라졌다. 일부러 가족행사가 있거나 명절, 그리고 생일을 챙기는 것 정도가 대부분이어서 1년을 기준으로 한다면 대략 10번 정도밖에 아이들을 만나지 못하는 것 같다. 퇴근해 집으로 가면 아내와 단둘이만 있게 되고 특별히 할 말도 많지 않아 만약 텔레비전까지 없었더라면 집안은 고요와 적막만이 흐르는 공간이었을 것으로 생각하니 그동안 너무 무심했다는 반성을 하게 된다. 얼마 전 여행관광 프로그램에서 제주도가 소개되는 것을 보았다. 그리 비싸지 않은 비용으로 3박 4일 동안 제주도 주요 관광지를 가 볼 수 있다는 것이다. 아내는 얼른 2019년 봄에 가족끼리 함께 갔던 제주도 가을 여행을 이야기하며 좋았던 기억을 떠올렸다. 애

새천년 비자나무(전체)

새천년 비자나무(줄기와 가지)

비자나무(군락)

월읍의 감성 있는 숙소에서부터 배기량이 작은 차를 타는 사람들의 고충을 알아야 한다며 일부러 렌터카 중 가장 작은 차를 빌려 함께 탔던 경험, 가파도에 들러 기대하지도 않았던 청보리 축제를 즐겼던 시간, 천연기념물 제374호로 지정돼 있는 비자림을 산책하며 피톤치드와 맑은 공기를 마음껏 마셔 머리가 맑아지는 느낌을 받았던 추억 등을 손으로 꼽았다. 이 중에서 꼭 다시 가 보고 싶은 곳이 어디냐고 물었더니 잠시의 주저함도 없이 아내는 비자림을 선택했다.

비자림은 제주특별자치시 구좌읍 평대리에 위치하며 직선길이 1.4킬로미터, 폭 600미터인 타원 모양의 숲으로 보호구역 면적은 448,758제곱미터나 된다. 이 숲에는 500-800년 정도 되는 비자나무 2,800여 그루가 자라고 있고 개체들은 대부분 높이 3-17미터, 가슴높이둘레 0.3-6미터, 그리고 가지 폭(수관 폭) 10-15미터에 이르는 커다란 나무들로 구성돼 있어 입구에 들어서면 바로 색다른 향기와 분위기를 느낄 수 있다. 비자림에서 꼭 만나 봐야 할 개체도 있다. 암수한그루며 벼락을 맞고도 살아난 비자나무, 비자림의 신목이라 불리는 수령 813년에 높이 14미터, 가슴높이둘레 6미터인 새천년 비자나무, 그리고 사랑나무라고도 하는 줄기가 붙어 있는 연리목 등이다. 숲에는 비자나무뿐만 아니라 260여 종류의 식물과 약 150종의 동물도 함께 분포해 생물 다양성이 높은 장소이기도 하다. 특히 비자나무 줄기나 가지에 마삭줄, 송악 같은 덩굴식물들이 함께 자라는 모습은 일부러 장식을 만들어 놓은 것처럼 아름답다. 이런 색다름 때문에 아내는 고작 한 번 다녀왔음에도 불구하고 그때의 감정이 아직까지 남아 있어 다시 가고 싶은 장소로 선택한 것이다. 이번 기회에 다시 한번 가족 모두가 함께 갈 제주도 여행계획을 세워야겠다. 안 된다면 둘이서라도 다녀와야겠다. 또 다른 매력이 있는 곳을 찾기 위해서다.

마삭줄

송악

비자나무의 학명은 *Torreya nucifera*다. 속명 '*Torreya*'는 미국의 식물학자 John Torrey의 이름에서 유래했으며, 종소명 '*nicifera*'는 견과가 달린다는 뜻으로 종자 모양에서 유래했다. 우리 이름은 한자어 비자목(榧子木)에서 기원했다. 우리나라에서 자라는 비자나무속 식물은 1종뿐이다. 한방에서는 비자나무 열매를 비자(榧子)라 하여 구충제, 폐질환, 변비 치료에 사용하는 것으로 알려져 있다.

2019년 10월 중순 비자림을 방문했을 때 바닥에는 많은 열매가 떨어져 있었고 발로 밟힌 흔적 때문에 과육이 분리되고 씨가 튕겨 나와 있는 모습을 보았다. 꽃이 피면 열매는 다음 해 가을이 되어야 익는다고 하는데 그때까지 얼마나 많은 고통과 시련을 이겨내야 하는지 볼수록 대견스럽다. 떨어진 씨앗도 언젠가는 그 숲을 이루는 구성원으로서 중요한 역할을 할 것이라 믿는다. 그곳에서 무럭무럭 잘 자라기만 기원할 뿐이다.

비자나무(잎과 수꽃)

비자나무(열매와 종자)

비자나무는 주목과(Taxaceae)에 속하며 전라북도 내장산 이남에서 자라는 늘푸른 큰키나무로 높이 25미터까지 자라고 가지를 많이 친다. 나무껍질은 회갈색이고 오래된 개체에서는 얕게 갈라져 떨어진다. 잎은 뾰족한 선형으로 길이 1.4–2.9센티미터, 너비 2.7–3.9밀리미터이며 가지 양쪽에 달리고 6–7년이 지나면 떨어진다. 잎 표면은 짙은 녹색이고 뒷면에는 가느다란 기공선 2개가 있으며, 잎자루는 길이 3밀리미터 정도다. 꽃은 4월에 피고 암수딴그루에 달린다. 수꽃은 2년생 가지 잎겨드랑이에서 나고 달걀처럼 생긴 원형으로 길이 1센티미터이며 10개 내외의 갈색 포가 있다. 암꽃은 새 가지 아래쪽 잎겨드랑이에 달리고 5–6개의 녹색 포로 싸인 불규칙한 달걀모양으로 길이 6밀리미터이며 한 군데에 2–3개씩 달린다. 열매는 타원모양으로 길이 2.5–2.8센티미터, 너비 2센티미터이고, 3밀리미터의 육질 종자껍질에 의해 완전히 싸여 있는 핵과 형태다. 종자는 양 끝이 좁은 타원형으로 다갈색이고 껍질은 딱딱하다.

속씨 식물 *Angiosperms*

종자로 번식하며 수분이 일어날 때 배주가 씨방에 완전히 둘러싸여 있고, 뚜렷한 꽃이 있는 종류로 현화식물(顯花植物) 또는 피자식물(被子植物)이라 부르기도 한다. 현존하는 육상식물의 95%가 포함되어 있고 일부 물속 환경이나 침엽수림을 제외한 대부분의 육상생태계 산림을 구성하는 우점식물이다. 크게 쌍떡잎식물과 외떡잎식물로 나누지만, 최근에는 분자계통학적 연구에 기초해 공통조상으로부터 초기에 분기한 기저 속씨식물, 외떡잎식물, 그리고 진정쌍떡잎식물 등 3개의 그룹으로 나누는 APG 분류 체계가 받아들여지고 있는 추세다.

황금색 꽃이 매력적인 특산식물 **개느삼**

홍자색 꽃이 예쁜 고산지역 지킴이 **꽃쥐손이**

넓은 잎과 연한 자주색 꽃이 조화로운 **넓은잎제비꽃**

가을의 상징 들국화 종류 중 한 가지 **단양쑥부쟁이**

쌍떡잎식물 *Dicotyledons*

속씨식물 중에서 종자가 발아해 떡잎을 2장씩 갖는 종류로
쌍자엽식물(雙子葉植物)이라고도 하며,
속씨식물의 78% 정도가 포함된다.
이 중 절반 정도는 목본이며 큰키나무로 자란다.
잎맥은 그물맥이고 줄기의 관다발은 둥글게 배열하며,
뿌리는 원뿌리와 곁뿌리로 구성된다.
꽃가루의 발아구는 대부분 3개씩 있고,
꽃 구성 요소는 4 또는 5의 배수다.
우리나라에는 2,830종류가 분포하며, 그중 국화과는
376분류군이 포함돼 있어 가장 높은 다양성을 보인다.

습지를 좋아하고 흰색 꽃이 아름다운 **모데미풀**

열매가 미선이라는 부채를 닮아 이름 붙여진 **미선나무**

꽃 색깔과 꽃잎의 갈라짐이 멋진 희귀식물 **제비동자꽃**

바닷바람을 이겨낸 든든함이 돋보이는 특산식물 **섬초롱꽃**

13

가래나무과

가래나무

연구실 밖을 내다보면 커다란 나무들이 창을 가리고 서 있다. 층층나무, 느티나무, 메타세쿼이아, 단풍나무, 가래나무 등이다. 1983년 처음 이 나무들을 만났을 때는 1층 화단에 심겨 있는 키 작은 띨기나무에 불과했는데, 이젠 적어도 10여 미터가 넘는 큰 나무들로 자란 것이다. 비료를 준 것도 아니고 스스로 적응해 잘 살아온 모습이어서 더더욱 대견하다. 이 중에서도 왼쪽 한켠에 우뚝 서 있는 20미터 정도 되는 가래나무는 자연과학대학 건물의 산증인이다. 자연과학대학 주변에 심겨 있는 나무들은 대부분 우리 학과 명예교수님의 작품이다. 유전학 전공이시지만 식물을 키우고 관리하는 취미가 있어 현역 시절에는 건물 주변의 녹화를 위해 나무를 심고 가꾸는 일을 매일 하셨다. 요즘도 가끔 학교에 들르시곤 하는데 오실 때면 당신께서 심어 놓은 나무들을 챙기고 이상 현상이 발견되면 그 즉시 학과 조교나 대학원생들에게 자초지종을 물으신다고 한다. 가래나무의 경우도 나무 둘레나 높이를 보면 교수님의 손길이 어

층층나무

고로쇠나무

호두나무

느 정도는 닿았을 것이라 추정되는데, 잎이 나고 전체적으로 나무 모양이 갖춰지면 그늘을 만들어 쉴 수 있는 공간을 마련해 줄 정도여서 어떤 나무보다도 믿음직스러움이 있다.

도토리를 열매로 만드는 참나무 종류들처럼 가래나무도 수꽃은 꼬리처럼 늘어져 달리고 가지 사이나 끝에 암꽃이 달려 잎이 없어도 훌륭한 볼거리를 제공한다. 나중에 몇 개씩 뭉쳐 달리는 열매는 식용으로 사용하기도 하지만 손바닥 지압을 위한 훌륭한 도구도 된다. 또 열매를 먹기 위해 나무를 오르내리는 청설모도 볼 수 있다. 이처럼 나무 하나가 할 수 있는 일이 아주 많다. 가래나무는 사실 절로 나 자라는 곳에서 보면 계곡을 알려 주는 나무, 이른바 계곡의 지표종(指標種)으로 불린다. 그만큼 수분이 많은 지역에서 자란다는 말로 근처를 살펴보면 층층나무나 고로쇠나무도 함께 만날 수 있다. 아름드리나 되는 큰 나무들이 계곡 주변을 지키고 있으면 흐르는 계곡물과 함께 한 폭의 풍경화처럼 보이기도 하지만 위압감에 압도되기도 한다.

가래나무(전체)

가래나무의 학명은 *Juglans mandshurica*다. 속명 '*Juglans*'는 고대 라틴 이름인 Jovis glans, 즉 쥬피터의 견과 열매라는 뜻에서 유래된 것으로 보아 맛좋은 열매를 맺기 때문에 붙여진 이름 같으며, 종소명 '*mandshurica*'는 '만주의'라는 뜻으로 발견된 자생지를 나타낸다. 우리 이름은 갈라진 열매의 모양이

논에서 쟁기로 사용하는 '가래'를 닮았다 하여 붙여진 이름이라 하며, 지방에서는 가래추나무, 산추나무, 산추자나무, 왕가래나무, 긴가래나무라 부르기도 한다. 우리나라에서 사라는 가래나무속 식물은 가래나무, 쪽가래나무, 호두나무 등 3종류다. 가래나무 하면 항상 호두나무가 같이 등장하는데, 호두나무 잎은 작은 잎 5-7장으로 구성되고 암꽃은 1-3개씩 달리며 열매는 둥글고 털이 없어 가래나무와 구별된다. 한방에서는 가래나무의 열매를 핵도추과(核桃楸果)라 하여 혈당을 내리고 위염이나 위경련으로 인한 복통을 치료하는 데 사용한다.

건강을 위해 하루에 꼭 먹어야 하는 견과류 중에는 가래나무와 호두나무 열매가 항상 들어 있다. 왜 그런지를 알아보기 위해 성분표를 봤더니 지방유가 약 50%, 단백질 15-20%, 그리고 당과 비타민C도 많이 포함돼 있다. 이젠 그 이유를 알 것 같다. 어렸을 때는 떨어진 가래나무 열매를 발로 밟아 겉껍질을 제거하고 복숭아씨처럼 남은 딱딱한 부분을 물에 잘 씻어 말려 놓았다가 돌이나 망치로 껍질을 깨고 그 안에 들어 있는 부분을 바늘로 파서 먹었다. 특별히 먹을 수 있는 부분도 많지 않았지만 고소함 때문에 미련을 버리지 못했던 것 같다. 그래도 지금 생각해 보면 톡톡히 간식거리가 되어 준 추억의 열매다. 가래나무가 가진 장점 중 한 가지다.

가래나무(수꽃)

가래나무(잎과 열매)

가래나무(암꽃)

가래나무는 가래나무과(Juglandaceae)에 속하는 높이 20미터까지 크게 자라는 큰키나무로 줄기껍질은 진한 회색 또는 회색으로 세로로 갈라진다. 잎은 7–17개의 크기와 모양이 비슷한 작은 잎으로 구성되는 복엽이다. 작은 잎은 긴 타원모양이고 길이 7–28센티미터, 너비 10센티미터로 크고, 끝은 뾰족하지만 밑부분은 일그러진 심장모양처럼 생겼다. 꽃은 5월에 피고 한 그루에 수꽃과 암꽃이 따로 달리는데 수꽃은 꼬리처럼 길게 늘어지는 미상꽃차례를 만들어 많은 꽃을 매달고 있고, 암꽃은 4–10개가 모여 달린다. 열매는 복숭아나 살구처럼 3개의 뚜렷한 보호층으로 종자를 보호하는 핵과로 달걀을 닮은 둥근 모양이고 길이는 4–4.5센티미터 정도다. 열매껍질에 해당하는 외과피에는 분비털인 선모가 나 있어 만지면 끈적끈적하고, 안쪽의 딱딱한 내과피는 흑갈색으로 8개의 능각이 있으며 그 사이사이에는 많은 요철 부분이 있다.

14

버드나무과

미루나무

초등학교 때부터 5번 국도가 지나가는 강원도 횡성의 고향집 도로변에는 아름드리나무가 가로수로 서 있었다. 지금 생각해 보면 그리 큰 나무는 아니었던 것 같은데 해마다 키가 훌쩍 자랐던 것 같고 가지도 많이 치고 잎도 많이 달려 전체가 풍성한 큰 나무였던 걸로 기억한다. 어른들은 이 나무를 '포플러'라고 했다. 영어인지 독일어인지 구분을 못할 때는 그냥 한글처럼 이름을 외워 지금도 그렇게 알고 있다. 그랬던 가로수들은 언젠가 방울나무라고도 불리는 양버즘나무로 대치되더니 느티나무, 은행나무, 왕벚나무, 이팝나무 등이 새롭게 심기고 이제는 그나마도 없어지고 4차선 도로 주변에는 자전거길이 나 버렸다. 과연 이 길을 달리는 사람들이 얼마나 많으며, 투입된 예산이 얼마나 됐을지 생각하면 씁쓸한 웃음만 나온다. 고향집을 오가며 그 길로 자전거가 다니는 모습을 한 번도 보지 못했기 때문이다. 차라리 송충이가 잎과 가지에 득실거리고 특이한 냄새를 풍겼던 포플러의 예전 모습이 더 그립다.

포플러(poplar)는 어떤 나무일까? 결론부터 말하자면 버드나무과의 사시나무속에 속하는 식물 종류 모두를 말한다. 사시나무속은 전 세계에 100여 종류가 북아프리카, 아시아, 유럽, 북아메리카에 널리 분포하는데, 종 다양성의 중심지는 중국으로 71종류나 자란다. 포플러는 'arbor populi'에서 유래된 것으로 'the people's tree'라는 뜻이며 예전부터 사람들이 많이 모이는 장소에 식재되었기 때문에 붙여진 이름이라고 한다. 2012년 산림청에서 발행한 『한국의 가로수』라는 책을 보니 아직도 우리나라에 식재되고 있는 포플러 종류는 미루나

미루나무(전체)

무, 이태리포플러, 은사시나무 등이다. 이 종류들은 1900년 전후 또는 일제강점기 때 도입되어 1970년대 말에는 전국적으로 10만 헥타르 넘는 면적에 식재되기도 했다가 1990년 이후 주춤해졌는데 최근 세계적으로 기후변화와 지구온난화 문제가 심각하게 대두되면서 대체에너지 자원과 탄소흡수원, 환경오염정화 수종, 그리고 펄프 재료로 각광받으면서 다시 관심의 대상이 되고 있다.

사시나무

은사시나무

특히 미루나무는 추위에 강해 전국 어디에서나 잘 자라고 성장이 빠르며 습기, 바닷바람, 대기오염에도 잘 견디는 장점이 있다.

미루나무의 학명은 *Populus deltoides*다. 속명 '*Populus*'는 고대 라틴어에서 유래했으며 사시나무속을 말하는 것이고, 종소명 '*deltoides*'는 삼각형이라는 뜻으로 잎 모양을 표현한 것이다. 우리 이름은 북아메리카에서 온 버드나무라는 뜻이다. 다른 이름으로는 강선뽀뿌라, 모니리백양, 모니리뽀푸라, 모닐리훨라양버들, 미류나무, 미류, 델토이데스포플라나무라 부르기도 한다. 우리나라에서 자라는 사시나무속(*Populus*) 식물은 외래종 5종류를 포함해 11분류군이 자라며, 미루나무와 가장 비슷한 종류는 유럽 원산의 양버들인데 잎 길이가 너비보다 길고 잎 밑부분에 꿀샘이 없어 구별된다. 한방에서의 용도는 알려진 것이 없다.

우리 대학에서 가장 큰 나무는 둘레가 4미터 21센티미터나 되는 미루나무다. 높이도 20여 미터는 훌쩍 넘는다. 이 나무가 심긴 때는 정확한 기록은 없지만 지금의 캠퍼스 형태가 갖춰진 때를 종합대학교로 승격한 시기라고 한다면 적어도 45년 이상은 된 것 같다. 얼마나 큰지 낙엽이 질 때면 하루에 떨어지는 양이 손수레 2–3개 분량은 될 정도다. 우리나라 자생식물은 아니지만 대학의 역사와 함께하는 소중한 유산이다.

미루나무(줄기)

미루나무(잎)

미루나무(열매)

미루나무는 버드나무과(Salicaceae)에 속하며 북미 원산으로 높이 30미터, 지름 1미터까지 자라는 큰키나무로, 줄기는 회색 또는 흑갈색이고 세로로 갈라진다. 어린가지는 둥글고 능선이 약간 있으며, 겨울눈은 털이 없고 갈색으로 점성이 많아 만지면 끈적끈적하다. 잎은 줄기에 어긋나 달리고 잎자루는 넓적하며 달걀을 닮은 삼각형 또는 넓은 달걀모양으로 길이와 너비는 각각 7-12센티미터다. 잎 끝은 차차 좁아지고 가장자리에는 안쪽으로 굽은 톱니가 있으며 밑부분은 얕은 심장모양 또는 좁아지면서 뾰족해지는 예저 형태이고 2-3개의 꿀샘이 있다. 꽃은 암수딴그루로 3-4월에 피고 길이 7-10센티미터의 꼬리모양 꽃차례에 달리는데 수꽃에는 40-60개의 수술이 달리고 암술머리는 3-4개이다. 열매자루는 길이 10-20센티미터 정도이며, 열매는 익으면 배봉선이 열리는 삭과로 5월에 성숙한다.

15

자작나무과

개암나무

겨울이 지나고 봄이 찾아오는 3월 정도가 되면 많은 사람들이 산으로 향한다. 등산을 하면서 눈 녹은 계곡과 골짜기를 따라 흐르는 맑은 물소리를 들으며 걸으면 발걸음도 가볍고 기분도 좋아질 것 같다. 조금씩 되살아나는 숲의 생동감도 절로 어깨춤을 추게 할 정도로 흥겨워지게 만든다. 이 시기 남쪽 지방에서는 동백나무, 목련 같은 나무의 꽃이 활짝 피었겠지만 중부지방은 조금 다르다. 아직 겨울이라 해도 아주 틀린 말은 아니다. 그래도 가장 먼저 꽃 피는 나무를 찾아보라면 개암나무인 것 같다. 개암나무는 나지막한 뒷산에만 가더라도 쉽게 만날 수 있고 꽃이 피는 이른 봄부터 열매 맺는 9월까지 다양한 모습을 볼 수 있다. 개암나무에 대한 특징을 가장 쉽게 관찰할 수 있는 것은 우리 대학에 심겨 있는 개체다. 매 학기 식물분류학 실험시간이 되면 비가 오지 않는 한 대부분 캠퍼스에서 자라는 식물 관찰을 위해 야외실습을 한다. 개암나무의 경우 1학기 때는 꽃을 중심으로 설명하는데, 2학기 때는 열매가 그 자리를 대신한다. 물론 수강하는 학과가 다르긴 하지만 이 나무 앞에서 설명하는 내용은 비슷하다. 왜냐하면 재미있는 전설이 있기 때문이다.

옛날부터 호랑이가 제일 무서워하는 것이 곶감이라고 알려져 있고, 도깨비가 가장 두려워하는 것은 '깨금'이라 불리는 개암나무 열매다. 그 이유는 이렇다. 옛날 시골 어느 집에 아들과 함께 사는 부부가 있었다. 하루는 고개 너머 사는 친척집에 심부름거리가 있어 어머니는 아들을 다녀오게 했다. 그 길은 아들에게도 친숙한 곳이었는데 그날따라 날씨가 좋지 않아 이리저리 헤매다가

개암나무(전체)

결국 길을 잃고 말았다. 아들은 날이 어두워져 불빛을 찾아 헤매다 집 한 채를 발견하고 안으로 들어가 날이 밝을 때를 기다리고 있었는데 얼마 후 밖에서 도깨비들이 오는 소리가 들렸다. 놀란 나머지 아들은 천장 쪽으로 올라가 몸을 숨겼다. 도깨비들은 방망이를 뚝딱거리며 가지고 싶은 것들을 모두 나오게 하고 있었는데, 어느 정도 지났을까 너무 배가 고픈 아들은 먹을 것을 찾다가 주머니 속에 따 넣었던 개암나무 열매가 생각나 조심스레 꺼내 입에 넣고 어금니로 깨물었다. 껍질 깨지는 소리가 난 순간 도깨비들은 지붕이 무너지는 줄 알고 방망이도 버린 채 일제히 줄행랑을 쳤다. 그 후부터 도깨비가 가장 무서워하는 것이 개암나무 열매가 되었다는 이야기다. 학생들에게 도감에 나오는 식물학적 특징 이외에 유래나 전설을 실물을 보며 얘기해 주면 딱딱한 강의실 수업과 차별성이 있는 것 같아 좋다. 이론 강의 시간보다 야외실습 때 말이 더 많

물개암나무

아지는 이유이기도 하다.

개암나무의 학명은 *Corylus heterophylla*다. 속명 '*Corylus*'는 그리스어 corys(투구)를 어원으로 하는 고대 라틴어로 작은 총포(總苞)의 모양을 표현한 것이며, 종소명 '*heterophylla*'는 한 개체에서 서로 다른 모양의 잎이 섞여 난다는 뜻이다. 우리 이름은 비슷하다는 접두사 '개'와 종자 모양이 비슷하다 하여 붙여진 '밤', 그리고 '나무'가 합쳐져 '개밤나무'로 불리다가 개얌, 개옴, 개암, 개음, 개암(나무)으로 변했다고 한다. 지방에서는 개얌나무, 깨금나무, 난퇴물개암나무, 난티잎개암나무, 물개암나무, 쇠개암나무라고 부른다. 우리나라에서 자라는 개암나무속 식물은 3종류가 있는데, 참개암나무와 물개암나무는 포가 열매 전체를 감싸고 열매의 폭이 좁아 개암나무와 구별된다. 한방에서는 개암나무와 참개암나무의 열매를 진자(榛子)라 하여 위를 강하게 해 소화기능 향상과 시력 회복에 사용한다.

이른 봄 잎도 없이 앙상한 줄기에는 가끔 길게 늘어진 수꽃과 자색의 암꽃, 그리고 작년에 맺힌 열매가 그대로 달려 있는 모습을 같이 만날 수 있다. 역할이 각각 다르긴 하지만 멋진 장식품이라 해도 손색이 없을 정도다. 여기에 도깨비에 얽힌 이야기가 있고 간식의 재료로도 훌륭하니 나무랄 게 없는 나무다.

개암나무(어린줄기와 잎)

개암나무(잎과 열매)

개암나무(수꽃, 암꽃, 작년 열매)

개암나무는 자작나무과(Betulaceae)에 속하는 떨기나무로 높이 1-2미터 정도다. 잎은 어긋나 달리고 거꾸로 된 원형 또는 넓은 거꾸로 된 달걀모양으로 길이와 너비가 5-12센티미터이고, 1-2센티미터의 잎자루가 있다. 잎 끝은 급히 짧게 뾰족해지며 표면에는 자주색 무늬가 있고 뒷면에는 잔털이 있으며 가장자리에는 불규칙한 톱니가 있다. 꽃은 3월에 피고 한 나무에 수꽃과 암꽃이 따로 달린다. 수꽃은 지난해 만들어져 겨울을 나고 꼬리처럼 생긴 5센티미터 정도의 긴 꽃차례에 여러 개가 달리고, 보호기관인 포 안에 한 개씩 들어 있다. 암꽃은 마치 겨울눈처럼 생겼고 몇 개의 포에 의해 둘러싸여 있는데 10개 정도의 붉은색 암술대가 밖으로 돌출된다. 열매가 발달하면 암꽃을 싸고 있던 포 2개는 잎처럼 자라 주변을 감싸는데 윗부분이 뒤로 젖혀져 있고 가장자리에 큰 톱니가 있다. 열매는 한 개의 종자로 구성된 견과로 둥글고 갈색이며 지름 1.5-3센티미터로 도토리 크기 정도다.

16

참나무과

밤나무

가을이 되면 풍성함이 좋다. 보름달, 햅쌀, 추석 등 모든 단어들이 새롭거나 가득 차거나 넉넉함을 안고 있다. 주변 환경도 변해 산속 나무들은 녹색에서 붉은색이나 노란색 단풍으로 물들고, 황금빛 들녘에서는 벼를 수확하는 콤바인이 바쁘게 움직이고 있다. 한 해를 정리하는 한결같은 모습들이다. 가을을 대표하는 볼거리는 아주 다양하지만 가장 멋진 것을 추천해 보라면 밤나무를 뽑겠다. 잘 익은 열매의 껍질이 벌어지고 그 안에 들어 있는 알밤의 모습을 보고 있으면 마음이 보름달처럼 풍성해진다. 그런데 산행을 하다 보면 밤나무는 쉽게 만날 수 있는데 밤의 크기를 보면 1.5센티미터 정도로 작다. 소위 재래종이라고 하는 예전부터 산에서 자라던 개체인데 맛은 좋다. 요즘은 키는 낮추고 열매 크기는 크게 개량한 일본산 품종들이 많이 재배되고 있다. 밤이 여물 때쯤이면 이곳저곳에서 밤 줍기 체험행사를 진행하는 마을도 많다. 입장료 만 원만 내면 나눠 준 양파자루에 한가득 직접 주운 밤을 집으로 가져갈 수 있다. 이른 아침이면 바닥에 떨어진 것이 많아 금세 한 자루를 채울 수 있지만, 오후가 되면 상황이 좀 다르다. 그래서 주인 모르게 나무에 올라가 긴 장대로 밤송이를 털다가 혼쭐이 났던 기억도 있다. 그럴 때면 주인은 미리 따 놓았던 것으로 자루를 채워 주곤 했었다. 가족과 함께했던 즐거운 경험이다.

밤나무는 참나무과에 속한다. 참나무과는 말 그대로 '진짜' 나무들만 모아 놓았기 때문에 쓰임새가 많다. 도토리를 열매로 맺어 예전부터 구황식물로 많이 활용되었던 신갈나무 종류들이 속해 있고, 남쪽에서 많이 자라는 가시나무

밤나무(전체)

종류도 포함된다. 이 나무들은 열매뿐 아니라 잎과 줄기를 연료용으로 사용해 시골에서는 겨울을 나기 위해 반드시 필요한 존재다. 그런데 밤나무는 예외였다. 열매를 수확해 숯불에 구워 먹고 곧게 자란 가지를 잘라 윷가락을 만들었던 좋은 기억은 있는데, 땔감으로는 사용되지 못했다. 밤나무는 불에 타면서 내는 높은 농도의 일산화탄소 수율 때문에 유독성 물질로 작용하여 자칫하면 목숨을 잃게 할 수도 있기 때문이다. 어렸을 때 경험도 했다. 중학생 때 친구들과 함께 놀기 위해 사랑방에 군불을 때고 숯불에 감자를 구워 먹으며 시간 가는 줄 모르고 재미있게 놀다 잠이 들었는데 다음 날 아침 모두가 깨어나지 못했다. 아버지가 방문을 열고 환기를 시킨 후에야 겨우 정신이 돌아왔고, 심하게 지속됐던 두통은 시원한 동치미 국물 몇 사발을 들이켜고 나서야 괜찮아졌다. 요즘도 가끔 아버지는 그때 일을 말씀해 주신다.

밤나무의 학명은 *Castanea crenata*다. 속 이름 '*Castanea*'는 고대 라틴명이며 밤을 뜻하는 그리스어 castana에서 유래되었고, 종소명 '*crenata*'는 둥근 톱니가 있다는 뜻이다. 우리 이름은 열매를 뜻하는 '밤'과 목본성 식물을 의미하는 '나무'가 합쳐져 만들어졌다. 우리나라에서 자라는 밤나무속에는 밤나무와 약밤나무 2종류가 있는데, 약밤나무는 잎 뒷면에 비늘조각모양의 분비선이 없으며, 어릴 때는 부드러운 털이나 별모양의 털이 밀생해 구별된다. 한방에서는 밤나무 열매를 율자(栗子) 또는 황률(黃栗)이라 하여 위를 튼튼하게 하고, 통증제거, 지혈작용, 기관지염의 치료제로 사용한다.

명절 때 형제들과 둘러앉아 차례 상에 올릴 밤을 까다 보면 어린 시절 있었던 많은 이야기가 나온다. 밤송이에 머리를 맞아 대성통곡하던 일, 밤꿀을 뜨다가 벌에 쏘여 한쪽 눈이 감길 정도로 퉁퉁 부은 채 학교에 갔던 일, 그때는 힘들었지만 돌이켜 보면 그만한 추억도 없었던 것 같다. 소중한 기억이다. 알밤이 떨어질 때가 되면 이른 아침 집 근처 밤나무에 가 봐야겠다. 밤새 떨어진 싱싱한 열매를 줍는 재미를 어렸을 때처럼 다시 한번 느껴 보고 싶다.

밤나무(어린가지와 잎)

밤나무(수꽃)

밤나무(수꽃과 암꽃)

밤나무(열매)

밤나무는 참나무과(Fagaceae)에 속하는 큰키나무로 높이 15미터, 너비 1미터까지 자라며 껍질은 회색으로 세로로 깊게 갈라진다. 작은가지는 자줏빛이 도는 적갈색으로 털이 있지만 자라면서 없어진다. 잎은 어긋나 달리고 타원형 또는 장타원형으로 길이 10-20센티미터, 너비 4-6센티미터로 17-25개의 맥이 있고 밑은 둥글며 가장자리에는 가시 같은 톱니가 있다. 잎 앞면은 짙은 녹색으로 광택이 나지만 뒷면은 별모양의 털이 있어 회백색이고 분비샘이 많으며, 잎자루는 1-1.5센티미터다. 꽃은 수꽃과 암꽃이 한 나무에 따로 핀다. 수꽃은 흰색으로 줄기에서 나오는 새 가지 아래 잎겨드랑이에 꼬리처럼 긴 미상꽃차례로 여러 개가 달린다. 암꽃은 수꽃차례 밑에 2-3개 정도씩 모여 달리며 모양은 아주 작은 밤송이처럼 생겼다. 열매는 9-10월에 익는데 바깥에는 가늘고 긴 3센티미터 정도의 가시가 빽빽이 나 있다. 종자는 1개의 씨방이 성숙해 만들어지며 껍질이 딱딱한 특징을 가진 견과로 1개 또는 3개씩 들어 있고 길이는 2.5-4센티미터 정도다.

17

참나무과

졸참나무

우리나라 전통시장이나 장날이 열리는 곳에 가면 볼 게 많다. 시쳇말로 없는 것 빼고 다 있다. 물건을 전시하거나 판매하는 것도 마찬가지다. 대형마트에서처럼 틀에 맞게 이뤄지는 것이 아니라 그저 생긴 대로, 놓고 싶은 대로, 가격도 마음대로다. 마치 자연의 순리처럼 물 흐르듯 자연스럽다. 얼마나 인간적인가! 한 바퀴 돌고 나면 기분도 좋아지고 사람 냄새도 맡을 수 있으니 많은 것을 배울 수 있는 장소이기도 하다. 또 장 구경을 하고 집으로 돌아갈 때 양손에 아무것도 들려 있지 않으면 미안함마저 들 정도다. 장 구경에서 가장 정겨운 곳을 이야기해 보라면 쪼그리고 앉아 물건을 파는 할머니들이 계신 곳이다. 환갑의 나에게도 이젠 할머니가 아닌 어머니 같은 존재다. 한 평도 안 되는 작은 공간에 2–3가지 물건을 놓고 하루 종일 앉아 자리를 지키신다. 다 팔아 봐야 몇만 원일 텐데 오히려 그런 시간을 즐기시는 것 같다.

한번은 생도토리를 팔고 계시는 할머니를 만났다. 좌판에 진열된 도토리 모둠이 서로 다르다는 것이 눈에 들어왔다. 관심을 보이는 나에게 할머니는 앉아서 함께 이야기 나누기를 청했고 마주 앉은 후에는 도토리와 관련된 내용으로 20여 분을 말씀하셨다. 감히 말씀 도중 끼어들 틈도 없이 말이다. 내용을 요약하면 이렇다. 할머니께서는 오랫동안 도토리를 주워 팔았고 집에서는 묵을 만들거나 말렸다가 명절 때 가족들이 오면 함께 나눠 먹었다는 것이다. 그런데 경험을 해 보니 산에서 줍는 도토리가 모양에 따라 묵 맛도 다르고 녹말 추출량도 달라 종류별로 구별해 팔게 되었다는 것이다. 쌓여 있는 도토리 종류를 살

졸참나무(전체)

펴봤더니 신갈나무, 굴참나무, 졸참나무, 떡갈나무 등 4가지였다. 이 중 어떤 것이 가장 맛있는 묵이 되느냐고 질문했더니 할머니는 총알도토리라고 말씀하시며 손가락으로 한 모둠을 가리켰는데 바로 졸참나무 도토리였다. 다른 종류는 대부분 타원형으로 약간 뚱뚱해 보이는 데 비해 졸참나무는 긴 타원형으로 날씬해 총알처럼 보이므로 시골에서 오래전부터 그렇게 불렀다는 것이다. 그러고 보니 모둠의 가격이 달랐다. 당연히 총알도토리가 가장 비싼 것은 두말할 필요도 없다. 할머니께 우리가 부르는 도토리나무 이름을 종류별로 알려 드리고 총알도토리만을 구입해 집에서 묵을 만들어 먹었다. 부드럽고 알싸한 맛이 지금도 기억 속에 있다.

졸참나무의 학명은 *Quercus serrata*다. 속명 '*Quercus*'는 켈트어 quer(양질의)와 cuez(재목)의 합성어로, 참나무속에 포함되는 어떤 종의 라틴명에서 유래했다. 종소명 '*serrata*'는 톱니가 있다는 뜻으로 잎 가장자리의 특징을 설명한 것이다. 우리 이름은 참나무 종류 중 열매가 작다는 뜻에서 유래했고, 지방에서는 굴밤나무, 가둑나무, 당재잘나무, 소리나무, 재랑나무, 재리목, 재잘나무, 침도로나무, 황해속소리나무 등 여러 가지 이름으로 불린다. 우리나라에서 자라는 참나무속(*Quercus*) 식물은 11종류 정도인데, 이 분류군들은 낙엽이 지는 것과 늘푸른잎을 가지는 종류로 나뉘진다. 낙엽이 지는 종류들은 자연잡종이 자주 일어나 구별이 어렵고 특히 섬 지역의 교란된 삼림지역에서는 이런 현상이 더 심하게 나타나는 것으로 알려져 있다. 형태적으로 졸참나무는 갈참나무와 가장 비슷한데, 갈참나무는 잎이 10-25센티미터로 길고, 맥도 10-15쌍으로 많으며 잎 뒷면에 별모양의 털만 있어 구별된다. 졸참나무의 한방에서의 사용은 알려져 있지 않고, 지방에서 종자는 식용, 나무껍질은 염료용, 줄기는 기구나 숯, 또는 버섯원목으로 활용된다.

갈참나무

졸참나무는 작다는 의미로 이름 붙여졌고 알기 쉽게 졸병참나무라고 소개하기도 하지만, 쓰임새로 보면 참나무 종류 중 단연 최고인 것 같다. 또 우리나라 숲을 구성하는 주요 나무 중 한 가지이기도 하니 전천후 나무라 해도 손색이 없다. 훌륭하고 멋지다.

졸참나무(가지와 잎)

졸참나무(수꽃)

졸참나무(열매)

졸참나무(종자)

졸참나무는 진짜나무만 모아 놓았다는 의미의 참나무과(Fagaceae)에 속하는 큰키나무다. 다 자라면 높이는 20미터가 넘고 줄기 지름도 1미터에 달하며 껍질은 회백색이다. 잎은 줄기에 어긋나 달리고 1-2센티미터 정도의 잎자루가 있으며 모양은 달걀을 거꾸로 놓은 것처럼 생긴 긴 타원형으로 길이 2-19센티미터, 너비 1.5-10센티미터이고 7-12쌍의 맥이 있다. 잎 양 끝은 뾰족하고 가장자리에 나 있는 톱니는 안쪽으로 약간 굽으며 뒷면 맥 위에 짧은 털과 별모양의 털, 즉 성상모가 함께 분포한다. 꽃은 5-6월에 피고 한 나무에 수꽃과 암꽃이 같이 달리는데, 수꽃차례는 새 가지 밑부분의 잎겨드랑이에서 버드나무 수꽃처럼 길게 늘어지고, 암꽃은 위를 향해 1-2개씩 달린다. 열매에 해당하는 도토리는 각두라고 하는 보호조직에 들어 있다. 각두 표면은 포린이라는 작은 조각들로 싸여 있는데 참나무 종류 중 가장 작다. 열매는 견과로 길이 4-28밀리미터, 너비 3-17밀리미터이고 모양은 장타원형으로 날렵하게 생겼다.

18

뽕나무과

닥나무

닥나무란 이름을 들으면 겨울을 지나 새봄을 맞는 기분으로 겨울 동안 찬 바람에 찢어진 방문을 창호지로 새로 붙이던 일이 생각난다. 요즘은 민속박물관 등에서 체험학습을 통해 경험하게 하기도 하는데 기성세대 입장에서 보면 잘한 일이란 생각이 든다. 잊혀 가는 우리 고유의 전통을 잇거나 계승하는 일이 필요하기 때문이다. 젊은이들은 잘 모르겠지만 종이를 만드는 재료는 닥나무 종류들이 주로 이용된다. 껍질에서 분리해 낸 많은 섬유 성분들이 활용되는데 이렇게 만들어진 종이를 닥종이 또는 한지라고 부른다. 어렸을 때 닥나무는 놀이기구로도 사용했다. 껍질을 벗겨 반대편 친구와 서로 얽은 후 잡아당겨 끊어진 사람이 게임에서 지는 것이다. 얼마나 질긴지 얼굴이 벌겋게 달아오를 정도로 힘을 줬던 생각이 난다. 그뿐만 아니다. 어른들은 껍질을 벗겨 새끼처럼 꼬아 튼튼한 밧줄을 만들었고, 줄기나 가지를 활처럼 휘어 동그랗게 말아 고정시켜 말리면 코뚜레가 되었다. 닥나무로 종이 만드는 것을 직접 보지는 못했지만, 지금 생각하면 할아버지가 종이 만드는 재료를 만들어 판매하셨던 것 같다. 어릴 때 사랑방 아궁이에 소여물을 끓이는 커다란 가마솥이 걸려 있었는데, 할아버지가 나무줄기를 지게에 한 짐 지고 오신 후 가마솥에 물을 붓고 삶아 내던 것을 본 기억이 있기 때문이다.

닥나무는 시골집 근처 밭둑에서 주로 자랐는데 요즘은 종이를 만들기 위해 일부러 재배하는 곳을 제외하면 통 볼 수가 없다. 다행스러운 것은 우리 대학 캠퍼스 안에도 닥나무가 자란다는 것이다. 우리 학과 온실 옆에 두 그루가 있

닥나무(전체)

는데 언제 심었는지는 모르겠지만 줄기 둘레가 40센티미터나 되고 높이도 8미터나 되니 닥나무 치고는 꽤 큰 나무에 들어간다. 대학 안에는 아침저녁으로 운동을 하거나 산책을 하는 외부인들이 많은데 그중 닥나무에 대한 활용 방법을 아는 사람이 있었다면 이렇게 크게 자랄 때까지 내버려두지 않았을 것 같다는 생각에 지금까지 버텨 온 것을 보면 대견해진다. 살고 있는 장소가 길옆이 아니고 온실 뒤 산자락 끝에 위치해 있는 것도 한몫한 것 같다. 이 나무는 식물분류학 실험 시간에 학생들에게 반드시 설명해 주는 몇 종류 중 한 가지다. 꽃과 잎도 특이하게 생겼고 해 줄 이야기도 많으니 설명이 시작되면 20여 분 이상은 머무르는 것 같다. 그런데 안타깝게도 한 그루는 작년 여름 태풍 때문에 줄기가 찢겨 잘라 버렸다. 역사와도 같은 많은 의미가 담긴 나무여서 더욱 아쉽다. 그래도 곁에는 비슷한 덩치의 나머지 한 그루가 올곧게 남아 있으니 그나마 다행이다.

닥나무의 학명은 *Broussonetia kazinoki*다. 속명 '*Broussonetia*'는 프랑스의 의학자이자 자연연구가인 Pierre Marie Auguste Broussonet의 이름에서 유래했으며, 종소명 '*kazinoki*'는 꾸지나무의 일본 이름에서 유래했다. 우리 이름은 '닥'과 '나무'가 결합한 것으로, 종이를 만들 수 있는 질긴 껍질을 뜻하는 '닥'을 얻을 수 있는 나무라는 뜻에서 붙여졌다. 우리나라에서 자라는 닥나무속 식물은 4종류가 알려져 있는데, 2009년 어떤 학자의 닥나무속 식물에 대한 분류학적 연구를 통해 학명과 국명의 이전과 신칭 등 많은 변화가 있었다. 이 글에서는 예전에 일반적으로 통용되던 닥나무에 대한 특징을 설명했으며, 학명과 국명도 이를 따랐다. 한방에서는 닥나무, 애기닥나무, 삼지닥나무의 어린 가지와 잎을 구피마(構皮麻)라 하여 관절염으로 인한 마비, 몸이 약해 생긴 피부염이나 붓는 증상, 그리고 타박상 등에 사용한다.

방문 문종이를 새로 바르면 문고리가 있는 주변에는 장식을 했다. 봄에는 진달래나 산수유 꽃을 따다가 문양을 만들었고, 가을이면 코스모스나 국화꽃을 넣어 화려함을 더했다. 문종이가 마르고 방문을 다시 돌쩌귀에 맞춰 달면 문틀과 조화로운 새로운 작품이 만들어졌다. 그러고 나면 집도 더불어 빛났던 것 같다. 갑자기 어렸을 때 시골집 모습이 눈에 선하다.

닥나무(잎)

닥나무(수꽃과 암꽃)

닥나무(줄기와 꽃)

닥나무는 뽕나무과(Moraceae)에 속하는 작은키나무로 높이 2–5미터로 자라며 자웅동주로 작은 가지는 녹갈색으로 짧은 털이 있지만 바로 떨어진다. 잎은 어긋나 달리고 달걀 또는 긴 달걀 모양으로 길이 10–12센티미터, 너비 6–8센티미터이고 끝은 뾰족하고 밑은 둥글거나 약간 심장모양으로 윗부분은 톱니와 더불어 2–3개로 깊게 파인다. 잎 표면은 거칠고 뒷면에는 작은 털이 있으며 잎자루는 1–2센티미터로 꼬부라진 털이 있으나 점차 없어진다. 꽃은 5월에 수꽃과 암꽃이 한 나무에 같이 달리며 꽃자루 길이는 1–2센티미터다. 수꽃이삭은 새 가지 밑부분에 달리고 타원형으로 길이 2–3센티미터 정도이며, 암꽃이삭은 가지 윗부분 잎겨드랑이에 달리고 둥글며 길이 6–9밀리미터다. 열매는 둥글고 가장 바깥쪽 껍질인 외과피는 열매꼭지와 더불어 굵어지고 육질로 되며 붉은색으로 익고 지름 1–1.5센티미터이며, 내과피에는 작은 돌기가 있다.

19

뽕나무과

뽕모시풀

이름만 보면 뽕나무와 모시풀을 합쳐 놓은 것 같은 느낌이 드는 뽕모시풀이란 식물이 있다. 만약 그렇다면 잘 지은 이름이다. 두 식물의 특징을 알려 줄 수 있는 장점을 가졌으니 말이다. 그런데 식물학적으로 뽕나무는 뽕나무과에 속하는 나무이고 모시풀은 쐐기풀과에 속하는 풀이기 때문에 전혀 다른 계통에 포함되어 있다. 도감에서 뽕모시풀을 찾았더니 소속이 뽕나무과로 되어 있다. 다른 이름으로는 뽕잎풀이라 부른다고 하니 뽕나무를 닮은 잎을 가진다는 것이 가장 큰 특징으로 생각된다.

뽕모시풀을 처음 만난 것은 우리 대학 온실에서였다. 그곳에는 실험과 관련된 식물을 키우는 화분이 많이 있는데 가끔 잡초처럼 보이는 풀들이 나오기 마련이다. 눈에 보이는 대로 뽑아내기는 하지만 뒤돌아보면 또 다른 것이 나올 정도로 온실은 풀과의 전쟁이라 해도 과언이 아니다. 주로 보이는 것은 싸리냉이, 떡쑥, 깨풀, 명아주 같은 밭 잡초에 포함되는 종류들인데, 전혀 알 수 없는 개체가 보이기 시작했다. 처음에는 대수롭지 않게 봐 왔는데 자라는 것을 보니 잎도 크고 꽃 생김새도 일반적이지 않아서 자세히 관찰해야 그 모습을 알 수 있을 정도였다. 물론 이름은 전혀 몰랐고 몇 번을 그대로 뽑아냈는데, 그 후로는 시위하듯 여기저기 화분에서 많은 개체가 자라는 것이었다. 제비꽃처럼 키가 작은 식물이 살고 있는 화분이라면 잘못하다가 주인공 자리를 넘겨줘야 할 상황이 벌어질 정도였다. 군락으로 나는 것은 아니었지만 큼지막한 잎과 털이 숭숭 나 있는 줄기는 다른 식물이나 곤충들에게는 혐오스럽게 느껴질 정도로

뽕모시풀(전체)

강인함을 가졌다. 생육도 얼마나 강한지 온실의 높은 온도 때문에 다른 식물들은 시들어 가는데 멀쩡히 버티기도 하고, 화분의 흙이 말라 딱딱하게 굳어도 뿌리가 지탱하는 힘은 대단해서 뽑아내는 것도 힘에 버거울 정도다. 어쨌든 이름을 알아내고 난 후 이 식물에 대해 가졌던 선입견은 완전히 달라져 지금도 화분에서 자라는 것이 보이면 그대로 놔두고 있을 정도다.

뽕모시풀의 학명은 *Fatoua villosa*다. 속명 '*Fatoua*'는 확실하지는 않지만 남서태평양 언어 중 하나에서 온 것으로 추정한다. 예를 들어 피지 말로 vatu는 바위나 암석을 뜻한다. 종소명 '*villosa*'는 털이 있다는 뜻으로 줄기의 특징을

모시풀

설명했다. 우리 이름은 뽕나무잎을 닮고 꽃부분은 모시풀을 닮아 붙여진 듯하며, 지방에서는 뽕잎풀이라 부른다. 뽕모시풀속 식물은 전 세계에 2종만이 보고되어 있고 주로 동아시아, 동남아시아, 오스트레일리아, 태평양제도에 분포하며, 최근에는 북아메리카 남동부에도 유입되어 자라고 있는데, 우리나라에는 뽕모시풀 1종만이 있다.

뽕나무

뽕모시풀은 우리나라에서 자라는 뽕나무과 식물 중 유일하게 풀이다. 잡초처럼 생각되었지만 내게는 새로운 모습을 보여 준 고마운 존재다. 우리도 누구에겐 그저 그런 존재일 수 있지만 나만이 할 수 있는, 나만이 가지고 있는 고유함이 있다면 언젠가는 밝은 빛을 맞이할 수 있는 기회가 오는 것 같다. 나는 다시 온실로 간다. 또 다른 뽕모시풀을 찾아보기 위해.

뽕모시풀(어린줄기)

뽕모시풀(잎)

뽕모시풀(수꽃과 암꽃)

뽕모시풀(종자)

뽕모시풀은 뽕나무과(Moraceae)에 속하는 한해살이풀로 전체에 잔털이 나고 줄기는 27-80센티미터 정도로 곧게 자라며, 가끔 가지를 치고 색깔은 녹색이지만 진한 자색이 돌기도 한다. 잎은 어긋나 달리고 달걀모양으로 길이 5.5-9센티미터, 너비 3-6센티미터 정도이고 2.8-7센티미터의 긴 잎자루가 있다. 잎에는 털이 있으며 3개의 뚜렷한 맥이 있고 양면은 거칠고 끝은 뾰족하며 가장자리에는 둔한 톱니가 있고 밑부분은 거의 수평으로 자란다. 꽃은 암·수꽃 또는 암술과 수술이 있는 양성화가 함께 모여 취산꽃차례 형태의 집산꽃차례를 만들어 가지 끝이나 원줄기 잎겨드랑이에 난다. 꽃은 9-10월에 녹색으로 피고 암꽃과 수꽃이 섞여 나며 꽃잎은 모두 4개로 갈라지고 수꽃의 수술은 4개, 암꽃의 암술은 1개이다. 열매는 익어도 껍질이 열리지 않는 수과로 연한 갈색이고 지름은 1.3밀리미터 정도이며 윗부분은 편평하고 앞뒤와 아래쪽은 조직이 발달해 통통하며 수분이 많고, 종자는 익으면 팽압으로 산포한다.

20

삼과

환삼덩굴

산을 좋아하는 사람들은 복장이 만만치 않다. 머리부터 발끝까지, 그리고 배낭과 지팡이까지를 모두 갖추면 대략 백만 원 정도 비용이 들어간다는 것을 기사에서 본 적이 있다. 안쪽에서 발생하는 더운 열을 밖으로 내보내고 바깥의 신선한 공기는 들어오게 하는 기능성 제품들이 그 중심에 있다. 반소매와 반바지 차림은 어떨까? 넓은 길을 간다면 무리가 없겠지만 등산로가 좁다면 산을 내려온 후 몸은 온통 상처투성이가 된다. 나무에 긁히고 곤충에 쏘인 흔적이다. 이런 이야기를 하다 보면 어렸을 때 부모님을 도와 밭에서 잡초를 뽑던 때가 생각난다. 내 키보다 더 크게 자란 들깨밭에 앉아 고사리손으로 잡초들을 제거하다 보면 어머니는 보이지 않는 아들 모습이 걱정되셨는지 가끔씩 이름을 불러 있는 곳을 확인하셨다. 일이 어느 정도 진행된 후에는 뽑은 잡초들을 모아 밭둑에 쌓아 놓았는데, 그 일이 끝나고 나면 팔뚝에는 항상 심한 상처가 생겼다. 처음에는 뽑아낸 풀 때문인 줄 알았는데, 나중에 보니 밭둑을 에워싸고 있던 심술궂은 환삼덩굴이라는 식물 때문이었다. 줄기에 아래쪽을 향한 작은 가시가 잔뜩 붙어 있는 것을 보지 못하고 함부로 대하다가 만들어진 상처다. 그 이후부터는 등산을 가든 밭을 매든 항상 긴소매 옷을 입는다.

환삼덩굴은 여러 개체가 모여 커다란 군락을 형성하며 자라는데 요즘은 근처 나무줄기를 타고 올라가 그 식물을 고사시켜 버려 골칫덩어리 식물로 낙인찍혀 버렸다. 결국 2019년 7월에 생태계위해식물로 지정되었다. 지금까지 지정된 위해식물 18분류군 중 17종류는 모두 외국에서 들어온 귀화식물이었는데

환삼덩굴(군락)

환삼덩굴(어린순)

우리나라에서 절로 나 자라는 식물 중에는 처음으로 지정된 것이다. 최근에는 환삼덩굴, 돼지풀, 단풍잎돼지풀 꽃가루가 알레르기를 유발하는 원인식물로, 그리고 목초지와 농경지에 침입해 농업이나 축산업 분야에 나쁜 영향을 미치는 것으로 알려져 있어 지자체나 환경단체에서 제거사업을 진행하기도 한다. 그렇다고 나쁜 역할만 하는 것은 아니다. 어릴 때는 좀 다르기 때문인데 이른 봄 새싹이 트기 시작해 원줄기가 나오기 전까지는 식물체 전체가 연하고 부드러워 다른 종류의 봄나물들과 함께 비빔밥의 재료로 사용한다고 한다. 말 그대로 참살이 식재료인 셈이다.

환삼덩굴의 학명은 *Humulus scandens*다. 속 이름 '*Humulus*'는 맥주의 쓴맛과 관련 있는 호프에 대한 튜턴(Teuton)어 기원의 라틴이름이며, 네덜란드어의 hommel과 덴마크어의 humle과 관련 있다. 종소명 '*scandens*'는 '기어올라 가는 성질의'란 뜻으로 넝굴식물을 의미한다. 전 세계에 분포하는 삼과 식물은 총 2속 4종이 전부인데, 우리나라에는 재배 또는 귀화식물로 취급되는 삼속(*Cannabis*)의 삼과 환삼덩굴속의 환삼덩굴 등 2종류가 자란다. 환삼덩굴이라는 우리 이름은 '많다' 또는 '흔하다'라는 뜻의 옛말 '한'과 삼의 잎을 닮았다는 뜻으로 '삼', 그리고 덩굴식물이라는 의미의 '덩굴'의 합성어로 주변에서 흔히 볼 수 있는 삼 잎을 닮은 식물이라는 뜻에서 유래했다. 지방에서는 범상덩굴, 언겅퀴, 좀환삼덩굴, 한삼덩굴이라고도 부른다. 최근 삼과를 뽕나무과(Moraceae)에 포함시키기도 하는데, 유액(乳液)이 나오지 않는다는 특징으로 구분하기도 한다. 한방에서는 환삼덩굴 지상부를 율초(葎草)라 하여 피부염과 이질의 치료와 이뇨제로 사용하며, 열매는 쓴맛으로 위를 자극해 기능을 향상시키는 고미건위제(苦味健胃劑)로 사용한다.

돼지풀

단풍잎돼지풀

환삼덩굴은 양면성을 가졌다. 어릴 때는 순하고 다 자라면 조금 터프해진다. 그러나 식용이며 약용이며 다양한 쓰임새가 있으니 덮어놓고 미워만 할 수도 없다. 언젠가는 다 필요할 때가 있다는 뜻이다.

환삼덩굴(잎과 수꽃)

환삼덩굴(암꽃)

환삼덩굴(열매)

환삼덩굴은 삼과(Cannabaceae)에 속하는 한해살이풀로 줄기는 길이 2-3미터이고 덩굴지며 원줄기와 잎자루에 밑을 향한 잔가시가 있다. 잎은 마주나고 손바닥처럼 5-7개로 갈라지는데 길이와 너비는 5-12센티미터이고 밑부분은 심장모양이며 갈라진 조각은 달걀 또는 피침형이다. 끝은 뾰족하고 밑부분은 좁아지며, 가장자리에는 불규칙한 톱니가 있고, 양면에 거친 털이 있으며, 뒷면에는 황색 분비점이 있다. 꽃은 7-8월에 수꽃과 암꽃이 따로 피는데, 수꽃은 15-30센티미터 정도의 원추꽃차례에 달리고, 암꽃은 짧은 수상꽃차례를 만들어 전체적으로는 달걀모양의 원형이 된다. 열매는 한 개의 씨로 이루어진 수과로 가운데가 부풀어 있고 길이와 폭은 4-5밀리미터 정도로 황갈색을 띠는데 윗부분에는 잔털이 있고 9-10월에 익는다.

21

쐐기풀과

좀깨잎나무

나무를 생각하면 크고 울창한 숲이 먼저 떠오른다. 우리나라에는 원시림이 없기 때문에 아쉽기는 하지만 그래도 설악산이나 오대산 같은 큰 산에서는 아름드리나무들을 쉽게 볼 수 있다. 가끔 큰 나무를 만나면 안아보고 싶기도 하고 혼자 불가능하면 여럿이 모여 손을 잡아 그 둘레를 짐작해 보기도 한다. 알고 지내는 사진작가 겸 신문기자가 강원도에서 자라는 큰 나무만을 골라 사진으로 담고 설명문을 붙여 책을 만든 것을 본 적이 있는데, 사진전문가가 촬영해서 그런지 나무마다 멋진 모습을 볼 수 있어 페이지를 넘길 때마다 신비함이 느껴질 정도였다. 숲은 큰 나무 혼자서 만드는 것이 아니다. 어울림이 있어야 한다. 이른바 큰키나무, 작은키나무, 떨기나무, 그리고 초본층이 서로 조화롭게 구성돼야 훌륭한 숲이 된다. 각 층마다 제 역할이 있고 층을 구성하는 각각의 종류마다 해야 할 일이 정해져 있다. 이른바 숲이 갖는 사회다. 우리나라는 온대기후에 들어 있기 때문에 숲을 구성하는 종류가 제한적이다. 해발고도로 따지면 고산지역은 참나무과에 속하는 신갈나무가 주인공이 되고 낮은 지역은 주로 소나무과의 소나무가 우점한다. 또 이들 숲의 하층 구조를 구성하는 종류도 조금씩 다르다. 장소에 따라서도 구별된다. 그런데 이도 저도 아닌 식물이 있다. 사는 곳이 숲속이 아닌 햇빛 잘 비치는 곳이거나 약간 습한 지역에서 자라 조금은 소외된 느낌을 주는 종류라는 표현이 나을 것 같기도 하다. 바로 좀깨잎나무다. 얼른 보면 같은 과에 속하는 모시풀, 거북꼬리, 쐐기풀 종류를 닮았으나 다 자라고 나면 줄기가 목질화돼 나뭇가지처럼 딱딱해지고, 잎 크기도

좀깨잎나무(군락)

절반 정도로 작아 구별된다. 그러나 겉으로 비슷하게 보이는 이 종류들은 사는 곳도 같아서 어렸을 때 잎과 줄기만 보면 구별이 거의 불가능할 정도다.

얼마 전 강원도 삼척시 미로면 활기리에 있는 조선 태조의 5대조인 양무장군(陽茂將軍)을 모신 준경묘(濬慶墓)를 방문한 적이 있다. 이곳은 곧게 뻗는 줄기가 특징인 금강소나무 숲이 주변을 에워싸고 있어 한 폭의 산수화로 보일 정도로 아름다운 곳이다. 몇 년 전 우연히 들렀다가 금강소나무 숲이 생각나면 다시 한번 꼭 와야겠다고 다짐했던 장소다. 그곳으로 가는 길은 주차장에서 1.8킬로미터를 산속 길로 걸어가야 한다. 다소 경사가 심하긴 하지만 길은 잘 정비되어 있고 중간에는 옛날 길도 복원돼 있어 지루함을 덜어 준다. 중간 정도를 지날 때쯤 길옆 계곡에 험상궂은 모습의 큰쐐기풀을 만났다. 아직 꽃이 피지 않았지만 자주 보지 못한 종류라 이곳저곳 사진을 찍으면서 살펴보기도 했다. 줄기와 잎에 붙어 있는 길고 투명한 가시는 조금이라도 건드리면 가만두지 않겠다는 모습으로 우리를 응시하는 듯해 섬뜩하기까지 했다. 그런데 그 주변에는 좀깨잎나무가 군락으로 자라고 있었다. 작은 잎과 긴 꽃줄기에 다닥다닥 붙어 있는 흰색 꽃이 큰쐐기풀과는 대조적이었다. 아마 지금까지 만났던 개체 중 가장 완벽한 모습을 하고 있었던 것 같다. 금강소나무 숲을 보러 갔다가 우연하게 발견한 덤 같은 존재여서 기분이 더 좋았다.

삼척 준경묘(금강소나무)

큰쐐기풀

거북꼬리

좀깨잎나무의 학명은 *Boehmeria spicata*다. 속명 '*Boehmeria*'는 독일의 식물학자 Georg Rudolph Boehmer의 이름에서 유래되었으며, 종소명 '*spicata*'는 작은 꽃자루 없이 다닥다닥 붙어 있는 꽃차례를 뜻하는 수상꽃차례가 달린다는 의미다. 우리 이름은 작은 깻잎을 닮은 잎을 가진 나무라는 뜻으로 해석되며, 지방에서는 새끼거북꼬리, 신진, 점거북꼬리라 부르기도 한다. 우리나라에 분포하는 모시풀속(*Boehmeria*) 식물에는 11종류가 자라는데 좀깨잎나무를 제외하면 나머지 종류의 이름에는 모시풀 또는 거북꼬리라는 단어가 들어 있다. 한방에서 좀깨잎나무의 지상부는 소홍활마(小紅活麻)라 하여 소아마비나 소아 습진에 약으로 사용한다.

좀깨잎나무는 어렸을 때는 풀처럼 보이지만 확실한 나무다. 싸리나무처럼 꼿꼿하게 서 있는 모습은 강인함을 말해 주는 잣대 같으며, 함께 모여 자라는 군락은 잘 정비된 숲처럼 보이기도 한다. 또 길옆으로 나 있는 개체들은 마치 안내를 하듯 일렬로 배열돼 있어 지나가는 이들의 기분을 좋게 만들어 준다. 작지만 많은 의미가 들어 있는 나무다.

좀깨잎나무(잎과 묵은 꽃줄기)

좀깨잎나무(꽃과 꽃차례)

좀깨잎나무는 쐐기풀과(Urticaceae)에 속하는 떨기나무로 높이 50-100센티미터로 자라며 가지를 많이 치고 잎자루와 더불어 붉은빛이 돈다. 잎은 마주나고 4각상 달걀모양으로 길이 4-8센티미터, 너비 2.5-4센티미터이며 1-3센티미터 정도의 잎자루가 있다. 잎 끝은 꼬리처럼 갑자기 길어지고 밑은 뾰족하며 가장자리에는 뾰족한 톱니가 몇 개씩 나고 양면에 짧은 털이 있다. 꽃은 7-8월에 연한 황록색으로 핀다. 꽃차례는 잎겨드랑이에서 나오고 밑부분에 수꽃차례가, 윗부분에는 암꽃차례가 달리는데 암꽃은 여러 개가 모여 한군데 달린다. 열매는 껍질이 익어도 열리지 않고 안쪽에 1개의 종자만 들어 있는 수과로 10월에 익는다.

22

마디풀과

메밀

호반의 도시 강원도 춘천을 대표하는 음식을 들라면 대부분은 막국수와 닭갈비를 손꼽는다. 두 가지 음식을 조화롭게 엮어 만든 '춘천막국수닭갈비축제'도 2008년부터 시작 됐다고 하니 여느 축제만큼이나 자리를 잡은 것 같다. 여름음식으로 제격인 막국수는 소문난 식당엔 줄 서서 기다리는 것이 일상화되었다. 춘천만 하더라도 약 50여 개 전문 막국수집이 있다. 옛날 맛을 고집하는 중장년층들은 동치미 국물에 국수를 말아 먹는 것이 기본이라고 하지만, 한 끼 식사이니만큼 영양가를 생각해 요즘은 고기 육수를 사용하는 집이 더 많다. 하지만 막국수 자체를 싫어하는 젊은 층도 있으니 호불호가 있는 음식임엔 틀림없는 것 같다. 막국수의 주재료로 사용되는 메밀은 중앙아시아가 원산지로, 우리나라에서는 고려시대 고종 대에 편찬한 『향약구급방(鄕藥救急方)』에 최초로 기록되었는데 백제 유적지에서 탄화된 메밀이 발견되어 적어도 5세기 이전에 들어왔을 것으로 추측하고 있다. 메밀은 건조한 토양에서도 잘 자라고 병충해에도 강해 구황작물로 활용되어 왔다. 또 서늘하고 습한 기후에서 잘 자라며 성장 속도도 빨라 씨 뿌린 지 10–12주 정도면 수확도 가능해 우리나라 산간 지역이 재배 적지다.

『춘천 100년사』에 따르면 춘천에서 메밀을 막국수 재료로 이용하기 시작한 것은 을미사변 후 의병이 일어났던 때라고 한다. 의병들은 일본군을 피해 산속으로 들어가 화전을 일구고 메밀, 감자, 콩, 조 등을 심어 자급자족했으며 생필품을 위해 시장에 내다 팔기도 했다. 이렇게 반출된 메밀을 이용해 자연스럽게

메밀(군락)

국수를 만들어 먹게 되었고 한국전쟁 이후부터는 본격적으로 대중화되었다는 이야기다. 막국수 맛은 그 집 양념이 좌우한다고 하지만 사실은 주재료인 메밀로 만든 면이 가장 중요하다. 한동안 100% 메밀가루만으로도 막국수 면을 만들 수 있다 없다가 논쟁의 대상이 되기도 했었는데, 그만큼 면에 들어간 메밀의 농도에 따라 식감이 달라진다는 것이다. 춘천의 막국수 식당에서 사용하는 메밀의 비율은 30–100%까지 다양하다고 하며, 면발의 쫄깃함을 위해 전분과 밀가루 등을 섞어 만드는데 그 혼합비율은 식당마다 비밀이라고 한다. 집집마다 맛이 다른 이유다.

메밀의 학명은 *Fagopyrum esculentum*이다. 속명 '*Fagopyrum*'은 너도밤나무속을 의미하는 라틴어 *Fagus*와 밀 또는 곡물을 뜻하는 그리스명 pyros의 합성어로 3개의 능선이 있는 열매가 너도밤나무 열매와 비슷하다 하여 붙여진 이름이다. 종소명 '*esculentum*'은 식용이 가능하다는 뜻이다. 메밀이란 우리 이름은 옛날부터 불려 오던 '모밀'로부터 기원되었는데 열매가 세모로 각이

나 있어 모가 나 있는 또는 모서리가 있는 밀이라는 뜻에서 유래했다. 우리나라에서 자라는 메밀속 식물은 메밀과 외래식물로 재배되고 있는 쓴메밀 등 2종류가 있다. 또 요즘에는 히말라야에서 식용으로 재배하는 붉은 꽃이 피는 메밀을 개량해 만든 품종을 관상용으로 심고 있는데, 강원도 영월에서는 2019년부터 매년 가을 '동강 붉은메밀꽃 축제'를 열어 많은 볼거리를 제공하고 있다. 한방에서는 메밀의 씨를 교맥(蕎麥)이라 하는데 위와 장의 염증을 제거시켜 만성설사나 이질을 치료하고, 열이 나는 증상에 열을 없애 주는 데 사용한다. 또 줄기에는 이뇨작용을 하는 성분이 들어 있다고 한다.

막국수는 찬 음식이라 배탈이 날 염려도 있어 식사의 가장 마지막에는 면을 삶은 따뜻한 물을 그릇에 부어 마시곤 했다. 요즘은 물막국수, 비빔막국수, 들기름막국수, 쟁반막국수 등 종류도 많아졌다. 기호에 맞게 선택의 폭이 넓어진 것이다. 그래도 기본에 충실하고 거칠거칠한 면발에 은근하게 구수한 맛의 막국수가 내 입에는 최고다.

붉은 꽃 메밀(군락)

메밀(잎)

메밀(꽃)

메밀(종자)

메밀은 마디풀과(Polygonaceae)에 속하는 한해살이풀로 높이는 40–150센티미터 정도로 자란다. 줄기는 속이 비었으며 가지가 많이 갈라지고 대부분 붉은색을 띤다. 잎은 심장모양으로 줄기에 어긋나 달리며 길이 2.5–8센티미터, 너비 2–8센티미터이고, 잎자루는 2.5–5센티미터로 위쪽으로 갈수록 짧아진다. 잎 끝은 뾰족하고, 기부는 심장모양이며 가장자리에는 작은 털이 있다. 꽃은 총상꽃차례로 잎겨드랑이와 가지 끝에 달리고 작은 꽃자루 밑에는 잎 조각처럼 보이는 보호 조직인 달걀모양의 작은 포가 있다. 꽃잎은 흰색이 대부분이지만 붉은빛이 돌기도 하고 5개로 깊게 갈라진다. 갈라진 조각은 달걀처럼 생겼으며 길이 2–3밀리미터로 작고 안쪽에는 1개의 암술과 3개의 수술이 들어 있다. 열매는 수과로 세모진 달걀모양이며 길이는 5–8.3밀리미터 정도이고 흑갈색으로 익는다.

23

쇠비름과

쇠비름

농사를 짓다 보면 잡초와의 전쟁을 선언하기도 한다. 어디에 숨었다가 때가 되면 그렇게 나타나는지 알 수가 없을 정도다. 뽑아내고 뒤돌아보면 다시 생겼다는 말이 이해가 간다. 잡초라는 식물은 없지만 사전적인 의미로는 '가꾸지 않아도 저절로 나서 자라는 여러 가지 풀'을 뜻한다. 잡초가 나는 것을 방지하기 위해 요즘은 밭을 일구고 고랑을 판 후 비닐을 덮어 씌워 멀칭을 한다. 농부들이 원하는 작물들만 잘 자라게 만들기 위한 과정이다. 그러다 보니 밭은 온통 비닐로 덮이게 되고 결국에는 사용하고 난 비닐의 처리 때문에 또 다른 환경 문제를 일으키고 있다. 어쨌든 잡초를 일일이 손으로 뽑아내던 시절은 지나갔고 제초제나 멀칭 등을 통한 방제가 대세다. 잡초로 불리는 식물 중 가장 강력한 세력을 가진 종류는 어떤 것일까? 추천을 해 보라면 단연코 쇠비름이다.

쇠비름은 비닐 속에서도, 한여름 땡볕 때문에 땅 온도가 35도를 넘어간다 해도 시들 줄 모르는 강인함을 가졌다. 뿌리도 얼마나 튼튼한지 잘 뽑히지 않을 정도다. 이뿐만이 아니다. 밭에서 뽑아낸 풀들을 작물들 사이에 올려놓으면 대부분은 하루 이틀 만에 말라 죽게 되는데 쇠비름만큼은 그대로 살아 있다. 줄기나 잎에 많이 들어 있는 수분 조절을 통해 견뎌 내는 것이다.

쇠비름(밭고랑 비닐을 뚫고 나온 강인함)

쇠비름(군락)

한번은 이런 경험도 했다. 야외조사를 갔다가 쇠비름을 채집해 왔다. 식물표본으로 만들기 위해서는 식물체를 신문지 사이에 넣어 건조기에서 말린 후 제작해야 한다. 건조기 온도는 보통 50-60도 정도로 맞춰져 있기 때문에 하루 이틀 정도면 어지간한 식물체는 바짝 마르게 된다. 그런데 쇠비름이 들어 있는 신문지를 꺼내서 열었더니 마르기는커녕 오히려 그 속에서 노란색 꽃이 핀 것이다. 따뜻한 온도가 꽃눈의 분화를 촉진시키는 역할을 한 것이다. 난생처음 보는 광경이라 어리둥절했던 기억이 있는데 아직도 그 모습이 눈에 선하다. 서양에서는 쇠비름을 상추와 더불어 샐러드로 만들어 먹는다고 한다. 우리나라에서도 연한 부분은 나물로 먹기도 하는데 이 외에도 김치, 장아찌 등을 담가 먹고, 살짝 데친 후 말렸다가 겨울에 묵나물로도 활용 가능하다고 한다.

쇠비름의 학명은 *Portulaca oleracea*다. 속명 '*Portulaca*'는 라틴어 porta(입구)의 축소형으로 열매가 익으면 뚜껑이 떨어지면서 구멍이 생기는 특징을 설명한 것이고, 종소명 '*oleracea*'는 식용이 가능한 채소라는 뜻이다. 우리 이름은 비름과 닮았지만 쇠처럼 억세고 거칠다는 뜻에서 붙여진 것 같다. 지방에서는 돼지풀이라 부르기도 한다. 쇠비름과는 전 세계에 약 20속 500종이 자라는데, 우리나라에는 쇠비름과 관상용으로 재배하는 채송화 2종뿐이다. 한방에서 쇠비름의 지상부는 마치현(馬齒莧)이라 하여 이질균 등 다양한 균이 번지는 것을 억제하고, 장의 연동운동을 촉진시키며, 이뇨제로도 사용한다. 민간에서는 전초를 벌레와 뱀에 물렸을 때 독을 해독시키는 데 사용하는 것으로 알려져 있다.

밭에서는 쇠비름이 불필요한 존재로 인식되고 있지만 강인하고 끈질긴 생명력은 본받고 싶다. 어떤 일을 하든 끝까지 최선을 다하는 모습, 요즘 우리에게 가장 필요한 덕목이 아닌가 한다.

채송화

채송화(분홍색, 노란색)

쇠비름(줄기와 잎)

쇠비름(꽃)

쇠비름은 쇠비름과(Portulacaceae)에 속하는 다육성의 한해살이풀로 전체에 털이 없고 높이는 30센티미터 정도 자라며 대부분 연한 갈색을 띤다. 줄기는 가지가 많이 달려 비스듬히 퍼져 자라므로 마치 땅에 붙어 있는 듯하다. 잎은 마주나거나 어긋나 달리기도 하지만 가지 끝부분의 잎은 돌려나는 것처럼 보인다. 모양은 달걀을 거꾸로 놓은 형태로 두툼하며 밑부분은 좁아져 작은 잎자루가 된다. 잎은 길이 1.5–2.5센티미터, 너비 0.5–1.5센티미터 정도이며 끝은 둔하거나 둥글고 밑부분은 쐐기모양이며 가장자리는 톱니가 없어 밋밋한데, 가만히 보면 마치 말의 이빨을 닮았다. 꽃은 노란색으로 가지 끝에 달리고 6월부터 10월까지 계속해서 핀다. 꽃의 지름은 3–10밀리미터이고 꽃잎은 5장으로 거꾸로 된 달걀모양이며 길이 3–5밀리미터이고 꽃받침은 2개로 타원형이다. 열매는 삭과로 타원형이며 길이는 5밀리미터이고 익으면 가운데가 옆쪽으로 갈라지면서 구멍이 생겨 종자가 방출된다. 종자는 찌그러진 원형으로 길이 0.6–1.2밀리미터이고 검은색이 돌며 긴 자루가 있고 가장자리는 굴곡이 진다.

24
목련과
백목련

봄에 피는 꽃 가운데 가장 큰 것을 말해 보라면 바로 목련이라 하겠다. 단순하게 흰색 꽃으로만 인식하는 사람들도 있겠지만, 목련이란 단어를 들었을 때는 대부분 봄의 전령사로 대표되는 어른 주먹만 한 하얀색 꽃, 잎보다 꽃이 먼저 피는 나무 중 한 가지, 그리고 믿음직한 줄기 등과 같은 특징이 떠오른다. 사실 이렇게 불리는 이름은 목련, 백목련, 별목련 등 우리나라에 자생하거나 원예종으로 개발되어 심겨 있는 모든 종류를 통틀어 부르는 것이다. 목련은 우리나라 제주도에서만 절로 나 자라기 때문에 내륙 지역에서는 볼 수 없고 통상 목련이라 부르는 것은 대부분 백목련일 확률이 높다. 아파트 화단이나 공원에 심겨 있는 종류들은 원예품종 이름이 붙어 있는 경우가 많아 제대로 된 이름을 알 수 있다.

우리나라에서 가장 많은 목련 종류를 만나기 원한다면 1970년 만들어진 최초의 민간 수목원인 천리포수목원을 추천한다. 충남 태안군 소원면에 위치하는데 그곳에서는 '천리포수목원 목련축제'가 해마다 열린다. 2018년부터 꽃이 피는 3월 말부터 4월 중순까지 개최되고 있다. 천리포수목원에는 전 세계에서 자라는 목련 종류 중 926분류군을 보유하고 있어 목련을 전공하는 학자들은 반드시 다녀가야 하는 장소다. 설립자 칼 페리스 밀러(Carl Ferris Miller)는 1945년 미군 정보장교로 한국에 왔다가 태안 지역의 멋진 풍경에 반해 정착한 후 1979년 우리나라에 귀화한 인물로 민병갈이라는 한국식 이름으로 개명까지 했다. 그는 천리포 해변 2만㎡를 중심으로 1970년부터 본격적인 나무심기를 시작해

해안 일대를 수목원이자 나무들의 피난처로 만들어, 현재까지 약 17,000종 가까이 보유하고 있다. 이 수목원은 1996년 공익법인으로 인가를 받았으며, 2000년에는 국제수목학회로부터 아시아에서 처음으로 '세계의 아름다운 수목원'으로 인증받았다. 또 민병갈 원장이 작고한 2002년 이후에도 수목원은 산림청으로부터 교육과정 인증기관으로, 농어촌공사로부터는 'Rural-20관광명소'로, 그리고 환경부로부터 서식지 외 보전기관과 생물 다양성 관리기관으로 지정되기도 했다. 반평생 헌신을 통해 만들어 낸 금자탑이라 할 수 있겠다.

백목련(3월)

2025년부터는 전남 신안군 자은도 뮤지엄파크에서도 '1004섬 목련축제'를 개최했다. 2021년부터 국내 최대 목련정원 조성을 위해 5만m^2에 노란 꽃이 매력적인 '맥심메릴' 품종을 포함한 6종류의 4만 본을 식재했다고 하는데, 드디어 일반인들에게 공개한 것이다. 다양한 꽃 색깔로 섬을 수놓은 목련꽃이 과연 장관을 이루었다.

백목련(9월)

백목련은 중국 원산으로 학명은 *Magnolia denudata*다. 속명 '*Magnolia*'는 프랑스 몽펠리에 대학의 식물학 교수 Pierre Magnol의 이름에서 유래했으며, 종소명 '*denudata*'는 '나출된', '벗은'이란 뜻이다. 우리 이름은 한자어 백목련(白木蓮)에서 온 것으로 나무에 달려 피는 흰색 꽃이 연꽃을 닮았다는 뜻에서 만들어졌다. 지방에서는 목연, 힌가지꽃나무, 흰가지꽃나무, 목란, 옥란이라 부르기도 한다. 우리나라에서 자라는 목련속(*Magnolia*) 식물은 초령목, 목련, 함박꽃나무 등 3종류이고, 전국에는 많은 원예품종들이 식재되어 있다. 백목련에 비해 꽃잎 안쪽은 흰색이고 바깥쪽은 홍자색인 것은 자주목련이라 하여 변종으로 취급한다. 또 꽃잎 전체가 붉은색인 중국 원산의 자목련은 우리 이름 때문에 자주목련과 혼동을 일으키기도 하는데, 이 종은 독립적인 종으로 인정하고 있다. 한방에서는 목련, 자목련, 백목련의 꽃봉오리를 신이(辛夷)라 하여 비염, 혈압강하, 진통과 진정, 피부 진균과 포도상 구균 억제 등에 사용한다.

자주목련

함박꽃나무

목련

우리 학과 사무실 앞 화단에는 높이 7–8미터 정도 되는 40여 년 이상 자란 백목련 한 그루가 있다. 그동안 이 나무에 꽃이 피면 확실한 봄이 찾아왔다고 생각하게 될 정도로 터줏대감 같은 역할을 해 왔다. 사무실이 있는 2층에서 창문을 열면 백목련 줄기 윗부분 가지가 바로 눈에 들어온다. 꽃이 피면 조교들은 일부러 창문과 방문을 열어 놓는데 봄바람에 리듬을 타듯 흘러들어 오는 꽃향기가 좋고, 흰 꽃다발 같은 꽃봉오리들이 한가득 보이기 때문이다. 그런 날이 되면 학과 교수들이나 학생들의 사무실 방문도 많아지는 것 같다. 더불어 나를 찾아오는 이들도 많아졌다. 학과 사무실 옆방에 연구실이 있는 장점이다. 열려 있는 방문 앞을 그냥 지나갈 수 없어 찾아와 주는 고마움도 있지만 백목련으로 인한 더불어 즐거움이다.

백목련(잎)

백목련(꽃)

백목련(어린열매)

백목련(익은 열매)

백목련은 목련과(Magnoliaceae)에 속하는 큰키나무로 줄기는 곧추서고 많은 가지를 치며 높이 15미터까지 자란다. 줄기껍질은 회백색이고 어린가지와 겨울눈에 털이 있다. 잎은 어긋나 달리고 달걀을 거꾸로 놓은 모양이며 길이 10–17센티미터, 너비 8–10센티미터이고, 1.7–2.5센티미터의 잎자루가 있다. 잎 끝은 볼록하고 표면에는 털이 약간 있으며 뒷면은 연한 녹색으로 맥 위에 털이 있고 가장자리는 밋밋하다. 꽃은 3월에 잎이 나오기 전에 피며 지름이 12–15센티미터나 되는 종 모양의 커다란 흰색 꽃이 하늘을 향해 달리고 강한 향기가 난다. 꽃은 크기와 색깔이 같은 3장의 꽃받침조각과 6장의 꽃잎으로 구성된다. 각각의 조각은 약간 두껍고 좁고 거꾸로 된 달걀모양이며, 수술은 여러 개로 나선상으로 붙는다. 열매는 골돌로 원주형이며 길이 8–12센티미터로 갈색이고 가을에 익는다.

25

미나리아재비과

눈빛승마

식물 관찰이나 연구조사를 위해 산행을 하다 보면 뜻밖의 식물을 만나 놀랄 때가 많다. 더불어 얻은 선물 같은 존재가 된다. 어떤 때는 한 종 한 종일 경우도 있고, 커다란 군락일 때도 있다. 게다가 꽃이 피어 있거나 열매를 맺는 시기라면 즐거움은 배가된다. 언뜻 생각나는 것으로는 명지산 정상부에서 만난 금강초롱꽃 군락, 태백산 부근에서 본 개병풍 군락, 점봉산 계곡에서 만난 모데미풀 군락, 제주도의 제주고사리삼 등이다. 꽃의 화려함, 군락의 웅장함은 가던 발걸음을 멈추게 하는 것은 물론이고 그곳에 오랫동안 머물게 만들기도 한다. 해야 할 일이 무궁무진하게 쌓여 있음에도 말이다.

강원도 평창군 진부면에 위치한 백석산에 갔을 때 이와 비슷한 일을 경험했다. 석사과정 대학원생의 졸업논문 때문이었는데 식물상과 식생을 조사해야 하기 때문에 일이 많았다. 주변에는 오대산국립공원, 풍혈지가 있는 박지산 등 특수성을 갖춘 산들이 즐비하기 때문인지 상대적으로 백석산을 찾는 사람들은 그리 많지 않았다. 그런데 어떤 이유에서인지는 몰라도 산에는 임도가 여러 개 만들어져 있고 동쪽 사면은 수종 갱신을 이유로 많은 숲을 없앤 후 어린 일본잎갈나무나 잣나무를 식재해 말 그대로 휑한 모습이었다. 우리 팀은 식생조사를 위해 다양한 지역이 포함되도록 임도를 따라 차량으로 이동하다 좋은 후보지가 눈에 들어오면 차에서 내려 확인한 후 조사를 실시했다. 그날따라 날씨도 좋고 길도 괜찮아 수월했다. 오전 오후 동안 6곳의 식생조사를 마치고 기분 좋게 내려가던 중 해발 천 미터 근처 길 주변에서 잊지 못할 광경을 목격했다.

눈빛승마(군락)

그동안의 고생을 보상이라도 해주듯 활짝 핀 눈빛승마 군락이 우리를 반겨 주는 것이었다. 주로 심산 깊은 곳에서 만날 수 있고 키도 크게 자라며, 한 다발이라는 표현이 적당할 정도로 흰색 꽃이 많이 달리는 식물이다. 잘 자란 꽃줄기는 바람이라도 조금 있으면 흔들흔들 움직여 마치 사람들에게 고개 숙여 인사를 하는 것처럼 보여 그냥 지나칠 수가 없을 정도다. 이곳 임도 주변으로 자연스럽게 줄지어 나 있는 모습도 일부러 정성들여 심어 놓은 것처럼 규칙적이고 화려했다. 우리는 자동차 안에서 '와!' 소리를 외쳤고 한참 동안 사진을 찍으며 즐거운 시간을 보냈다. 또 다른 즐거움을 주는 주인공 식물이었다.

눈빛승마(전체)

눈빛승마의 학명은 *Actaea dahurica*다. 속명 '*Actaea*'

는 냄새가 강하게 나는 식물이라는 뜻으로 노루삼을 지칭하는 라틴어 actaea, 또는 딱총나무를 뜻하는 그리스어 aktea와 잎과 열매가 닮은 것에서 전용된 것이며, 종소명 '*dahurica*'는 다후리아 지역에서 자란다는 뜻이다. 우리 이름은 꽃이 눈보라같이 하얗게 달리는 승마라는 뜻이다. 이름이 비슷한 것으로는 눈개승마(*Aruncus dioicus*)가 있는데, 이 종류는 삼나물 또는 죽토자라고도 불리며 어린잎을 산나물로 이용하는 장미과(Rosaceae)에 속해 전혀 다른 식물이다. 우리나라에서 자라는 노루삼속(*Actaea*) 식물은 10종류가 있는데, 노루삼과 붉은노루삼을 제외한 8종류의 이름에는 모두 승마라는 단어가 들어 있다. 눈빛승마에 비해 왜승마는 모두 뿌리에서 나는 잎만 가져 차이가 있으며, 나머지 종류는 암수한그루이고 양성화가 달려 뚜렷하게 구별된다. 한방에서는 승마 종류의 뿌리를 승마(升麻)라 하여 열을 내리고 통증을 완화시키는 데 사용하며, 혈압강하, 결핵균과 피부 진균의 발육을 억제하는 데도 효과가 있는 것으로 알려져 있다.

눈개승마

연구를 위한 산행이지만 힘들고 지치는 것은 매한가지다. 그래도 가끔 이런 화려하고 멋진 모습을 보게 되면 피곤함이 상쇄되곤 한다. 가을 자락에 눈빛승마 열매가 익을 때가 되면 다시 한번 그곳을 찾아가야겠다. 그 여운이 남아 있을지 아니면 가을을 준비하는 모습으로 우리를 반길지 궁금하기 때문이다.

눈빛승마(꽃)

눈빛승마(잎과 열매)

눈빛승마는 미나리아재비과(Ranunculaceae)에 속하는 여러해살이풀로 줄기는 곧추서 자라며 높이 2미터에 달한다. 뿌리에서 나오는 잎은 1미터나 되며, 줄기에 달리는 잎은 어긋나 달리고 긴 꽃자루에 2-3차례 갈라진 3장으로 구성된 복엽이며 작은 잎은 달걀모양 또는 달걀을 닮은 타원형으로 끝이 뾰족하고 가장자리는 톱니모양으로 갈라져 있다. 꽃은 8월에 흰색으로 피고 원추꽃차례에 총상으로 달리며 꽃받침조각은 4-5개, 꽃잎은 3-4개로 끝이 깊게 2개로 갈라진다. 암그루에는 수술과 암술이 들어 있는 양성화가 있지만, 수그루에는 암술이 거의 퇴화되었다. 열매는 익으면 한 개의 봉합선이 갈라져 종자가 방출되는 골돌로 다 익으면 꽃줄기가 휘어질 정도로 많이 달린다.

26

미나리아재비과

사위질빵

덩굴성 식물들은 근처에 곧게 자라는 나무가 있거나 감고 올라갈 수 있는 지주대가 필요하다. 그늘이 지면 광합성이 어렵고 꽃이 피어도 벌이나 나비들이 찾아오기 힘들기 때문이다. 칡, 등, 가시박, 환삼덩굴처럼 요란하게 주변의 물체를 다 덮어쓰는 경우는 곁에서 보기에도 모두가 위태롭다. 나무를 감고 올라가는 덩굴은 그 무게 때문에 바람이라도 불면 가지가 부러지고 심지어는 줄기가 두 동강이 난 것을 본 적도 있다. 살기 위한 몸부림으로 생각되지만 가끔은 그 치열함이 애처롭기까지 하다. 같은 덩굴식물이지만 그래도 얌전하게 다른 나무들을 괴롭히는 종류도 있다. 줄기 몇 개를 함께 올려놓은 정도인데 꽃이 아름다워 지주가 되는 나무도 비슷한 시기에 꽃이 핀다면 오히려 열매를 맺는데 도움을 받을 수 있을 것도 같다. 이름도 특이한 사위질빵이 그 주인공이다. 이 종류는 미나리아재비과의 으아리속에 포함되는데 이 속은 전 세계에 250-300여 종이 자란다. 미국이나 유럽에서는 자생종을 기초로 꽃의 크기, 꽃잎의 수와 색깔 등에 변화를 줘 만든 많은 원예품종들이 도심이나 집 근처 담벼락을 장식하는 유명한 식물이 되었다. 이러한 원예품종을 만들어 내기 시작한 것이 1862년부터라니 놀라운데, 지금도 새로운 품종이 계속해서 만들어지고 있다고 한다.

우리나라에서 자라는 으아리속 식물 중에도 원예종으로 활용 가치가 있는 종류가 있다. 꽃 크기로만 본다면 지름이 5-15센티미터나 되는 큰꽃으아리가 있긴 하지만 5-6월에 꽃이 핀 후 오래가지 못하고 나중에는 꽃잎처럼 보이는

사위질빵(군락)

할미밀망

흰색 꽃받침 잎이 갈색으로 변하면서 시들어 아쉬움이 있다. 꽃이 상대적으로 작은 할미밀망과 사위질빵도 있다. 할미밀망은 우리나라 특산종이라는 장점을 가지고 있고 5월 하순부터 8월 초순까지 꽃이 피고 주로 백두대간을 중심으로 숲 가장자리와 길 주변에 분포한다. 사위질빵은 7월 초순부터 9월 중순까지 꽃이 피고 전국에 분포해 잘하면 비슷한 두 종류의 꽃을 5월부터 9월까지 만날 수 있어 기간만을 따진다면 오히려 큰꽃으아리보다 활용 가능성이 더 높다. 학생들과 야외조사를 나갔다가 키 작은 산사나무 한쪽 면을 덮고 있는 사위질빵 군락을 만난 적이 있다. 마치 같은 꽃이 여러 개 그려져 있는 도배지로 한쪽 벽을 붙여 놓은 듯한 모습이었는데 흰색의 꽃받침 잎과 뾰족하게 돌출해 있는 암술과 수술의 조화가 장관을 이루었다. 그 위로 벌과 나비들은 꽃을 헤집고 다니며 자유를 만끽하고 있었다. 가장 행복한 모습처럼 보였다.

으아리

사위질빵의 학명은 *Clematis apiifolia*다. 속명 '*Clematis*'는 어린가지를 뜻하는 그리스어 clema의 축소형으로 길고 부드러운 가지로 뻗어 가는 줄기의 특징을 설명한 것이고, 종소명 '*apiifolia*'는 산형과의 *Apium*(솔잎미나리속)과 비슷한 잎을 갖는다는 뜻이다. 우리나라에서 자라는 으아리속(*Clematis*) 식물은 21종류 정도이고, 사위질빵과 형태적으로 가장 비슷한 종류는 좀사위질빵인데 잎이 대부분 2회 3출복엽이고 열매에는 가장자리에만 털이 밀생해 구별된다. 우리 이름은 '사위'와 짐을 질 때 사용하는 멜빵이나 그와 비슷한 줄을 의미하는 '질빵'의 합성어다, 여기에는 전설이 있는데 줄기를 이용해 사위가 질 멜빵으로 만들어 쉽게 끊어지게 해 짐을 지지 못하게 했다는 이야기로, 사위를 사랑하는 장모의 마음이 고스란히 담겨 있는 이름이다. 지방에서는 질빵으아리, 질빵풀, 모란풀, 수레나물이라 불린다. 한방에서는 사위질빵 줄기를 여위(女萎)라 하여 이질로 인한 설사, 몸이 붓는 증상, 신경통 치료에 사용한다.

큰꽃으아리

사위질빵은 야외에서 쉽게 만날 수 있다. 덩굴 줄기에 흰색으로 꽃이 핀 모습도 아름답지만 맺은 열매가 이듬해 봄까지 꽃줄기에서 버티는 꿋꿋함도 가졌다. 봄 산행에서 이들을 만나면 가끔 종자를 손으로 받아 입으로 불어 날려 보내는 장난을 하곤 한다. 외국에서 만들어진 원예종처럼 화려하지는 않지만 아기자기한 맛이 있는 우리식물이다.

사위질빵(줄기)

사위질빵(잎)

사위질빵(꽃)

사위질빵(열매)

사위질빵은 미나리아재비과(Ranunculaceae)에 속하는 덩굴성 목질식물로 길이 3미터에 달하고 줄기에는 짧은 털이 분포한다. 잎은 마주나고 긴 잎자루가 있으며 3장의 작은 잎으로 구성된 복엽이다. 작은 잎에는 짧은 잎자루가 있으며 모양은 넓은 달걀처럼 생겼고 길이 4-7센티미터, 너비 1.8-4센티미터로 끝은 뾰족하고 가장자리에는 날카로운 톱니가 있다. 꽃은 흰색으로 피고 잎겨드랑이에 원추상 취산화서로 달리며 꽃줄기는 5-12센티미터이고 꽃은 2-5층으로 여러 개가 달린다. 꽃잎처럼 보이는 꽃받침조각은 4개로 모양은 긴 타원형이며 끝은 둔하거나 약간 들어간다. 열매는 1개의 종자로만 구성된 수과로 끝에는 1센티미터 정도의 암술대가 남아 있으며, 5-10개씩 모여 달린다.

27

미나리아재비과

노루귀

식물 이름에 동물의 이름이 앞에 들어간 것이 있다. 잘못하면 동물인 줄 착각할 수도 있는 이름들인데 예를 들자면 개수염, 개구리발톱, 광대수염, 낙지다리, 노루귀, 노루발, 다람쥐꼬리, 병아리다리, 봉의꼬리, 용머리, 용수염 같은 종류다. 동물의 이름과 뒤이어 연결되는 해당 동물의 부위를 연상해 보면 그 식물의 꽃이나 잎의 일부분이 머릿속에 떠오른다. 다리나 발, 또는 발톱이 등장하는 이름은 왠지 강인하고 터프한 모습일 거 같다는 생각이 들지만 귀, 꼬리, 수염은 상대적으로 부드럽거나 약한 느낌이 든다. 특히 이른 봄부터 가을까지 한 해 동안을 항상 부드러운 모습으로 반겨 주는 종류도 있는데 대표적으로 노루귀가 있다. 노루귀의 봄 모습은 한마디로 가냘프다. 중부지방에서도 3월이면 꽃을 볼 수 있을 정도로 부지런한 식물인데 작년에 떨어진 낙엽층을 뚫고 올라오는 모습은 아직은 낮은 온도 때문이라 그런지 잎이든 꽃줄기든 온통 하얀 털을 뒤집어쓰고 나온다. 꽃 색깔도 다채롭다. 흰색부터 분홍색과 보라색을 필두로 중간색도 보이고 시간이 지나면서 처음 색깔이 변하는 개체들도 있다. 이런 광경을 처음 보는 사람이라면 서로 다른 꽃이 어떻게 같은 뿌리에서 나올까 의아할 수도 있을 것 같아 이런 변이가 DNA 수준에서도 차이를 보이는지 알아보기 위해 학부생 졸업논문으로 실험을 진행하기도 했다. 결과는 생각과는 달리 전혀 변이가 없는 똑같은 양상으로 나타나 실망했던 적이 있다. 여름이 되면 화려했던 꽃은 없어지고 몇 장의 잎만 남게 되는데 옹기종기 모여나는 모습이 보기 좋다. 가끔 계곡 주변 약간 습한 지역에서 군락을 형

노루귀(군락)

섬노루귀

성하며 자라기도 하고, 잎 앞면에 흰색 줄무늬가 있는 개체들도 있어 남쪽 지역에서 자라는 새끼노루귀와 혼동을 일으키게 하기도 한다. 꽃도 꽃이지만 몇 개체를 한꺼번에 화분에 심어 놓는다면 경관성도 있을 것 같아 가끔 유혹이 생기기도 하지만 아직까지 그렇게 하지는 못했다. 가을이 깊어져도 노루귀 잎은 그대로 남아 있다. 마치 장수의 상징처럼 꿋꿋함도 보인다.

노루귀를 가장 예쁘게 만났던 것은 오대산 자락 진고개를 올라가다 조그만 계곡 주변에서다. 어떤 특정한 식물을 찾아다니다 보면 정확한 위치를 알고 가는 경우도 있지만 대부분은 오랜 경험과 문헌정보에 의지한다. 차를 타고 지나가다가도 눈에 들어오는 모습이 찾는 식물의 자생지 입지와 비슷해 보이면 이내 확인해 보기 마련인데, 그때도 굽이굽이 S자로 돌아가는 고개 모퉁이를 돌다 눈에 띈 것이다. 안으로 들어갔더니 계곡 주변은 눈이 녹아내린 흔적이 있고 살얼음도 남아 있었다. 시기가 이르다는 느낌을 받고 돌아 내려오려고 하는데 경사진 사면에 작은 꽃이 눈에 들어왔다. 잎은 없고 멀쑥이 길게 올라온 꽃자루 끝에 동그랗고 하얀 꽃들이 이곳저곳에서 자라는 것이었다. 겨울을 이겨내고 힘차게 올라온 것을 자랑이라도 하듯 하늘을 향해 피어 있는 꽃을 보고 있으려니 사진도 찍어 주고 조금은 더 머무르면서 살펴봐 줘야겠다는 생각에 그날 일정이 늦어졌었다. 지금도 그곳을 지날 때면 노루귀 생각이 절로 나고 예전 경험담으로 학생들에게 이야기해 주곤 한다.

노루귀의 학명은 *Hepatica asiatica*다. 속명 '*Hepatica*'는 라틴어 hepaticus(간)의 여성형으로 잎 모양을 표현한 것이며, 종소명 '*asiatica*'는 아시아 지역에서 자란다는 뜻이다. 우리 이름은 포엽을 포함한 어린잎이 노루의 귀처럼 보인다는 의미로 붙여졌다. 지방에서는 조가지나물, 뾰족노루귀, 노루귀풀이라 부른다. 우리나라에서 자라는 노루귀속 식물은 노루귀, 유성노루귀, 새끼노루귀, 섬노루귀 등 4종류가 있다. 유성노루귀는 노루귀의 품종으로 취급되는데 꽃받침조각과 총포가 길쭉하고 잎 끝이 뾰족해 구별된다. 한방에서는 노루귀와 섬노루귀의 뿌리줄기를 장이세신(獐耳細辛)이라 하여 근육과 뼈가 시리고 저리거나 염증이 생겼을 때 사용하고 피부질환에도 효과가 있는 것으로 알려져 있다.

울릉도에서만 자라는 섬노루귀가 원예종처럼 재배되는 것을 본 적이 있다. 잎이 크고 두꺼워 튼실해 보이지만 노루귀처럼 아기자기한 맛은 없다. 눈이 채 녹기도 전에 고개를 내밀고 있는 노루귀 꽃을 보고 있노라면 안쓰럽기까지 하지만 결코 추위에 굴하지 않고 버텨내는 것을 보면 섬노루귀 못지않은 강인함도 가진 것 같다. 꽃과 잎 모든 것으로부터 즐거움을 찾을 수 있는 멋진 우리식물이다.

노루귀(흰색)

노루귀(분홍색)

노루귀(보라색)

노루귀(꽃줄기)

노루귀(잎)

노루귀(어린잎과 꽃)

노루귀는 미나리아재비과(Ranunculaceae)에 속하는 여러해살이풀로 뿌리줄기는 비스듬히 자라고 마디에서 많은 잔뿌리가 나온다. 잎은 여러 개가 뿌리에서 나와 모여 달리며, 긴 잎자루가 있고 모양은 심장형으로 3개로 갈라지며 앞면에 무늬가 있는 것도 있다. 갈라진 잎 조각은 넓은 달걀처럼 생겼고 끝은 뾰족하며 처음에는 말려서 나오고 겉에 털이 많이 난다. 꽃은 흰색, 분홍색, 보라색 등 다양하며 잎이 나오기 전 묵은 잎 사이에서 나오는 6-12센티미터의 꽃줄기 끝에 1개씩 달린다. 꽃을 받치고 있는 보호조직 총포는 3개로 녹색이고 겉에는 흰색 털이 밀생한다. 꽃잎처럼 보이는 꽃받침조각은 6-11개로 각각은 긴 타원형이며 길이 1.2-1.4센티미터다. 꽃 안쪽에는 수술과 암술 여러 개가 들어 있고 씨방에 털이 있다. 열매는 익어도 껍질이 열리지 않고 안에 1개의 종자만 들어 있는 수과로 표면에 퍼진 털이 있다.

28

미나리아재비과

산작약

작약은 아버지가 좋아하시는 꽃이어서 시골집 화단에서 항상 보던 것이다. 약재로 이용하기도 하지만 꽃이 예뻐 많은 종류가 원예종으로 개량돼 보급되고 있는데, 조금 과장되게 표현하자면 어느 집이나 한두 개체 정도는 키우고 있는 것 같다. 요즘은 작약축제가 열리는 지역도 많다. 각양각색으로 피어 있는 작약 무리를 보고 있으면 가라앉았던 기분도 언제 그랬냐는 듯 금세 상쾌해진다. 그런데 야생에서 자라는 작약 종류는 좀 다르다. 지금까지 사진 찍은 곳을 찾아봤더니 강원도 화천군, 삼척시 도계읍, 영월군, 정선군, 인제군, 양양군이 전부다. 사진에 꽃이 달려 있는 것은 영월에서 찍은 산작약이 유일하고 나머지는 열매만 있거나 잎이나 줄기 등 영양기관만 있는 것이어서 정확한 종 동정을 위해서는 불완전한 사진들이다. 생각해 보면 작약 종류는 군락을 형성하지 않고 드문드문 분포하는 특성을 보이며, 꽃이 피지 않으면 쉽게 눈에 띄지도 않아 만나기 어렵기 때문에 사진도 적은 것 같다. 또 약재나 관상용으로의 지속적인 남획 때문에 자생지 개체수가 급격히 감소하고 있다는 보고도 있다. 이런 문제점들 때문인지 우리나라에 절로 나 자라는 작약 종류들은 희귀 및 멸종위기식물과 적색목록으로 지정되어 법적 보호를 받고 있다.

유일하게 꽃 사진을 갖고 있는 산작약을 만났을 때 기억은 아직도 또렷하다. 영월군에 위치한 나지막한 산골짜기에서였는데 그 지역은 석회암지대라 주변 마을에는 시멘트공장이 즐비하게 들어서 있고 주변에서 자라는 식물들도 특별했다. 골짜기는 밭과 인접해 있는 둑을 따라 연결돼 있었는데 5월 중순인데

산작약

백작약(사진: 김혜빈)

작약(재배종)

도 불구하고 마치 장마철 빗물에 쓸려 내려간 것 같은 모습이고 작은 자갈들도 부분부분 모여 있어 아무런 기대감이 없었다. 그러다 갑자기 붉은색 꽃봉오리 같아 보이는 뭉치가 눈앞에 보이기 시작했다. 골짜기 주변 좌우측에는 커다란 일본잎갈나무들이 숲을 구성하고 있고 새싹도 본엽에 가깝게 자랐기 때문에 약간 그늘져 있었는데, 그럼에도 불구하고 확실하게 튀는 색깔이었다. 아주 빨간색도 아니고 그렇다고 순백색도 아닌 처음 보는 색이어서 깜짝 놀랄 수밖에 없었다. 집에서만 봤던 작약과는 또 다른 느낌을 받았다. 아주 화려하지는 않지만 그냥 지나칠 수 없게 만드는 묘한 매력을 가진 매혹적인 존재였다. 지금 컴퓨터 화면에 떠 있는 사진을 다시 봐도 그 색깔만큼은 다른 어느 것과도 견줄 수 없을 정도로 아름답다.

산작약의 학명은 *Paeonia obovata*다. 속명 '*Paeonia*'는 그리스 신화에서 약초를 이용해 신들을 치료해 주는 의술의 신 Paeon에서 유래한 것이며, 종소명 '*obovata*'는 달걀을 거꾸로 놓은 모양이라는 뜻으로 작은 잎이나 꽃잎의 모양을 설명한 것이다. 우리 이름은 산작약(山芍藥)이라는 한자어에서 유래했으며 산에서 자라는 작약이라는 뜻이다. 지방에서는 민산작약, 산함박꽃, 적작약이라 부르기도 한다. 우리나라에서 자라는 작약속(*Paeonia*) 식물은 4종류가 있는데 이름에 작약이란 단어가 모두 들어 있다. 형태적으로 산작약은 백작약과 비슷한데, 백작약은 꽃이 흰색이고 잎 뒷면에 털이 없으며 골돌이 뒤로 젖혀져 구별된다. 한방에서는 산작약의 뿌리를 초작약(草芍藥)이라 하여 통증과 타박상, 그리고 종기나 부스럼 등을 치료하는 데 사용한다.

산행에서 작약을 만나면 언제나 기분이 좋아지곤 한다. 그만큼 깊은 산에 들어왔다는 뜻이고 영월에서 만났던 광경을 잊지 못하기 때문이다. 꽃이 없는 개체는 몇 번이고 다시 방문해 어떤 꽃이 피는지 확인하고도 싶다. 지금까지 만났던 20여 개체가 대부분 불완전한 모습이었다면, 앞으로 만나게 될 종류들은 모두 활짝 핀 꽃을 가지고 있으면 좋겠다.

산작약(잎)

산작약(꽃)

산작약(열매)

산작약(종자)

산작약은 미나리아재비과(Ranunculaceae)에 속하는 여러해살이풀로 높이는 50-60센티미터 정도이고 줄기 아래는 비늘조각인 인편엽으로 싸여 있으며 뿌리는 육질로 굵다. 잎은 어긋나 달리고 1-2회 3갈래로 갈라지는 복엽이다. 복엽을 구성하는 작은 잎은 긴 잎자루가 있고 달걀을 거꾸로 놓은 모양으로 길이 5-12센티미터, 너비 3-7센티미터로 끝은 뾰족하고 가장자리는 밋밋하며 뒷면에 털이 드문드문 난다. 꽃은 5-6월에 엷은 홍색으로 피고 줄기 끝에 1개씩 달린다. 꽃잎은 5-7개로 달걀을 거꾸로 놓은 모양이고, 꽃받침조각은 3개로 달걀모양이다. 수술은 많고 암술은 뒤로 말린다. 열매는 골돌로 긴 타원형인데 벌어지면 안쪽은 붉은색을 띠고 가장자리에는 자라지 못한 붉은색 종자가, 그리고 안쪽에는 잘 익은 검은색 종자가 들어 있다.

29

미나리아재비과

동강할미꽃

특정 시기가 되면 지자체마다 개최하는 행사가 많다. 봄이면 꽃과 관련된 것이 대부분이고, 여름에는 해수욕을, 가을에는 단풍을 바탕으로 사람들이 찾아오게 만들며, 겨울이 되면 얼음이나 눈과 관련된 축제가 열린다. 대표적인 겨울행사로 알려진 강원도 화천군의 산천어축제는 매년 1월에 열리는데 2003년 처음 시작되어 2025년에는 186만 명 이상이 방문해 역대 최고였다고 한다. 화천군 인구가 2025년 1월 기준 22,764명인 것을 감안하면 행사가 진행된 23일 동안 무려 인구의 약 82배 이상이나 되는 많은 사람들이 다녀간 것이다.

방문객이 이 정도는 아니지만 청정자연과 함께 국내 최고의 웰니스 도시로 급부상하고 있는 정선군에서 개최하는 동강할미꽃축제도 있다. 동강할미꽃보존연구회와 정선읍 문화체육축제위원회가 공동으로 주관하는데, 주로 정선읍 귤암리 동강할미꽃 거리와 생태체험학습장 일원에서 진행된다. 동강할미꽃과 관련된 내용뿐 아니라 체험부스에서는 구슬치기나 딱지치기 등 옛 추억을 생각나게 만드는 다양한 이벤트도 마련돼 찾아오는 이들이 많다. 그뿐 아니라 다른 축제들과 달리 동강할미꽃축제는 한정된 공간에서 벗어나 동강 주변으로 나 있는 길을 따라 바위틈에서 자라는 동강할미꽃을 자연 그대로 느끼고 감상하는 것이라 결이 다르다. 강변길을 따라가다 차를 세우고 바위틈을 살피면 그곳이 바로 축제 장소가 되며, 가는 곳마다 다른 모습으로 연출되는 동강할미꽃의 여러 가지 꽃 색깔의 모습은 방문객의 마음을 더욱 설레게 만든다.

동강할미꽃을 가장 멋있게 만났던 것은 동강 구비길을 가장 잘 볼 수 있는

동강할미꽃(군락)

정선군 신동읍 백운산 등반길에서다. 백운산 산행은 칠족령에서 정상으로 가는 약 2.5킬로미터 능선길이 주로 이용되는데 능선 동쪽은 수직에 가까운 절벽으로 되어 있고 주변에는 석회암지대를 상징하는 대표식물 격인 시베리아살구나무나 자주쓴풀, 돌마타리, 솔체꽃, 동강할미꽃 같은 풀 종류들이 함께 어우러져 자란다. 동강할미꽃은 절벽 바위틈이나 등산로와의 경계 지역에 주로 나는데 몇 개체씩 소복하게 함께 어울려 나는 모습이 내려다보이는 동강의 물줄기와 더불어 한 폭의 그림같이 아름다운 모습을 연출하였다. 강가에서 보는 모습과는 또 다른 매력이 있음을 알게 된 시간이었다.

동강할미꽃의 학명은 *Pulsatilla tongkangensis*다. 속명 '*Pulsatilla*'는 라틴어 pulso(두드리다, 치다)에서 유래한 것으로 종모양의 꽃을 표현한 것이며, 종소명 '*tongkangensis*'는 동강 지역에서 자란다는 뜻이다. 우리 이름은 동강 지역에

할미꽃

사는 할미꽃이란 의미로 붙여졌다. 학자에 따라서는 동강할미꽃 꽃의 특징을 바탕으로 흰동강할미꽃, 겹동강할미꽃, 긴동강할미꽃, 분홍동강할미꽃으로 세분하여 품종으로 취급하기도 했지만, 지금은 연속적인 변이로 생각해 모두 모종에 통합되었다. 우리나라에서 자라는 할미꽃속(*Pulsatilla*) 식물은 7종류가 있는데, 이름에 모두 할미꽃이란 단어가 들어 있다. 형태적으로 동강할미꽃은 분홍할미꽃과 비슷한데, 분홍할미꽃은 꽃이 연한 분홍색이고 열매에 붙어 있는 암술대가 구부러지며 북부 지역에 분포해 구별된다. 한방에서의 용도는 알려져 있지 않다.

할미꽃과 달리 동강할미꽃은 대부분 꽃이 하늘을 향한다. 몇 개씩 한꺼번에 올라오는 모습을 보고 있으면 마치 먹이를 물고 오는 어미새를 기다리는 올망졸망한 새끼들이 떠오른다. 바위를 뚫고 나오는 생명력도 대단해 혀를 내두를 정도다. 3월이면 축제 참가자들을 맞이할 준비를 하는데, 해마다 멋진 모습을 기대하며 오는 이들도 이런 강인함을 느끼고 갔으면 좋겠다. 특히 인내심이 부족한 요즘 젊은이들에게는 꼭 보여 주고 설명해 주고 싶은 우리식물이다.

동강할미꽃(어린잎과 꽃)

동강할미꽃(꽃)

동강할미꽃은 미나리아재비과(Ranunculaceae)에 속하는 여러해살이풀로 강가나 산기슭 또는 정상부 바위틈에 자란다. 높이는 15센티미터 정도로 전체가 흰 털로 덮여 있고, 뿌리는 곧게 자라며 다육질로 진한 갈색이다. 잎은 3-7장의 작은 잎으로 구성된 깃꼴겹잎으로 길이 7-8센티미터, 너비 6-7센티미터다. 작은 잎은 보통 3개로 갈라지고 끝에는 둔한 톱니가 있으며 표면은 반들반들하고 진한 녹색을 띤다. 꽃은 청보라색 또는 붉은자주색이고 꽃잎은 6장으로 각각의 길이는 4센티미터, 너비 1.2센티미터로 바깥쪽에 털이 분포한다. 꽃을 보호하는 총포는 털이 많고 6-7개로 갈라지며 각각은 다시 1-3개로 갈라진다. 꽃이 필 때 꽃줄기 길이는 0.5-2센티미터지만 꽃이 핀 다음에는 더 길게 자란다. 열매는 다 여물어도 껍질이 열리지 않고 안쪽에 1개의 종자만 들어 있는 수과로 여러 개가 방사상으로 모여나 달리고 씨방은 긴 달걀모양이며 끝에 붙어 있는 암술대는 굽지 않는다.

30

미나리아재비과

자주꿩의다리

얼마 전 지금까지 경험하지 못했던 가장 실망스러운 산행을 했다. 표현이 다소 거칠기는 하지만 생각했던 것보다 식물조사를 통해 추가시킨 종류가 너무 적었기 때문에 그렇다. 장소는 경기도 의정부시에 있는 수락산이나. 식물조사가 아닌 단지 등산만을 위함이라면 그곳은 나름 볼거리가 많다. 정상부는 바위가 즐비하여 밧줄이나 난간, 계단을 잡고 올라가는 재미도 있다. 또 계곡도 좋아 많은 사람들이 물놀이와 계곡 주변의 자연을 즐기기에 안성맞춤인 곳이다. 우리 팀은 자연환경조사 지점 중 한 곳으로 수락산을 선택했고 이미 두 번을 다녀오기는 했지만 함께 가는 것은 처음이라 식물이 풍부한 계곡 주변을 통해 정상으로 가는 길을 선택했다. 처음 시작된 지점부터 인공구조물과 포장된 도로 계곡 주변 식당에서 흘러나오는 소음, 그리고 길 주변으로 즐비하게 심어 놓은 여러 가지 원예식물들이 자생식물들과 섞여 자라고 있었다. 인위적인 곳을 얼른 벗어나기 위해 골짜기로 들어갔는데 연속된 길이 보여 따라갔더니 능선길로 접어드는 것이었다. 소나무 숲이지만 군데군데 물갬나무와 아까시나무 같은 심어 놓은 종류가 보이기도 하고 길은 마사토라 미끄러지기 일쑤였다. 능선의 바위를 만나 시원한 바람을 맞으며 내려다보는 주변 산들과 도심 풍광은 낭만적이었지만 숲의 녹색과 아파트 흰색의 조화는 전혀 상반된 느낌이었다. 2시간여 만에 깔딱고개를 만났다. 그때까지 새로 분포를 확인한 식물은 50여 종이 전부다. 그나마도 주차장 입구에서 기록한 외래식물이나 식재한 종류들이 많다. 정상까지는 이제 바위를 타고 가야 한다. 정상 쪽을 올려다보니 집채

자주꿩의다리(군락)

만 한 바위가 빨리 올라오라 손짓한다. 머릿속에는 내심 '오늘 식물종의 추가는 더 이상 없겠구나'라고 생각했다. 그런데 한참을 올라가다 보니 내 마음을 헤아려 주듯 반겨 주는 식물 몇 종류가 눈에 들어오기 시작했다. 주로 바위틈이나 그 주변에서 자라는 종류들로 돌양지꽃이 가장 먼저 보였고 팥배나무, 바위채송화, 분취, 그리고 자주꿩의다리가 꽃이 활짝 핀 채로 우리를 기다리고 있었다. 그날 산행 중 가장 반가운 시간이었다. 기분 좋게 정상을 밟고 다시 깔딱고개로 내려와 이번에는 계곡을 따라 하산하기로 했다. 정상부에서 몇 종류를 확인했기 때문에 계곡에서도 그럴 것이라는 큰 기대를 하면서 말이다. 하지만 지금은 오갈피나무에 통합되었지만 한동안 우리나라 특산종으로 취급되었던 서울오갈피나무 자생지를 제외하면 계곡부는 너무 건조해 말라버린 곳이 많고 인위적인 시설물들과 계곡을 즐기는 사람들이 너무 많아서 추가되는 종류는 많지 않았다. 결국 하루 종일 조사를 통해 새롭게 분포를 확인한 종류는 80여 종류가 전부였다. 다른 곳에 비하면 너무 적은 수다. 그나마 정상부 쪽에서 분취와 자주꿩의다리를 만난 것이 큰 위안이 되었다. 특히 자주꿩의다리는 오랜만에 만나는 것이어서 더 반가웠다.

자주꿩의다리

자주꿩의다리의 학명은 *Thalictrum uchiyamae*이다. 속명 '*Thalictrum*'은 그리스의 식물학자 Dioscorides가 고수 잎을 닮은 식물에 붙인 그리스어 *Taliktron*, 또는 Plinius가 이 속의 어떤 식물에 붙인 라틴어 *thalictrum* 또는 *thalitruum*에서 유래했다고 하며, 종소명 '*uchiyamae*'는 일본의 식물학자 Tomijiro Uchiyama의 이름에서 왔다. 우리 이름은 자주색 꽃이 피는 꿩의다리라는 뜻이며, 지방에서는 자지꿩의다리 또는 자주가락풀이라 부른다. 우리나라에서 자라는 꿩의다리속(*Thalictrum*) 식물은 13종류 정도인데 이름에 모두 꿩의다리라는 단어가 들어 있다. 자주꿩의다리와 형태적으로 가장 비슷한 종류는 산꿩의다리인데 잎이 막질로 부드럽고 꽃받침이 흰색이어서 자주꿩의다리와 구별된다. 한방에서는 자주꿩의다리, 꿩의다리, 산꿩의다리, 좀꿩의다리, 금꿩의다리, 은꿩의다리의 뿌리와 지상부를 마미련(馬尾連)이라 하여 혈압과 체온을 낮추고, 진통, 소염, 또는 장염이나 황달을 치료하는 데 사용한다.

산꿩의다리

기존에 출간된 많은 식물도감에서 자주꿩의다리는 서울 지역에 주로 분포하는 것으로 되어 있다. 하지만 지금은 전국에서 자라는 것이 확인되었는데 터를 확실하게 잡은 곳에서만 자라기 때문에 눈에 잘 띄지 않는 것 같다. 바위 주변이나 바위틈을 좋아하는 식물로, 꽃이 피는 시기를 잘 맞추기만 한다면 하나의 예술 작품 같은 모습을 볼 수 있을 정도로 아름답다. 내 눈에는 그렇다.

자주꿩의다리(잎)

자주꿩의다리(꽃과 어린열매)

자주꿩의다리는 미나리아재비과(Ranunculaceae)에 속하는 여러해살이풀로 전체에 털이 없고 줄기도 60센티미터 내외로 자라기 때문에 꼿꼿하고 강인한 인상을 준다. 뿌리에서 나오는 잎은 2회 3출 복엽으로 나고 5-12센티미터 정도의 잎자루가 있으며 작은 잎들은 달걀모양 또는 달걀을 닮은 원형으로 길이 1.5-6.5센티미터, 너비 1-6.2센티미터로 뻣뻣하고 끝은 둥글며 밑은 얕은 심장모양이고 가장자리에는 큰 톱니가 있거나 3개로 갈라진다. 줄기에 달리는 잎은 어긋나고 위쪽으로 갈수록 잎자루는 짧아진다. 꽃은 6-7월에 백색이 도는 자색으로 피고 줄기 끝에 엉성한 원추꽃차례로 달린다. 꽃잎은 없고 꽃받침조각은 4-5개로 각각은 타원형이며 자색이 돌고 길이 3밀리미터로, 안쪽에는 여러 개의 수술이 들어 있어 마치 바늘을 꽂아 놓은 것처럼 보인다. 열매는 수과로 편평한 타원모양이며 표면에 6개의 맥이 있고 작은 자루가 있다.

31

매자나무과

한계령풀

지명이 들어간 식물의 이름은 대부분 처음 발견된 곳을 의미한다. 한라송이풀, 지리산고사리, 태백바람꽃, 설악조팝나무, 백두산떡쑥 같은 종류들이 대표적인데, 이 식물 만나기를 원한다면 가장 먼저 찾아가야 할 곳이기도 하다. 한계령풀이란 식물도 있다. 설악산 한계령 지역에서 가장 먼저 발견돼 붙여진 이름이다. 한국 관속식물 분포도를 보니 강원도 양양군, 영월군, 인제군, 정선군, 태백시, 평창군에서만 자라는 것으로 기록돼 있듯이 강원도 백두대간을 중심으로 한 내륙 지역이 분포의 중심지다. 지금까지 만난 한계령풀의 가장 큰 군락은 태백산에서였다. 해마다 5월 초가 되면 봄철식물을 위한 조사가 시작되는데 한계령풀이 연구재료 확보를 위한 주인공 식물은 아니었지만 오히려 활짝 핀 꽃을 만나 결국에는 주객이 전도되었던 날의 기억이 새롭다.

태백산이다 보니 5월이라 해도 길 주변에는 겨울 동안 내린 눈이 그대로 쌓

현호색

미나리냉이

피나물

한계령풀(군락)

여 있고 녹은 지역도 새싹은커녕 허허벌판처럼 삭막함만이 보이는 풍광이 전부였다. 너무 일찍 온 건 아닌가 생각하며 산행을 시작하다가 이번에는 매번 다니던 길이 아닌 지름길로 올라가 능선을 만난 후 정상으로 향하는 쪽으로 가보기로 했다. 예전에 갔던 희미한 기억만 있을 뿐 그곳에 어떤 식물들이 자랐었는지는 가물가물할 정도였다. 길로 들어서니 조그만 골짜기가 보이고 일본잎갈나무 숲을 지나며 본격적으로 경사진 길이 시작되는데 두 사람이 교차가 안 될 정도로 좁았다. 가끔 진한 청색의 현호색 꽃이 고개를 내밀고 있고 주변에는 미나리냉이와 피나물 군락의 꽃이 시작되어 삭막함이 조금은 상쇄됐고 숲 안쪽으로는 조릿대 군락이 자리 잡고 있어 그나마 숲속에 있다는 것을 느끼게 해 주었다. 그

한계령풀(전체)

렇게 30여 분을 올라갔을 때쯤 눈앞에는 노란색 꽃을 매달고 있는 커다란 한계령풀 군락이 우리를 반기고 있었다. 개체에 따라서는 눈 속을 뚫고 올라온 것도 있었고, 서로 의지하듯 몇 개체가 함께 모여 나는 것도 있었다. 어쨌든 한계령풀이 보여 줄 수 있는 가장 아름다운 모습을 펼쳐 놓은 것 같아 이 광경을 보면서 모두 환호의 소리를 질렀다. 오늘 찾아야 할 식물은 모두 잊은 채 각각의 모습을 사진에 담고 관찰하기 위해 한참 동안을 그곳에서 머물렀다. 작은 인터뷰도 했다. 당시만 해도 경험을 통해 얻은 식물 관련 지식을 영상으로 만들거나 강의 자료로 활용하기 위해 준비하고 있었는데 한계령풀은 희귀식물 중 취약종으로 지정되어 있어 충분한 가치가 있다고 판단했기 때문이다. 학생들과 함께 왜 이 식물이 중요한지, 이렇게 커다란 군락을 만난 소감은 어떤지를 서로 이야기했다. 이 군락은 능선을 만날 때까지 연속적으로 분포했고 5월 말쯤 그곳을 다시 방문했을 때는 대부분 열매가 맺혀 있어 한 세대를 모두 관찰한 셈이 되어 보람 있었다.

한계령풀의 학명은 *Gymnospermium microrrhynchum*이다. 속명 '*Gymnospermium*'은 그리스어 gymnos(벗었다)와 sperma(종자)의 합성어로 종자의 특징을 설명한 것이며, 종소명 '*microrrhynchum*'은 작은 부리라는 뜻이다. 우리 이름은 처음 발견된 지명에서 유래됐으며, 지방에서는 메감자라 부르기도 한다. 우리나라에서 자라는 한계령풀속 식물은 1종류뿐이며, 한방에서의 용도는 알려져 있지 않다.

한계령풀은 우리나라 멸종위기식물로 지정되었다가 자생지가 새롭게 발견되고 개체수도 많아 2012년에 해제되었다. 하지만 집단 또는 개체 간 유전다양성이 낮고, 야생동물에 의한 피해도 발생하고 있으며, 주로 등산로 주변에서 자라 사람에 의한 훼손도 예상되므로 이에 대한 보전 대책이 필요한 식물이다. 내년에도 그동안 봐 왔던 5월에 피어날 노란색 꽃 군락을 기대하며 영원토록 그 모습과 함께할 수 있기를 희망해 본다.

한계령풀(잎)

한계령풀(꽃)

한계령풀(전체)

한계령풀(열매)

한계령풀은 매자나무과(Berberidaceae)에 속하는 두해살이풀로 해발 1천 미터 이상 지역에서 주로 자란다. 높이는 30–40센티미터 정도이고, 뿌리는 땅속 깊이 곧추 들어가는데 끝에는 작은 감자같이 생긴 덩이줄기가 달려 있다. 흔적엽, 즉 탁엽은 잎처럼 생겼고 반원형 또는 원형으로 줄기를 완전히 둘러싼다. 잎은 1장으로 2–3회로 갈라지고 각각에 3장씩 달리는 복엽인데, 1차 잎자루는 4–5센티미터로 길지만 2차 잎자루는 짧거나 없는 개체도 있다. 소엽은 황백색으로 긴 달걀을 거꾸로 놓은 모양이며 길이 6–7센티미터, 너비 2–3센티미터로 끝은 둔하고 가장자리는 밋밋하다. 꽃은 5월에 노란색으로 피고 줄기 끝에서 나오는 총상꽃차례에 3–12개의 꽃이 달리며 꽃잎은 6장이다. 작은 꽃자루는 길이 3센티미터 정도지만 위쪽으로 갈수록 짧아진다. 꽃을 보호하는 포는 잎처럼 생겼으며 거의 둥글고, 열매는 5–6월에 익으며 모양은 둥글다.

32

홀아비꽃대과

홀아비꽃대

식물에 붙여진 이름 때문에 꽃이나 잎이 화려하고 멋있어도 제대로 환영받지 못하는 종류가 있다. 여러 가지가 있겠지만 '홀아비'라는 단어가 들어간 식물을 예로 들려 한다. 홀아비의 사전적 의미는 '아내를 잃고 혼사 지내는 사내'라고 돼 있다. 우리나라에서 자라는 식물 중 '홀아비'란 단어가 들어 있는 것은 홀아비바람꽃과 홀아비꽃대 2종류뿐인데 꽃줄기가 하나씩 올라오고, 4–5월에 꽃이 피는 봄 식물이라는 공통점이 있다. 하지만 홀아비바람꽃은 미나리아재비과에 속하고 우리나라 중부 이북 지역에서 주로 자라는 고유식물로 산지의 습기가 많은 숲속을 좋아하는 데 비해, 홀아비꽃대는 홀아비꽃대과에 속하고 전국에서 볼 수 있으며 산지 수림이나 떨기나무숲 안에서 자라므로 소속이나 습성이 다르다. 홀아비꽃대에 대해서는 할 말이 더 많다. 전북 군산시 고군산군도에 있는 연도라는 섬에서 발견하고 '연도꽃대'라고 별칭을 붙여 불렀던 변이체 때문이다.

자생식물분포도 조사를 위해 연도를 방문했었는데 마을 뒤쪽 야산 사면에 홀아비바람꽃, 옥녀꽃대, 그리고 그 문제의 '연도꽃대'가 같은 공간에서 자라고 있었다. 얼른 보면 같은 식물로 인식할 수도 있지만 꽃차례에 꽃이 달리는 모양이나 줄기의 형태가 이상하게 보이는 개체가 섞여 있어 의심스러웠다. 좋은 실험재료가 될 것 같아 생체를 수집해 학교 온실에 가져다 심었는데 2011년부터 지금까지 똑같은 형태로 살아 있다. 이 종류는 옥녀꽃대와 비슷하지만 줄기 상부 또는 작은 꽃자루가 각각 2개로 가지를 치고 원줄기도 분지해 총 5개

홀아비꽃대(군락)

의 꽃줄기를 갖는 특징으로 기존에 알려진 개체들과 다른 모습을 하고 있다. 몇 번을 다시 방문해 같은 특징을 보이는 것을 확인한 후 이 변이체에 대한 실체를 파악해 보기 위해 석사과정 학생의 논문 주제로 주고 연구를 진행하게 했다. 홀아비꽃대와 근연분류군에 포함된 총 5분류군을 대상으로 외부형태형질분석에서부터 최신의 분류방법인 DNA분석까지를 모두 동원해 종 사이의 유연관계를 밝혔다. 결과적으로 이 변이체는 모종과는 뚜렷한 형태적 차이가 있지만 분자계통학적 연구에서는 지지되지 않아 줄기나 꽃줄기가 가지를 치는 특징이 연속적으로 계속되는지 아니면 기후에 따라 변하는지, 또 이에 따른 유전자 수준의 변화도 발생하는지에 대한 면밀한 조사가 필요해 새로

홀아비꽃대(연도꽃대)

운 이름으로 등재하지는 못했다. 일부 문헌에서 홀아비꽃대 종류들은 아주 드물게 영양기관 일부가 가지를 치는 현상이 보고되기도 했지만 연도에서 발견한 변이개체처럼 뚜렷하게 다른 특징을 보이는 것은 처음이라 잔뜩 기대를 했었는데 연구결과가 명쾌하지 않아 아쉬움이 있다. 그래도 홀아비꽃대와 근연분류군에 대한 연구를 통해 3편의 논문이라도 발표했으니 그나마 다행이라 생각한다.

옥녀꽃대

홀아비꽃대의 학명은 *Chloranthus quadrifolius*다. 속명 '*Chloranthus*'는 그리스어 chlor(녹색)와 anthus(꽃)의 합성어로 녹색 꽃대 축을 표현한 것이고, 종소명 '*quadrifolius*'는 4개의 잎이 달린다는 뜻으로 잎의 특징을 설명한 것이다. 우리 이름은 줄기 끝에서 나오는 꽃대가 한 개뿐이어서 이를 혼자 사는 홀아비에 비유한 것에서 유래했다. 지방에서는 홀애비꽃대, 호래비꽃대, 홀꽃대라 부르기도 한다. 우리나라에서 자라는 홀아비꽃대속 식물은 옥녀꽃대, 홀아비꽃대, 꽃대 등 3종류다. 홀아비꽃대와 형태적으로 가장 비슷한 종류는 옥녀꽃대인데, 수술의 길이가 8–15밀리미터로 길고 3개의 수술 모두에 꽃밥이 달려 구별된다. 한방에서는 홀아비꽃대 지상부를 은선초(銀線草)라 하여 약으로 쓰는데 가래를 삭이고 생리통이나 생리불순, 그리고 타박상으로 인해 피가 뭉친 것을 풀어주는 데 효과가 있는 것으로 알려져 있다.

산행을 하다가 꽃이 활짝 핀 홀아비꽃대 군락을 만나면 그날은 기대하지 않았던 식물도 만나게 되는 것 같아 항상 기분이 좋다. 흰색 꽃들이 작은 촛대처럼 올라와 나란히 자라고 있는 모습과 마주나 달려 있는 4장의 잎들을 함께 보고 있으면 사이좋은 오누이처럼 정겹다. 다음 봄에는 연도에 다녀와야겠다. 그동안 어떤 변화가 있었는지, 모습은 아직도 그대로인지 무척 궁금해 확인해 보고 싶다.

홀아비꽃대(잎)

홀아비꽃대(꽃)

홀아비꽃대(활짝 핀 꽃)

홀아비꽃대(열매)

홀아비꽃대는 홀아비꽃대과(Chloranthaceae)에 속하는 여러해살이풀로 높이는 20-30센티미터다. 줄기 아래쪽에는 비늘잎처럼 생긴 작은 잎이 마주나 달리며, 땅속줄기는 마디가 많고 덩이처럼 되며 회갈색 뿌리가 난다. 잎은 4개가 돌려나듯 줄기 윗부분에 모여 달리는데 달걀 또는 타원 모양으로 길이 4-12센티미터, 너비 2.5센티미터 정도다. 잎 끝은 뾰족하고 가장자리에는 날카로운 톱니가 있으며 잎자루는 3-12밀리미터다. 꽃은 흰색으로 피고 줄기 끝에서 나오는 수상꽃차례에 달린다. 꽃줄기는 대부분 1개이고 길이는 2-5센티미터다. 꽃잎은 없고 수술은 길이 3-5밀리미터로 3개인데 아랫부분이 합쳐져 암술의 씨방 뒤쪽에 붙고 3개 중 바깥쪽 2개에만 꽃밥이 달린다. 열매는 삭과로 달걀을 거꾸로 놓은 모양이며 밑부분이 좁고 길이는 2.5-3밀리미터로 작다.

33

배추과

꽃다지

예쁜 이름을 가진 식물은 그 모습을 잘 몰라도 막연하나마 기대가 된다. 이름이 예쁜 식물들을 만나면 사진이라도 한 장 더 찍게 되는 것 같다. 도감에 있는 찾아보기를 넘기며 예쁜 이름을 적어 봤더니 금낭화, 밤잎고사리, 벙이리풀, 새우나무, 송이풀, 동자꽃, 패랭이꽃 같은 종류가 눈에 들어온다. 이름에 얽힌 전설과 유래가 있는 것도 있고 어떤 특정한 모습을 기초로 만들어진 것도 있다. 아예 '꽃'이란 단어를 앞세워 만든 이름도 적지 않다. 2020년 출판된 『국가표준식물목록(자생식물)』을 보니 꽃개회나무, 꽃다지, 꽃마리, 꽃며느리밥풀 등 60종류나 된다. 이유야 어떻든 이름만 들어도 일단은 반갑다. 그런데 반전이 있다. 몇몇 종류들은 화려함보다는 이름에 걸맞지 않게 수수하고 잔잔한 감동을 주기 때문이다. 예쁜 이름에 가장 적당한 종류를 추천해 보라면 내게는 꽃다지가 1순위다.

꽃다지는 봄 식물이다. 숲속이 아닌 논이나 밭 같은 경작지나 화단과 주변 공터에서 쉽게 만날 수 있다. 꽃이 화려하거나 크지도 않아 사람들에게는 관심 대상이 아니다. 그러다 보니 쉽게 나 자라고 꽃 피고 열매 맺는 일련의 과정이 아주 자연스럽게 이루어져 많은 개체들이 한꺼번에 자라는 것을 볼 수 있다. 가장 멋진 군락을 만났던 건 강원도 홍천군의 어느 시골 마을 밭에서다. 그곳에는 농사 시작을 위해 검은색 계분 비료가 잔뜩 뿌려져 있었고 아직 덜 삭았는지 닭장 냄새가 진동을 했다. 꽃다지는 그렇게 펼쳐진 거름 사이에 넓은 군락을 만들고 있었는데 검은색과 노란색 꽃이 함께 어울려 멋진 모습이 연출되

꽃다지(군락)

어 있었다. 이제 거름을 잘 펼치고 밭을 갈아엎은 후 순서대로 작물이 심겨질 것이다. 꽃다지 군락의 운명은 바로 그 전까지다. 만약 몇 달 동안 계속 그 모습을 볼 수 있다면 농사를 짓지 못할망정 그대로 놔두고 보고 싶은 생각이 들 정도였다.

아침에 학교로 출근하면 건물 입구 화단 가장자리에서 꽃다지가 반겨 준다. 냉이, 서양민들레, 자주닭의장풀이 친구처럼 함께 자라는데 꽃다지만큼은 아침인사라도 하듯 줄기 윗부분이 앞쪽을 향해 있어 기분을 좋게 만든다. 여기에도 재미있는 에피소드가 있다. 이른 아침이 되면 건물 주변 청결을 위해 위생원들께서 고생을 해 주신다. 그런데 봄이 깊어지며 여름으로 향해 가면 화단에는 원래 심었던 화초들과 소위 잡초라고 불리는 다양한 풀들이 함께 자라 주인공 찾기가 쉽지 않다. 그때가 되면 예초기 돌아가는 소리와 함께 화단이 일제히 정리되는데, 이때 꽃다지는 잡초에 포함되므로 잘려 나가거나 뽑혀 나가는 신세가 되는 것이다. 특히 얼마나 부지런한지 화단 잔디가 조금이라도 웃자라거나 잡초가 보이면 여지없이 제거하는 습관이 있어 화단은 항상 깔끔하다. 매주 식물분류학 실험 시간에는 학생들과 함께 건물 주위를 돌며 꽃이 핀 푸나무들을 설명하곤 하는데 그 재료가 없어지는 것이다. 덕분에 다른 단과대학이 있는 쪽으로 가서 수업을 해야 하는 불편함도 있지만 역지사지(易地思之)로 보면 충분히 이해가 간다.

냉이

꽃다지의 학명은 *Draba nemorosa*다. 속명 '*Draba*'는 그리스어 draba(매운)에서 유래한 것으로, 잎과 줄기에서 매운맛이 난다는 뜻으로 그리스의 식물학자 Dioscorides가 *Cardaria draba*에 부여한 이름을 전용한 것이며, 종소명 '*nemorosa*'는 '숲속에서 자라는'이란 뜻인데. 우리나라에서 실제 자라는 곳과는 차이가 있다. 우리 이름은 '꽃'과 '다지'의 합성어로 꽃이 많은 가지에 달리는 것을 표현한 것 같다. 지방에서는 코딱지나물이라 부르기도 한다. 우리나라에서 자라는 꽃다지속 식물은 5종류로 이름에 꽃다지라는 단어가 모두 들어 있다. 이 중 구름꽃다지, 우수리꽃다지, 산꽃다지는 북한 지역에 분포하고 털꽃다지는 꽃이 흰색이어서 구별된다. 한방에서는 꽃다지와 다닥냉이 종자를 정력자(葶藶子)라 하여 만성심폐질환, 소아 기관지염과 기관지 폐렴으로 인한 기침과 천식을 없애는 데 사용한다.

꽃다지는 항상 주변의 냉이와 함께 이야기한다. 자라는 곳과 꽃 피는 시기가 비슷하기 때문이다. 하지만 냉이는 냉이속(*Capsella*)에 속해 소속이 전혀 다르고 예전부터 뿌리를 나물로 이용했기 때문에 친숙하다 보니 꽃다지는 항상 2등이었다. 그러나 냉이가 뽑혀 나가면 꽃다지는 경쟁에서 거저 이기는 셈이니 두 번째라도 슬프지 않다. 오히려 고도의 생존 전략이다. 똑똑한 풀이다.

꽃다지(근엽)

꽃다지(꽃)

꽃다지(열매)

꽃다지는 배추과(Brassicaceae)에 속하는 두해살이풀로 높이 15-30센티미터로 자라고 줄기 아래부터 가지를 치며 전체에 흰 털과 별모양의 털이 섞여 난다. 뿌리에서 올라오는 잎은 여러 개가 모여 총생하며 방석처럼 퍼져 자란다. 모양은 장타원형으로 길이 2-4센티미터, 너비 8-15밀리미터이며 밑부분은 좁아져 잎자루처럼 되고 톱니가 약간 있다. 줄기잎은 어긋나 달리고 달걀을 닮은 장타원형으로 길이 1-3센티미터, 너비 8-15밀리미터로 잎자루가 없고 가장자리에는 드문드문 톱니가 있다. 꽃은 노란색으로 가지 끝에 총상꽃차례로 달리며 작은 꽃자루는 1-2센티미터다. 꽃받침조각은 타원형으로 길이 1.5밀리미터이고, 꽃잎은 넓은 주걱모양으로 길이 3밀리미터이며, 수술은 6개로 4개가 길고 암술은 1개다. 열매는 딱딱한 껍질과 깍정이에 싸여 있고 익으면 격막에 따라 아래쪽부터 열리는 단각과로 모양은 타원형이며 겉에는 짧은 털이 밀생한다.

34

돌나물과

바위솔

언제부터인지 베이커리 카페가 인기다. 주된 식사 메뉴는 아니라 할지라도 간식으로 빵을 먹는 습관은 언제부턴가 일상처럼 되었다. 특히 식사 후에는 달콤한 디저트가 생각나기 때문에 요즘은 더 찾게 되는 것 같다. 가끔 가는 식당 중 황태구이를 맛있게 요리하는 집이 있다. 마른 생선이 얼마나 맛있겠느냐고 반문할 수도 있지만 그래도 경쟁하는 곳이 없을 정도로 잘나가는 집이다. 달걀말이와 조개젓 같은 맛깔스러운 반찬 몇 가지, 양념에 잘 구운 황태, 그리고 시원한 황태국이 세트처럼 차려져 나오는데 한 상 배부르게 먹으면 세상 부러울 것이 없을 정도다. 이곳에서 식사를 하면 항상 가는 카페도 있다. 걸어서 1분 거리에 있어 가깝고 옛날 건물을 그대로 사용하기 때문에 운치가 있다. 사실 골목 안쪽에 위치하기 때문에 아는 사람만 올 수 있는 곳이기는 하지만 한 번 와 본 사람은 다시 찾게 되는 곳이다. 카페로 들어가는 길은 좁은 골목에 있다. 바닥에는 사각형의 시멘트 블록이 징검다리처럼 놓여 있고 주변에는 애기땅빈대, 털별꽃아재비 같은 풀 종류들이 줄지어 자란다. 골목길 끝에 도착하면 마당과 연결되는데 주인의 훌륭한 솜씨로 가꾸어 놓은 식물로 가득한 정원이 손님들을 반겨 준다. 장미와 선인장 같은 원예종도 심겨 있고 우리나라 특산종인 금꿩의다리도 있다. 사실 몇 번 방문했을 때는 이른 시기여서 그런지 큰 감동을 받지 못했었는데 장마가 지나가는 7월 말 정원은 가장 아름다운 색깔들이 주변 재료들과 조화롭게 연출되어 있었다. 주문을 하고 자리에 앉아 창문 너머로 보이는 정원을 감상하는데 바닥에 놓인 기왓장 위로 뾰족하게 올라온

바위솔(군락)

식물이 눈에 들어왔다. 아담한 모습이 주변 식물들과는 대조적이어서 더 특이하게 보인 것 같다. 가까이 가 보니 바위 꼭대기나 지붕 위에서 주로 자라는 바위솔이었다. 야생 다육식물 중 한 가지다. 산에서 가끔 보기는 했어도 마당 정원에서 본 것은 처음이고 잘 자라서 그런지 훨씬 더 멋져 보였다. 주인에게 출처를 물었더니 친구가 가져다주었다고 한다. 오래된 시골집 건물과 잘 만들어진 정원, 그곳에 바위솔이 있어 더 멋진 풍광이 연출되었다. 그래서인지 커피 맛과 향도 좋았고, 기왓장 위에 도도하게 서 있는 모습도 강인함을 주어 좋았다.

바위솔의 학명은 *Orostachys japonica*다. 속명 '*Orostachys*'는 그리스어 oros(산)와 stachys(이삭)의 합성어로 산에서 자라고 꽃자루가 없는 수상꽃차례

좀바위솔(사진: 천경식)

가 있다는 의미로 꽃줄기의 특징을 설명한 것이고, 종소명 '*japonica*'는 일본에서 자란다는 뜻이다. 우리 이름은 바위가 많은 암석지대에서 자라고 소나무와 비슷하게 생겨 붙여졌으며, 다른 이름으로는 넓은잎바위지기, 오송, 와송, 지붕직이라 부르기도 한다. 우리나라에서 자라는 바위솔속 식물은 13종류로 이름에 모두 바위솔이란 단어가 들어 있다. 이 중 바위솔과 형태적으로 가장 비슷한 종류는 좀바위솔인데 꽃받침에 자색 반점이 있고 꽃잎은 붉은색이며 표면에 붉은색 반점이 있어 구별된다. 한방에서는 바위솔과 둥근잎바위솔의 지상부를 와송(瓦松)이라 하여 폐렴, 습진, 화상 등의 치료와 지혈, 항암제 등으로 사용한다.

남쪽에 있는 어느 사찰 지붕에 바위솔이 군락으로 자라는 것을 본 적이 있다. 넓은 것이 아닌 둥근 모양 기왓장 틈에서 자라는 것이었는데 그림을 잘 그렸다면 멋진 작품이 나올 것 같은 모습이었다. 바위틈에서도 뿌리에서 나오는 잎들이 동그랗게 줄지어 층층이 올라오는 모습을 보고 있으면 그 위로 솟아오를 꽃줄기를 기대하게 만든다. 100% 매력을 충분히 가졌다.

바위솔(전체)

바위솔(어린줄기와 잎)

바위솔(꽃)

바위솔은 돌나물과(Crassulaceae)에 속하고 줄기나 잎에 수분을 많이 보유하는 특징을 가진 여러해살이풀로 높이 10-40센티미터 정도다. 겨울을 나는 뿌리에서 나오는 잎, 즉 근엽은 로제트형으로 퍼지고 끝은 굳어져 가시처럼 된다. 하지만 여름에 나는 근엽과 줄기에 달리는 잎은 끝이 굳어지지 않고 뾰족해지기만 한다. 모양은 피침형으로 길이 1-4센티미터로 녹색이지만 가끔 자색 또는 분백색을 띠기도 한다. 잎은 잎자루 없이 줄기에 밀착해서 다닥다닥 달린다. 꽃은 흰색으로 9월에 피고 7-30센티미터 가량의 총상꽃차례에 많은 꽃이 빽빽하게 달린다. 꽃자루는 없고 꽃잎은 5개로 피침형이며 길이 6-8밀리미터로 끝에 자색 점이 있다. 꽃받침은 5개로 피침형이며 자색 점이 있고 길이는 2-3밀리미터다. 수술은 10개로 꽃잎보다 길고, 씨방은 5개이며 꽃밥은 붉은색이지만 점차 검은색으로 변한다. 열매는 골돌로 좁은 장타원상 달걀모양이며 길이 7-10밀리미터다. 종자는 갈색으로 달걀모양이며 길이는 0.5-1밀리미터로 작다.

35

돌나물과

돌나물

1970년대 초 시골마을의 모습은 지금과는 많이 달랐다. 초가지붕을 위해 이엉을 엮고 새끼 꼬는 것을 보며 자랐고, 새마을운동을 통해 마을길이 정비되고 초가집 지붕이 슬레이트나 기와로 변해 가는 것도 체험했다. 흙과 돌로 만든 돌담길이 허물어지고 시멘트로 만든 벽이 세워질 때 이제 우리 집은 잘사는 집에 속한다고 생각하기도 했다. 지금은 훨씬 다르게 변해 있지만 기억 속 시골집 모습은 아직도 눈에 선하다. 가끔 이런 기분이 그리워질 때면 자주 찾는 곳이 있다. 강원도 춘천시에 있는 '김유정 문학촌' 주변이다.

이곳은 김유정의 소설 「점순이」, 「동백꽃」 등의 배경이 되는 곳으로 뒤쪽으로 연결된 금병산을 산책길처럼 이용할 수도 있기 때문이다. 이 산 등산로는 소설의 이름을 따 붙여졌는데 동백꽃길, 만무방길, 금따는콩밭길, 봄봄길 등 듣기만 해도 마음을 설레게 만든다. 자주 이용하는 길은 중앙고속도로 근처 원창고개라는 고갯마루에서 시작해 정상을 거쳐 문학촌으로 내려오는 것인데 소요 시간은 3시간 정도면 충분하다. 산행에서 만나는 편평한 능선길, 가끔씩 만들어진 쉼터, 골짜기 주변의 야생화, 그리고 잘 자란 잣나무 숲도 좋지만, 기억 속 시골 모습을 볼 수 있는 곳은 산을 내려와 만나게 되는 신동면 증리 마을이다. 산길이 끝나는 지점에서부터 마을로 내려오는 약 400미터 정도는 아직까지 시골 모습을 간직하고 있다. 집집마다 담장 너머로 보이는 마당이나 장독대 주변에는 화분이 몇 개씩 놓여 있는데, 종류는 각양각색이고 잘 정리된 집이 있는가 하면 있는 그대로 자연스럽게 놔둔 곳도 있어 정겹다. 그뿐만이 아니다.

돌나물(군락)

가끔 보이는 오래된 기와지붕, 밭에서 자라는 상추와 고추, 마을 중앙에 나 있는 하천변 도로 옆을 따라 만들어진 돌담, 그리고 돌 틈이나 그 위를 덮어씌우듯 자라는 돌나물을 볼 수 있는 것은 전형적인 예전 마을풍경이다.

돌나물은 어릴 때부터 물김치 재료로 사용하기도 하고 날것 자체를 고추장에 찍어 먹어도 훌륭한 반찬이 되어 친숙한 식물인데, 이젠 그런 용도보다는 돌담을 따라 줄기가 덩굴처럼 뻗고 모여 자라는 모습이 더 운치 있고, 5월에 피는 별모양의 꽃은 다른 어떤 것과 견주어도 뒤지지 않을 정도로 아름답다. 또 줄기는 잘라도 새로운 싹이 계속해서 나오고 온도가 40도에 육박하는 한여름 뙤약볕에도 잘 버텨 내는 모습을 보면서 이런 생존력이 어디서 나오는 것인지 깜짝깜짝 놀랄 때가 많다. 우리나라 다육식물의 대표라 해도 손색이 없을 정도다.

돌나물의 학명은 *Sedum sarmentosum*이다. 속명 '*Sedum*'은 라틴어 sedere(앉는다)에서 유래했는데, 바위 겉에서 자라는 모습을 설명한 것이다. 종소명 '*sarmentosum*'은 덩굴이 지는 줄기 또는 기는 줄기가 있다는 뜻으로 포

서산돌나물

복성 줄기로 번식하는 특징에서 유래했다. 우리 이름은 돌이 많은 곳에서 자라는 나물이라는 뜻으로 붙여졌다. 지방에서는 돈나물 또는 돈노물이라 부르기도 한다. 우리나라에서 자라는 돌나물속 식물은 2024년 국내 분포가 알려진 서산돌나물을 포함하여 12종류 정도이며, 돌나물과 형태적으로 가장 비슷한 종류는 잎꽃돌나물인데 잎은 4-5장씩 돌려나고 줄기상부 잎이 주걱처럼 생겨 구별된다. 한방에서는 돌나물 지상부를 수분초(垂盆草)라 하여 인후염, 만성 간염, 열이 나면서 소변을 못 볼 때 사용하며, 종기, 불이나 물에 데거나 독충과 뱀에 물렸을 때 찧어 붙이면 염증이나 고름을 없애는 데도 효과가 있는 것으로 알려져 있다.

집 근처에서 꽃이 활짝 피어 있는 돌나물 군락을 만난 적이 있다. 가로세로 길이가 각각 1미터는 넘는 면적이었는데 그 모습을 위에서 내려다보고 있으니 마치 노란색 실로 수를 놓아 만든 방석 같다는 느낌이 들었다. 뾰족하게 올라온 수술과 암술도 한몫 거들었다. 돌나물은 자라는 곳이 그리 순탄치는 않지만 돌 틈이면 돌 틈, 땅이면 땅 어느 곳에 있어도 항상 자신감과 생동감이 느껴지는 식물이어서 좋다. 집 밖으로 나가면 쉽게 만날 수도 있어 더더욱 그렇다.

돌나물(잎)

돌나물(꽃)

돌나물은 돌나물과(Crassulaceae)에 속하는 여러해살이풀로 줄기는 땅을 기어가듯 자라며 마디에서 많은 뿌리가 나와 퍼진다. 잎은 3장씩 돌려나고 모양은 장타원형 또는 거꾸로 된 피침형으로 길이 1.5-2센티미터, 너비 3-6밀리미터 정도이고 잎자루가 없다. 잎 양 끝은 좁아지고 끝은 둔하며 가장자리에는 톱니가 없어 밋밋하고 다육질이다. 꽃은 노란색으로 피고 줄기 끝에 취산꽃차례로 달리는데 꽃줄기 높이는 1.5-20센티미터로 변이가 심하다. 꽃받침조각은 5개로 선상 피침형이며 길이 4-6밀리미터이고, 꽃잎은 5개로 피침형이며 길이 7밀리미터 정도다. 수술은 10개로 꽃잎보다 짧고 암술은 5개이고, 열매는 골돌로 비스듬히 벌어진다.

36

범의귀과

산수국

7080 노래 중 '수국의 찻집'이란 곡이 있다. 사랑하는 사람과의 이별을 아쉬워하고, 이별 후 그리워하는 간절한 마음이 가사에 담겨 있다. 카페 책상 위에 놓여 있는 꽃병 속 흰색 수국 꽃이 그 마음을 이야기해 주는 듯하다.

수국은 자라는 곳의 흙이 산성인지 또는 알칼리성인지에 따라 꽃 색깔이 변하는 종류로 유명한데 그래서인지 꽃말도 다양하다. 전체적으로는 냉정, 무정, 거만하다는 뜻이 있고, 꽃 색깔에 따라서는 흰색은 변덕스러움, 청색은 냉담하고 냉정함, 그리고 자색은 처녀의 꿈이라고 한다. 이처럼 수국은 노래가사나 꽃말만 보면 마치 이별을 대신해 주거나 약간 어두운 분위기를 말해 주는 꽃으로 인식되기 쉬운데 사실은 그렇지도 않다. 오히려 기쁨과 반가움을 주는 아름다움도 가졌다.

언제 심었는지는 모르지만 학교 정문을 지나 도로변 건물 주변에서 자라는 보라색과 하늘색 수국을 매년 만날 수 있다. 요즘은 꽃이 활짝 필 때가 되면 그 모습을 보기 위해 걸어서 출근할 정도로 익숙해졌다. 신호를 기다리며 화단의 경계나무처럼 일렬로 잘 심겨 있는 모습을 보고 있느라 건널목 보행자 신호등이 켜져도 건널 생각을 잊을 때도 있다. 위치가 약간 반그늘이어서인지는 몰라도 다른 지역보다 꽃 색깔도 더 진하고 꽃이 피어 있는 기간도 더 길게 느껴진다.

제주도에 가면 전 세계 80여 개국에서 자라는 500여 품종의 동백나무 종류를 심어 놓은 수목원이 있다. 꽃 피는 시기가 12월부터 2월 정도여서 그때를 지

산수국(군락)

나면 대체해야 할 식물들이 필요한데 4월 중순에 방문했을 때는 수국만 전시해 놓은 곳으로 착각할 정도로 다양한 품종들의 꽃이 피어 있었다.

야생에서의 수국은 어떤 종류일까? 가장 최고를 꼽으라면 산수국이 아닐까 한다. 이름 그대로를 풀어 보면 산에서 자라는 수국이 된다. 6월 말에서 7월 중순까지 꽃이 피고 9월에 열매를 맺는데 약간 습기가 있는 골짜기 주변에서 만날 수 있다. 한꺼번에 무성화와 양성화가 어우러져 다양한 색깔로 피어 있는 모습이 주변 경관과 아주 조화롭다. 마치 수목원에 와 있는 것처럼 착각할 정도로 아름답다.

산수국의 학명은 *Hydrangea serrata*다. 속명 '*Hydrangea*'는 그리스어 hydro(물)와 angeion(그릇)의 합성어로 습한 곳을 좋아하는 습성과 열매의 형태에서 유래했으며, 종소명 '*serrata*'는 톱니가 있다는 의미로 잎 가장자리의 특징을 설명한 것이다. 산수국의 다른 이름으로는 털산수국, 털수국 등이 있다. 우리나라에서 자라는 수국속(*Hydrangea*) 식물은 5종류로 이름에는 모두 수국이란 단어가 들어 있다. 학자에 따라 다른 견해도 있지만 산수국에는 3가지 품종

수국(제주 카멜리아힐)

이 인정되고 있는데, 꽃이 모두 양성화로 열매를 맺는 것을 탐라산수국, 꽃차례 주변화가 불염성이고 주변화 꽃받침에 이빨모양의 톱니가 있는 것은 꽃산수국, 그리고 주변화 꽃받침에 톱니가 없고 잎이 두꺼운 것을 떡잎산수국이라 하며, 이 종류들은 모두 제주도에서만 자란다. 한방에서는 산수국과 탐라산수국의 뿌리를 토상산(土常山)이라 하여 종기, 폐와 배가 부풀어 오르는 증상에 사용하며, 옴이나 버짐 치료에도 효과가 있는 것으로 알려져 있다.

산수국 종류들은 많은 원예종이 만들어져 사람들에게 인기가 많다. 화분이나 울타리용으로도 좋다. 그래도 절로 나 자라는 곳을 만난다면 훨씬 더 멋진 장관을 연출해 준다. 개체에 따라 다른 색깔을 보여 주기도 하고, 옹기종기 모여 자라는 모습도 인상적이며, 띠를 둘러 자라 등산길 안내자 역할도 해 주기 때문이다.

산수국(꽃과 잎)

산수국(흰색)

산수국(청색)

산수국(자색)

산수국은 범의귀과(Saxifragaceae)에 속하는 떨기나무로 키는 1미터 정도이며, 가지에 잔털이 있다. 잎은 마주나 달리고 타원형 또는 달걀을 닮은 피침형으로 길이 5–15센티미터, 너비 2–10센티미터다. 잎 끝은 꼬리처럼 뾰족해지고 밑은 둥글거나 뾰족하며 가장자리에는 날카로운 톱니가 있고 맥 위에 털이 있다. 꽃은 산방꽃차례로 가지 끝에 달린다. 꽃차례 가장자리 꽃은 무성화로 꽃잎처럼 보이는 꽃받침조각은 3–5개로 흰색, 청색, 자색까지 다양하다. 각각의 조각은 동그랗거나 넓은 타원형으로 길이는 2–3센티미터다. 열매를 맺는 꽃으로 꽃차례 안쪽에 위치하는 양성화는 2–3밀리미터 정도의 작은 꽃자루에 달리고 꽃받침조각은 삼각형이다. 꽃잎은 흰색에서 연한 청색까지 다양하고, 장타원형이며 길이는 1.5밀리미터로 작고 끝은 약하게 뒤로 말리며 안쪽에는 수술 10개와 암술 3개가 들어 있다. 열매는 삭과로 타원형 또는 달걀모양이며 길이는 3–5밀리미터다. 종자는 타원형으로 길이 0.8밀리미터이고 한쪽 끝에 작은 날개가 있다.

37

장미과

팥배나무

가을 산행은 낙엽을 밟는 즐거움이 있다. 주변 환경도 울긋불긋 단풍으로 물들어 있어 시각적인 효과도 크다. 설악산부터 시작된 단풍 시즌은 차차 남쪽으로 내려가면서 화려함을 더하는데, 지금도 그런지는 모르겠지만 예전부터 내장산이 가장 아름다운 곳이라 소문나 있다. 단풍이 들고 시간이 조금 더 지나 낙엽이 지면 나무들은 앙상한 줄기와 가지만으로 혹독한 겨울을 보내야 한다. 그래도 내년을 위한 준비 기간이니 어지간한 추위 정도는 버틸 만하다. 잎은 떨어져 없지만 가을을 보내기 아쉬워 가지에 열매를 매달고 있는 나무들도 있는데, 한겨울 눈이 내린 깊은 산속의 동물들에게는 요긴한 겨울 식량이 될 수도 있고, 열매자루는 겨울눈을 보호해 주는 역할을 하기도 한다. 산속에서 흔하게 만났던 종류로는 당단풍나무와 노박덩굴이 그랬고, 최근에 본 것으로는 팥배나무가 있다.

우리나라 전도에 분포해 산행길에서 만나기 쉽고 붉은색 열매 몇 개가 한꺼번에 모여 달리며 크리스마스트리처럼 예쁘게 생긴 나뭇가지 곳곳에 붙어 자라니 한 번쯤은 봐줘야 하는 의무감도 생긴다. 열매 사진을 찍으려고 카메라를 나무 위쪽으로 향했더니 구름 한 점 없는 하늘색과 회색 줄기, 그리고 붉은색 열매가 삼박자처럼 조화롭다. 고산지대에서 자라는 개체라 그런지 열매 색깔은 훨씬 더 진해 보였다. 가만히 보고 있으니 아침 나절에는 새들도 찾아올 것 같다. 훌륭한 만찬 장소가 될 것 같은 느낌 때문이다. 강원도 태백시 만항재에서 함백산으로 가는 해발 1천 미터가 넘는 능선 자락에서 만난 팥배나무의 겨울 모습이다. 봄빛이 왕성해지는 5월에 피는 흰색 꽃도 볼 만하다. 찔레꽃이나 야광나무처럼 생겼고 향기가 좋아서인지 벌들도 쉽게 눈에 보인다. 봄과 가을, 겨울을 두루두루 행복하게 해 주는 고마운 나무다.

팥배나무가 자라는 곳은 바닷가에서부터 해발 1,600미터의 높은 산지까지 골고루 분포해 생육 범위가 넓다. 우리나라 굴참나무 숲을 제외한 대부분 숲에서 만날 수 있는데, 주로 높은 곳 신갈나무 우점 숲과 신갈나무-활엽수 혼합 숲에서 자주 나타난다. 숲속에서 같이 볼 수 있는 종류로는 신갈나무, 당단풍나무, 미역줄나무, 대사초, 단풍취 등이 있다.

팥배나무는 1845년 장미과 산사나무속(*Crataegus*) 식물로 처음 발표된 후, 1864년 마가목속(*Sorbus*)으로 이전되어 사용되다가, 지금은 잎이 단엽인지 복엽인지에 따라 구별되는 팥배나무속(*Aria*)으로 취급되

열매만 남은 팥배나무 줄기

팥배나무

찔레꽃

야광나무

마가목(꽃과 잎)

마가목(열매)

고 있다.

팥배나무의 학명은 *Aria alnifolia*다. 속명 '*Aria*'는 *Sorbus aria*의 옛 이름이며, 종소명 '*alnifolia*'은 자작나무과(Betulaceae)에 속하는 오리나무속(*Alnus*) 식물의 잎과 비슷하다는 뜻이다. 우리 이름은 팥처럼 생긴 열매를 가지며, 배나무와 비슷한 꽃이 핀다 하여 붙여진 이름이다. 팥배나무는 잎과 열매의 모양, 털의 분포, 가지가 자라는 방향에 따라 6가지 변종으로 나누기도 하는데 연속적인 변이 폭에 포함돼 지금은 한 종으로 취급되고 있다. 꽃과 열매 모양이 비슷한 것으로는 마가목속의 마가목이 있는데, 마가목은 잎이 9-13장의 작은 잎으로 구성된 복엽이어서 한 장의 잎으로 만들어진 단엽을 가진 팥배나무와 다르다. 한방에서는 팥배나무 열매를 수유과(水榆果)라 하여 빈혈이 있거나 몸이 허약한 체질에 사용하면 효과가 있는 것으로 알려져 있다.

산행을 하다가 팥배나무 열매가 바닥에 떨어진 모습을 만났다. 단풍 들고 낙엽이 된 당단풍나무 붉은색 잎과 신갈나무 갈색 잎이 서로 어우러져 묘한 인연을 만드는 듯 보였다. 내년에도 친구처럼, 그리고 그곳을 지켜 주는 이웃사촌처럼 항상 함께 자라기를 기대해 본다.

팥배나무(꽃과 잎)

팥배나무(어린열매)

팥배나무(익은 열매)

장미과(Rosaceae)에 속하는 팥배나무는 큰키나무로 높이 20미터 정도까지 자라며, 줄기껍질은 회갈색 또는 어두운 회색을 띤다. 잔가지는 적갈색 또는 갈색이고 표면에는 기체 교환 기능이 있는 피목이라 불리는 장타원형의 구멍 여러 개가 존재한다. 잎은 어긋나 달리고 달걀모양 또는 타원처럼 생긴 달걀모양으로 길이 5.8–11센티미터, 너비 4.3–8.5센티미터이고 1–2.5센티미터의 잎자루가 있다. 잎과 잎자루에는 털이 있으나 자라면서 없어지고 끝은 뾰족하며, 기부는 둥글거나 편평하고, 가장자리에는 불규칙한 겹톱니가 있으며, 9–14개의 맥이 있다. 꽃은 복합 산방꽃차례에 8–19개의 꽃이 위를 향해 달리며 지름 4–10센티미터다. 꽃은 지름 1.2–2센티미터이고 꽃받침과 꽃잎은 각각 5장이며 안쪽에는 2개의 암술과 20개 정도의 수술이 들어 있다. 열매는 이과로 타원형이며 지름 1센티미터 정도로 9–10월에 붉은색으로 익는데 표면에 흰색 점이 뚜렷하게 분포한다. 종자는 갈색에서 담갈색으로 달걀모양이며 길이 4–6.5밀리미터다.

38

장미과

산사나무

식물조사에서 가장 중요한 것은 당일 계획했던 목표를 달성하는 것이다. 꽃이 많이 피는 시기에 식물상 조사를 간다면 적어도 표본 200여 점은 넘어야 마음이 흡족하고, 특정한 식물을 위해 떠나는 조사라면 반드시 찾아와야 한다. 식물은 이동성이 없어 알려진 장소에 가면 항상 오는 이를 반겨 줄 것이라 생각하지만 오해다. 식물을 찾기 위해 요즘은 위성항법시스템(GPS) 좌표를 통해 접근하는 것이 일반적이기는 하지만 성공 확률은 높지 않다. 그런데 만약 생각한 것보다 목표치를 초과 달성한다면 그 후부터는 집중도가 떨어지는 것이 사실이다. 그때부터는 잿밥에 더 관심이 간다. 이른바 부가적인 것을 얻기 위해 시간을 많이 할애하는 것이다. 경로를 이탈하더라도 도라지나 더덕을 찾거나 산나물을 뜯을 수 있는 쪽으로 신경을 쓴다는 말이다.

어떤 산에서는 40여 년간 식물조사를 하면서 가장 많은 더덕을 만났던 곳도 있었다. 그것도 꽃이 핀 것들이 대부분이었는데 표본이든 부가적인 수입이든 그날 하루가 아주 행복했던 날로 기억된다. 나무와 관련된 이야기도 있다. 어쩌면 풀보다는 나무를 통해 부가적인 것을 얻기가 더 쉬운데 그 이유는 열매 때문이다. 잘 알려진 다래, 밤, 도토리 같은 경우는 나무만 잘 만난다면 한 그루에서 한 자루 이상을 딸 수 있을 정도다.

우리 연구실에서 일어났던 산사나무에 얽힌 이야기도 있다. 매년 12월이면 연구실 대학원 졸업생들이 송년회를 겸한 모임을 주관한다. 다른 지역에 살고 있는 친구들도 있고 바쁘기도 하지만 기꺼이 시간을 내 방문해 주니 고마울 따

산사나무(군락)

산사나무(전체)

름이다. 1년 동안의 안부와 그동안의 성과를 공유하고 함께 즐기는 시간이다. 그 자리에는 항상 1년 동안 산행 조사를 통해 얻은 부가적인 것으로 만든 담금주가 한 병씩 선을 뵌다. 지난해에는 아내가 집으로 졸업생들을 초대해 더 의미 있었는데 그날 등장한 것은 산사나무 열매로 만든 담금주였다. 투명한 유리병에 들어 있는 연한 붉은 빛깔이 입맛을 자극하고 약간 신맛이 나는 열매 때문에 입에는 침이 고이기 시작했다. 한잔 마셔 보니 부드럽고 쌉싸래한 맛이 일품이었다. 시중에 나와 있는 산사나무 열매로 만든 주류와는 비교가 안 될 정도다. 담금주 재료의 출처는 강원도 정선군에 위치한 임도 주변이었는데 마치 가로수처럼 심겨 있었고 햇빛이 잘 비치는 곳이어서 열매 색깔도 진한 붉은색이었다. 8월 하순 마지막

더위가 절정인데 땀 흘리는 수고를 격려라도 하듯 우리를 반겨 주었고 더불어 겨울파티를 축하하는 자리까지 올라왔으니 지금 생각해도 여러 가지 즐거움을 준 멋진 나무다.

산사나무의 학명은 *Crataegus pinnatifida*이다. 속명 '*Crataegus*'는 '힘'을 뜻하는 kratos와 '가시'를 뜻하는 akis의 합성어로 산사나무 종류의 고대 그리스명 krataigos 또는 뾰족한 잎을 가진 어떤 식물을 부르던 라틴어 crategos에서 유래했다. 종소명 '*pinnatifida*'는 깃처럼 갈라진다는 뜻으로 잎이 갈라지는 것을 표현했다. 우리 이름은 산사수(山楂樹)라는 한자어에서 왔는데 열매가 아기처럼 작다는 의미로 붙여졌다. 지방에서는 동배, 산사, 아가위나무, 아그배나무, 애광나무, 질배나무, 찔구배나무, 가새잎산사나무, 찔광나무라 부르기도 한다. 우리나라에서 자라는 산사나무속 식물은 3종류 정도며, 산사나무에 비해 열매, 털, 잎 등에서 일어난 변이를 기초로 많은 변종과 품종이 발표되기도 했는데 학자에 따른 인정 여부는 각각 다르다. 한방에서는 산사나무 열매를 산사라 하여 약으로 사용하는데 강심작용, 진정작용, 자궁수축작용, 혈압 강하, 콜레스테롤 흡수 방지 등에 효과가 있으며, 소화불량, 신우신염, 간염 등의 치료에 다양하게 활용된다.

고향집 밭둑에도 잘생긴 산사나무가 한 그루 있다. 매년 화려한 흰색 꽃과 붉은색 열매를 맺는다고 아내에게 이야기했더니 올 가을에는 그 열매로 술을 담가 보자고 했다. 야생화를 그리는 전문가 눈에도 술에 잘 우러난 색깔이 맘에 들었던 것 같다. 가을 낙엽이 진 후 가지에 한가득 매달려 있는 동그란 열매가 마치 행운을 주는 보석처럼 보인다. 매력이 철철 넘친다.

산사나무(줄기)

산사나무(잎)

산사나무(꽃)

산사나무(열매)

장미과(Rosaceae)에 속하는 산사나무는 작은키나무 또는 떨기나무로 높이는 3-6미터 정도다. 줄기껍질은 회색이고 가시가 난다. 잎은 어긋나 달리고 달걀 또는 달걀을 거꾸로 놓은 모양이며 길이 6-8센티미터, 너비 5-6센티미터이고 2-6센티미터의 잎자루가 있다. 잎은 가장자리가 1/3 또는 2/3로 갈라지고 갈라진 조각의 끝은 뾰족하며 가장자리에 불규칙한 톱니가 있고 표면은 광택이 나고 맥 위에 털이 분포한다. 꽃은 흰색으로 지름 1.8센티미터이며 산방꽃차례로 달린다. 꽃잎은 둥글고 꽃받침과 더불어 각각 5개로 안쪽에는 수술 20개와 암술 3-5개가 들어 있다. 열매는 씨방 이외에 화탁이나 꽃받침 밑부분이 다육질로 되어 씨방을 덮어 만들어지는 배꼽열매라 불리는 이과다. 열매 모양은 둥글고 지름 1.5센티미터 정도로 9-10월에 붉게 익으며 겉에 흰색 반점이 있어 특이하다.

39

장미과

매실나무

봄이 오는 것을 알려 주는 식물은 여럿 있다. 나무를 예로 들자면 동백나무, 매실나무, 진달래가 그렇고, 풀은 복수초와 노루귀 같은 종류가 우선 떠오른다. 이 식물들의 꽃이 필 때면 방송매체에서도 앞을 다퉈 기사화한다. 3월 초나 중순이 되면 통상적으로 회자되는 봄 관련 식물이야기다. 이 중 매화꽃으로 불리는 매화나무 꽃은 많은 사람들이 특히 좋아하는 것 같다. 추운 지역에 산다는 이유로 강원도 내륙지역에서는 매화꽃 보기가 그리 쉽지 않고, 남쪽에서는 꽃소식이 있다 하더라도 이미 지나가 버린 봄의 선물이라 반응은 시큰둥하다. 그런데 2018년 봄 매실나무의 꽃과 열매를 연속적으로 만나 볼 수 있는 기회가 생겼다. 충청남도 서산시에 위치한 팔봉산 식물조사 때다. 이름처럼 팔봉산은 8개 봉우리로 이루어져 있고 기암괴석으로 둘러싸여 있어 찾는 이가 많은 곳이다. 통상 식물조사는 사계절을 기본으로 진행해야 하므로 4월부터 본격적인 조사를 시작했다. 약간 빠르다는 느낌이 있었지만 등산로 입구의 마을에 도착했을 때는 이미 수선화와 빈카마이너 같은 화초들의 꽃이 만개해 있었고 현호색, 흰민들레, 줄민둥뫼제비꽃, 별꽃, 광대나물, 길마가지나무 같은 야생식물도 흔하게 만날 수 있었다. 벌써 봄이 한창이었다.

넓은 임도 길을 따라 등산로 시작 지점까지 걸음을 재촉하고 있는데 향기로운 꽃향기가 바람을 타고 코끝을 자극했다. 처음 맡아 보는 향이라 잔뜩 기대를 하면서 주인공 식물을 찾으려 했는데 쉽지 않았다. 그러다가 임도 갈림길에서 흰색 꽃이 잔뜩 달려 있는 높이 2미터 정도의 나무를 만났다. 주변 숲이 북

매실나무(전체)

사면이라 약간 어두운 상태였는데 그 앞으로 튀어나오듯 나 있는 흰색 꽃들은 우리를 어서 오라는 듯, 또는 자기를 봐 달라는 듯 도도하게 서 있었다. 산속 매실나무, 어느 누가 심었을 텐데 잘 자라서 많은 사람들을 반겨 주는 이정표 역할을 하고 있는 것이다. 봄 향기를 머금고, 등산객 모두에게 무사히 정상에 오를 수 있을 것이라 희망의 메시지를 주는 것처럼 보였다. 그 후 5월 마지막 주 다시 그곳을 방문했을 때는 튼실한 열매가 주렁주렁 매달려 있어 또 다른 매력을 엿볼 수 있었다. 불과 40여 일 만에 한해살이가 모두 끝난 셈이다. 아주 부지런한 나무 중 한 가지다. 팔봉산 조사를 몇 년 동안 하면서 가장 인상 깊었던 일로 기억하고 있다.

매실나무의 학명은 *Prunus mume*다. 속명 '*Prunus*'는 plum, 즉 자두의 라

틴명이며, 종소명 '*mume*'는 매실나무의 일본 이름 '우메(ウメ)'에서 기원되었다. 우리 이름은 매화의 열매를 뜻하는 한자어 '매실(梅實)'과 '나무'가 합쳐져 만들어졌으며, 지방에서는 매화나무라 부르기도 한다. 우리나라에서 자라는 벚나무속(*Prunus*) 식물은 23종류나 되는데 자도나무, 벚나무, 살구나무, 앵도나무 같은 친숙한 식물들이 많이 포함되어 있다. 한편 농업적인 측면에서 매실나무는 많은 품종들이 육성되어 있는데 크게는 꽃을 감상하는 관상용 매화(梅花)와 열매를 이용하는 매실(梅實) 종류로 나눈다. 관상용은 꽃 색깔과 겹꽃 여부에 따라 품종을 나누고, 열매를 사용하는 종류들은 열매 숙성시기, 크기, 신맛의 정도, 그리고 익은 정도에 따라 세분한다. 한방에서는 덜 익은 열매를 가공한 것을 오매(烏梅)라 하여 면역기능 강화, 항균작용, 그리고 소아의 복통이나 설사를 멈추게 하는 데 사용하며, 꽃은 매화(梅花)라 하여 신경과민으로 인한 소화불량이나 경부임파선 결핵을 치료하는 데 이용한다.

2007년 문화재청은 천연기념물로 지정된 매실나무 4그루를 우리나라 4대 매화로 지정해 아름다운 자연유산으로 홍보하고 있다. 강릉 오죽헌 율곡매(제484호), 구례 화엄사 들매(제485호), 장성 백양사 고불매(제486호), 순천 선암사 선암매(제488호)가 그 주인공으로 역사와 전통을 간직하고 있어 인기가 좋다. 게다가 2024년 2월에는 화엄사에 검붉은색 꽃이 피고 수령이 300년 이상이나 되는 홍매를 포함해 화엄사 매화를 '화엄매'라는 이름으로 변경하고 확대지정하면서 그 가치가 더 높아졌다. 꽃향기에 취하고, 꽃 색깔이 눈부시며, 멀리서 보고 있노라면 마음을 설레게 만드는 마술 같은 존재, 매실나무. 아무리 칭찬해도 과하지 않다.

매실나무(줄기)

매실나무(잎)

매실나무(꽃)

매실나무(열매)

매실나무는 장미과(Rosaceae)에 속하는 과일나무로 중국에서 도입되어 식재하고 있는 것으로 추정하고 있다. 높이는 5–10미터 정도이고 잎은 가지에 어긋나 달린다. 잎은 달걀을 거꾸로 놓은 모양이거나 타원형이며 길이 3.8–9.3센티미터, 너비 2.9–6.5센티미터로 끝은 위로 갈수록 점점 뾰족해지고 밑은 둥글며 가장자리에는 날카로운 톱니가 있다. 잎자루는 길이 0.9–2.3센티미터로 어릴 때는 털이 있고 위쪽에 분비샘이 있다. 꽃은 지름 2–2.5센티미터이고 색깔은 품종에 따라 흰색에서 붉은색까지 다양하며 잎보다 먼저 피고 꽃자루가 거의 없이 1–2개씩 달리는데 향기가 아주 강하다. 꽃잎은 5개 내지 여러 개이고 각각은 달걀을 거꾸로 놓은 모양이며 꽃받침조각은 5개로 둥글다. 열매는 복숭아처럼 생긴 핵과로 둥글고 지름은 2–3센티미터 정도이며 표면에 털이 밀생하고 7월에 황색으로 익는데 먹어 보면 신맛이 강하다.

40

콩과

골담초

대학 내 교양과목에 대한 전반적인 내용을 담당하는 부서인 기초교육원 원장을 하면서 함께 근무하던 조교 선생들과 만든 모임이 있다. 처음 시작은 당초 멤버인 4명이었으나 평소 친하게 지내고 넉살 좋기로 소문난 우리 학과 조교가 포함되며 몇 년 전부터는 5명이 되었다. 한 학기에 한두 번씩 만나 지나간 이야기를 나누고 소주잔을 기울이며 행복한 시간을 보내는 것이 대부분이지만 가끔 활력을 되찾아 보자는 의견 때문에 1년에 한 번 정도는 강원도를 벗어난 여행을 하자는 의견이 나와 실행에 옮겼다. 부산에서의 바다 풍경과 신선한 바다회 맛, 인천 앞바다에 있는 덕적도에서의 섬 일주 산행과 시원한 막걸리의 맛이 지금도 생각하면 입맛이 다셔질 정도로 기억난다.

2024년 11월에는 경북 영주시 일대 여행을 했다. 멤버 중 한 명이 그곳 출신이라 관광지와 가 보면 좋을 곳을 선별해 1박 2일 코스로 꾸며 준 것이다. 첫날은 죽령에서 소백산 희방사 탐방을 시작으로 무섬마을과 5일장이 열린 풍기 장터를 구경했고, 둘째 날은 유네스코 세계문화유산인 소수서원과 부석사를 돌아본 후 아는 사람만 찾아간다는 순흥면의 맛집 오징어불고기 전문점에서 늦은 점심식사를 한 후 춘천으로 돌아왔다. 이틀 동안 시간 가는 줄 모르고 즐거운 시간을 보냈는데 돌이켜 보니 머릿속에 또렷하게 남는 것은 식물 한 가지뿐이었다. 문화재로도 유명하고 의미가 있다는 서원이나 사찰을 방문해서 얻은 것으로도 충분할 것 같은데 생뚱맞게 식물이라니! 그 이유는 부석사 무량수전(無量壽殿) 위쪽에 의상대사 초상이 모셔져 있는 국보 제19호 조사당(祖師堂)이 있

골담초(부석사 조사당 선비화나무 윗부분)

골담초(부석사 조사당 선비화 전체)

는데 그 처마 밑에서 자라는 선비화(禪扉花)라는 식물 때문이다. 처음에 이름을 접했을 때는 통 감이 오질 않아 의아하기도 했었는데 실물을 보고 난 후에야 궁금증이 풀렸다. 그곳에서 선비화라 불리는 식물은 골담초였다. 조선시대 이중환의 『택리지』에 따르면 이 나무는 의상대사가 부석사를 창건한 후 도를 깨치고 천축국으로 떠나면서 꽂아 놓은 지팡이가 자란 것이라고 한다. 대사는 당나라에서 가져온 지팡이를 꽂아 놓고 '지팡이에서 뿌리가 내리고 가지와 잎이 나올 텐데 이 나무가 죽지 않으면 나도 죽지 않은 것으로 알라'고 했다 한다. 시간을 거슬러 올라가 보면 1,300여 년이나 되는 셈인데 지금도 비와 이슬을 맞지 않고도 잎과 꽃이 활짝 핀다. 이런 신비로움 때문인지 퇴계 이황 선생도 부석사에 왔다가 선비화를 보고 시를 짓기도 했다고 한다. 하지만 지금은 아쉽게도 사람 손을 타지 않도록 철망이 설치되어 있는데, 그나마 건물 옆쪽에 삽목을 통해 만든 후계목을 심어 증식하고 있어 다행이라 생각한다.

골담초의 학명은 *Caragana sinica*다. 속명 '*Caragana*'는 시베리아골담초(*C. arborescens*)의 몽골명인 qaraqan에서 유래했으며, 종소명 '*sinica*'는 중국에서 자란다는 뜻이다. 우리 이름은 뼈를 책임지는 풀이란 뜻의 한자어 골담초(骨擔草)에서 유래해 뼈와 관련된 질병에 사용한다고 해 붙여졌다. 우리나라에서 자라는 골담초속 식물은 골담초, 좀골담초, 참골담초 등 3종류로 알려져 있는데, 참골담초는 나머지 두 종류의 중간 형질을 가지고 있어 학자에 따라 인정 여부가 다르다. 좀골담초는 잎을 구성하는 소엽의 수가 12-18개로 많아 골담초와 구별된다. 한방에서는 골담초 뿌리와 꽃을 각각 금작근(金雀根)과 금작화(金雀花)라 하여 약으로 사용한다. 금작근은 신체허약으로 인한 열과 기침, 생리불순, 관절염, 타박상, 통풍 등 통증, 그리고 고혈압에도 효과가 있는 것으로 알려져 있고, 금작화는 체력 소모로 인한 열과 기침, 그리고 두통과 어지럼증을 치료하는 데 사용한다.

골담초

참골담초

골담초는 중국이 원산지로 알려져 있지만, 최근에는 경상북도와 중부 지역 산지에도 절로 나 자라는 것으로 보고되어 있다. 중국에서는 꽃이 너무 아름다워 새의 한 종류인 금계에 비유해 이름이 붙여졌고, 일본에서는 가지에 달리는 많은 꽃들을 참새가 모여 있는 것으로 비유해 특이한 이름을 가졌다. 우리나라에서는 역사와 의미를 알려 주는 상징성 있는 역할을 하니 다시 봐야겠다. 멤버들에게는 5월에 부석사에 활짝 핀 골담초 꽃을 만나러 다시 가자고 해야겠다. 여행을 통해 여러 가지 의미가 있는 것도 알게 됐으니 얼마나 아름다운지 확인차 말이다.

골담초(꽃과 잎)

골담초(열매)

골담초는 콩과(Fabaceae)에 속하는 높이 2미터 정도의 떨기나무로 가지를 많이 치며, 가지는 회갈색으로 5개의 능선이 있다. 잎은 줄기에 어긋나 달리고 4장의 작은 잎들이 모여 복엽을 구성하는데, 각각은 타원형 또는 달걀을 거꾸로 놓은 모양으로 길이 1–3센티미터, 너비 1–1.5센티미터 정도다. 잎 끝은 둥글거나 오목하게 들어가고 가장자리는 밋밋하며 표면은 광택이 있고 잎이 달리는 중심축, 즉 엽축의 끝과 탁엽은 가시로 변한다. 꽃은 5월에 황적색으로 피고 길이 2.5–3센티미터로 잎겨드랑이에서 나오는 1센티미터 가량의 꽃자루 끝에 1–2개씩 달린다. 꽃을 구성하는 가장 위쪽 꽃잎인 기판은 좁고 긴 거꾸로 된 달걀모양으로 위쪽은 황적색이고 아래쪽은 연한 황색이며, 중간 양쪽으로 나 있는 익판은 황색, 그리고 가장 아래쪽에 위치하는 용골판은 연한 황색 또는 연한 황갈색이다. 열매는 협과로 길이 3–3.5센티미터 정도의 원주형이며 9월에 익는다.

41

콩과

도둑놈의갈고리

수업이나 숲 해설을 할 때면 가끔 엉뚱한 질문에 곤혹스러울 때가 많다. 식물을 잘 아는 이들은 자기의 지식을 통해 그 내용에 대해 헤아릴 수도 있겠지만 초심자들은 궁금한 게 많기 때문에 대부분 생각나는 대로 질문을 한다. 다른 것은 둘째 치더라도 가장 질문이 많은 것은 식물의 이름에 대한 것이다. '왜 그런 이름이 붙여졌느냐'는 게 주된 내용이다. 우리나라에서 자라는 식물은 약 4천 종 정도로 알려져 있다. 그중 우리 이름에 대한 유래나 전설이 있는 것은 20% 정도에 불과하고 나머지는 대부분 일본에서 불리는 이름을 번역해 사용하고 있어 이런 사달이 난 것이다. 이런 설명을 해 주면 조금은 실망스런 표정을 짓기도 하지만 20%라도 확실하게 알고 있으면 식물을 이해하는 데 어느 정도는 충분할 거라고 기분을 북돋아 주곤 한다. 그중 한 가지로 도둑놈의갈고리를 예로 들 수 있다. 좀 우스꽝스러운 이름 같아 보이지만 이름을 풀어 보면 재미있다. '도둑놈'과 '갈고리'가 합쳐져 만들어진 이름이기 때문이다. 이 두 수체는 무슨 인연이 있을까?

도둑은 사람이고 갈고리는 끝이 뾰족하고 꼬부라진 물건으로 쇠꼬챙이 같은 쟁기의 일종으로 전혀 관련이 없어 보인다. 그런데 열매의 모양을 보면 문제가 해결된다. 열매 겉에 갈고리같이 생기고 딱딱한 부속물 같은 털이 있어 다른 물체에 잘 붙고 이 방법을 통해 씨를 퍼뜨리는 데 유용하게 사용되기 때문인데 퍼뜨리는 주체를 도둑에 비유한 것이다. 이유를 들으면 그럴듯하지만 왜 하필이면 사람에 비유했는지는, 또 그리 긍정적이지 않은 단어 '도둑'을 사용한 것

도둑놈의갈고리(군락)

인지 알 수가 없다. 그런데 열매가 익는 10월쯤 산행을 하다가 신발이나 옷에 잔뜩 붙고 피부를 자극해 상처가 생기는 경험을 해 보면 다른 동물과는 비교가 안 될 정도여서 그럴듯한 비유였다는 생각이 들기도 한다. 어쨌든 이 식물의 이름은 1937년 조선박물연구회가 우리나라 최초로 2천여 종의 식물이름을 체계적으로 정리해 출판한 『조선식물향명집』에 처음 등장하며, 한번 들으면 전혀 잊지 못할 이름인 것 같다.

도둑놈의갈고리의 학명은 *Hylodesmum podocarpum* subsp. *oxyphyllum* 이다. 속명 '*Hylodesmum*'은 숲을 뜻하는 그리스어 hyle과 띠 또는 끈을 의미하는 desmos의 합성어로 숲에서 자라고 열매가 띠처럼 생겼다 하여 붙여진 이름이다. 종소명 '*podocarpum*'은 자루가 있는 열매라는 뜻이고, 아종소명

애기도둑놈의갈고리(줄기와 잎)

애기도둑놈의갈고리(꽃과 꽃줄기)

'*oxyphyllum*'은 잎이 뾰족하다는 의미다. 우리 이름은 열매의 갈고리 같은 털이 다른 물체에 잘 붙는 것을 도둑과 갈고리에 비유해 만들어졌다. 지방에서는 도독놈의갈구리, 도독놈갈쿠리, 갈구리풀, 도둑놈의갈쿠리, 도둑놈갈구리, 갈쿠리풀이라 부르기도 한다. 우리나라에서 자라는 도둑놈의갈고리속 식물은 6종류로 모두 갈고리라는 단어가 들어 있다. 이 중 애기도둑놈의갈고리는 도둑놈의갈고리와 형태적으로 가장 비슷한데 잎이 줄기 위쪽에 모여 달리고 잎이 종잇장처럼 얇으며 꽃잎이 흰색을 띤 분홍색이어서 구별된다. 한방에서는 도둑놈의갈고리 뿌리와 지상부를 첨엽산마황(尖葉山螞蟥)이라 하여 타박상, 관절염, 요통, 유방염 치료에 사용한다.

아이들과 함께 산행을 하다가 도둑놈의갈고리 열매를 만나면 좋은 놀잇감이 된다. 열매를 서로 던져 옷에 붙게 하는 경험을 하게 하면 식물에 대한 애착도 가고 어떤 식물인가를 알게도 되어 일석이조의 효과가 있다. 실내수업보다 야외에서 하는 체험학습이 훨씬 효과적이라는 것을 보여 주는 단적인 실례이기도 하다.

도둑놈의갈고리(잎)

도둑놈의갈고리(꽃)

도둑놈의갈고리(꽃과 열매)

콩과(Fabaceae)에 속하는 여러해살이풀인 도둑놈의갈고리는 높이 60–90센티미터 정도로 줄기 윗부분에서 가지가 많이 갈라져 풍성해 보인다. 줄기는 능선이 있고 진한 자색이 돌며 뿌리는 나무처럼 딱딱한 목질이다. 잎은 3장씩 달리는 복엽으로 줄기에 어긋나 달리고 긴 잎자루가 있다. 작은 잎은 긴 달걀이나 달걀 모양으로 길이 4–8센티미터, 너비 2.5–4센티미터로 전체에 톱니가 없다. 잎자루 기부와 줄기 사이에 달리는 작은 잎 모양의 흔적잎, 즉 탁엽은 바늘처럼 뾰족하게 생긴 피침모양으로 길이는 3–7밀리미터 정도다. 꽃은 7–8월에 연한 홍색으로 피고 잎짬이나 줄기 끝에 총상꽃차례로 달려 엉성해 보인다. 꽃은 나비모양으로 3–4밀리미터로 매우 작아 멀리서 보면 붉은색 점처럼 보인다. 열매는 익으면 봉합선 2줄이 열려 종자가 튀어 나가는 협과로 5–10밀리미터 정도의 열매자루가 있다. 열매는 반달모양이며 대부분 잘록한 마디가 있어 2개씩 달리는 것처럼 보이고 끝에는 갈고리처럼 생긴 털이 있다.

42

콩과

개느삼

지금까지 경험상 한 가지 식물만을 찾으러 다녔던 기간이 가장 길었던 것을 이야기하라면 주저하지 않고 개느삼을 들겠다. 박사학위 논문재료인 잔대와 초롱꽃 종류 수집을 위해 전국 방방곡곡을 누비며 나녔던 기억도 있시만 개느삼 정도는 아니다. 그 이유를 말하자면 2003년까지 거슬러 올라가야 한다. 개느삼이 처음 알려지기 시작한 것은 함경남도 북청의 한 공원에서 이시도야(Tstomu Ishidoya)와 정태현 박사에 의해 채집된 것을 1919년 나카이(Takenosin Nakai)가 콩과의 고삼속에 속하는 특산종으로 발표했다가 키가 작고 땅속줄기로 퍼져 나가며 황금색 꽃이 피고 열매 꼬투리에 돌기가 있다는 특징으로 1923년 *Echinosophora*라는 우리나라 특산속 식물로 새롭게 발표했다. 지금은 여러 연구를 통해 다시 고삼속(*Sophora*)으로 편입돼 있지만 역사를 보면 그렇다.

그 후 1965년 이창복 박사에 의해 강원도 양구 지역에도 분포하는 것이 알려져 이목이 집중되었다. 강원도에 희귀한 식물의 분포가 알려졌으니 양구군과 가까운 춘천시에 살고 있는 우리 입장에서는 당연히 연구대상으로 떠올렸다. 게다가 지도교수께서는 평소 개느삼에 대한 관심이 많으셨다. 1985년 이미 중학교 교사로 있는 학과 제자에게 개느삼 자생지와 염색체 관련 연구를 교육학석사학위 논문으로 수행하게 했고, 그 후 이 식물과 관련된 새로운 정보가 알려질 때마다 종합적인 연구의 필요성을 역설하셨다.

결국 그 일은 고스란히 내게 넘어와 2003년에는 자생지조사 결과를 학부생 졸업논문으로, 2010년에는 분포와 자생지 환경특성 및 유전다양성분석을 통

개느삼(군락)

한 석사학위 논문으로 결실을 보게 하였다. 이 논문을 위해 우리 팀은 개느삼이 살 만한 양구군과 인근 지역을 1년 반 동안 샅샅이 뒤져 강원도 4개 시군을 추가로 포함한 총 14개 장소에 분포하는 것을 확인하였다. 분포가 처음 알려진 양구군 같은 경우는 시내를 중심으로 주변을 에워싸고 있는 나지막한 산 모두를 다녀왔으며, 식물표본을 들고 마을 경로당을 방문해 탐문조사를 병행하는 등 엄청난 노력과 시간을 투자했다. 식물애호가인 지인 찬스를 통해서도 좋은 결과를 얻었다. 어떤 분은 혼자 가면 찾지 못할 테니 일부러 시간을 내 안내해 주기도 했고, 마을에서 일어났던 일을 들려주며 그 현장에 가면 볼 수 있을 거라 이야기해 주기도 했다. 또 민통선 조사와 환경영향평가를 통해 우연찮게 발견된 장소를 좌표와 함께 알려 준 연구자도 있었다. 이 모든 정보가 종합되어 남한 지역에 분포하는 개느삼 자생지의 분포범위가 만들어졌는데, 서쪽으로 철원군 도창리, 남쪽으로 홍천군 성동리, 동쪽으로 인제군 한계리, 그리고 북쪽으로는 양구군 임당리가 된다. 지금 다시 생각해도 다들 녹초가 될 지경이었지만 그나마 다행인 것은 자생지 모두가 해발 626미터를 넘지 않고, 계곡이 아닌 능선 지역에 주로 나며, 경사도 10도 이하의 완만한 곳에서 자라 고생을 덜한 것 같다. 한여름 비지땀을 흘리며 시원한 바람이 불어와 주길 기대하던 그

때가 지금도 눈에 선하다.

개느삼의 학명은 *Sophora koreensis*다. 속명 '*Sophora*'는 아라비아어 sophera 또는 sufayra에서 유래한 것으로 식물학자 Linne가 어떤 종에 대한 아랍명을 전용한 것이며, 종소명 '*koreensis*'은 한국에서 자란다는 뜻으로 우리나라 고유종을 의미한다. 우리 이름은 고삼의 다른 이름인 느삼과 잎, 꽃 등의 형태적 특징이 비슷하다는 의미에서 유래됐으며, 다른 이름으로는 개너삼, 개능삼, 개능암, 개능함, 개미풀, 느삼나무라 부르기도 한다. 우리나라에서 자라는 고삼속(*Sophora*) 식물은 회화나무와 고삼을 포함해 3종류인데, 형태적으로는 우리 이름의 뜻처럼 고삼과 가장 비슷하다. 하지만 고삼은 여러해살이풀이고 소엽의 길이도 2-4센티미터로 커 구별된다. 한방에서는 고삼과 개느삼 뿌리를 고삼(苦蔘)이라 하여 황달, 피부가려움증, 옴이나 버짐, 열 때문에 소변을 잘 못 보고 아픈 증상에 사용한다.

개느삼

고삼

개느삼은 멸종위기야생생물 취약종에 포함되어 있고, 양구군 임당리와 한전리 자생지는 천연기념물 제372호로 지정되어 있으며, 월명리와 인제군 소치리는 각각 천연보호림과 유전자원보호림 내 희귀식물자원으로 보호되고 있지만 원예자원으로의 이용을 위한 채취, 군사시설 건설과 제초 작업, 그리고 능선 지역에서 자라는 특성상 인위적 간섭으로 인한 훼손이 우려된다. 따라서 이에 대한 적극적인 보전 대책이 필요한 것으로 판단된다. 2025년 9월 현재 개느삼을 포함하여 전 세계에서 우리나라에서만 자라는 특산식물 389종류에 대한 중요성, 아무리 강조해도 지나치지 않다.

개느삼(꽃)

개느삼(잎과 열매)

개느삼은 콩과(Fabaceae)에 속하고 높이 1미터 정도 자라는 떨기나무로 지상으로 나는 줄기와 땅속줄기의 비가 1:2.35로 주로 영양증식을 한다. 가지는 암갈색이고 털이 있으며, 잎은 줄기에 어긋나 달리는데 13-27개의 작은 잎으로 구성된 복엽이다. 작은 잎 각각은 타원형으로 길이 8-10밀리미터, 너비 7-9밀리미터로 양 끝이 둔하고 가장자리는 밋밋하며 뒷면에 흰 털이 밀생한다. 꽃은 5월에 노란색으로 피고 새 가지 끝 총상꽃차례에 5-6쌍이 달린다. 꽃을 보호하는 작은 포는 피침형으로 검은빛이 돌고 털이 있다. 꽃받침은 5개로 갈라지는데 뒤쪽에 위치하는 2개는 나머지보다 약간 작다. 꽃을 구성하며 가장 위쪽에 위치하는 기판은 뒤로 젖혀지고 가장자리와 아래에 나는 익판과 용골판은 부엌칼처럼 생겼다. 열매는 협과로 길이 7센티미터이며 표면에는 작은 돌기가 4줄로 나고, 안쪽에는 6-7개의 종자가 들어 있다.

43

소태나무과

가죽나무

산나물을 좋아하는 사람들은 기호에 따라 선호하는 종류가 다르다. 두릅나무, 음나무가 순을 이용하는 가장 일반적인 나무라면, 풀은 곤드레나물이라 부르는 고려엉겅퀴나 참나물, 곰취, 참취 등이 인기가 많다.

산나물로 유명한 강원도 평창 지역 식당을 5월 전후에 가 보면 바로 채취한 나물 재료들이 입구에 산더미처럼 쌓여 있다. 깨끗하게 다듬어 삶고, 말리고, 절이는 등 재료 손질만 해도 어마어마하다. 잘 준비해 놔야 1년 내내 산채식당 운영이 가능하기 때문이다. 요즘은 허가 없이 산나물을 채취하는 것도 법으로 금지되어 있어 소비자가 많이 찾는 종류들을 재배하는 면적도 늘어나고 있다고 한다.

산나물을 찾는 사람들이 많아지는 이유는 뭘까? 가만히 생각해 보면 건강 때문인 것 같다. 제철밥상이 최고라는 말처럼 겨울을 지내고 새봄과 함께 막 순을 내고 힘차게 올라오는 어린줄기 속에는 그동안 움츠리고 답답했던 마음과 몸에 원기를 불어넣을 수 있는 에너지와 영양분 같은 활력소가 가득 들어 있다. 그러다 보니 너도나도 건강밥상을 찾는 것이다. 그런데 산나물 모두가 좋은 향기와 단맛만 날까? 쓴맛이 나는 식물이 몸에 좋다고 했던 옛말이 있듯이 모두 그렇지는 않다. 가죽나무처럼 냄새 맡기가 겁날 정도로 고약한 향을 가진 종류가 있는가 하면, 라일락처럼 몇 시간이 지나도 혀끝에 쓴맛이 남아 있는 경우도 있다. 맛보다는 향을 더 빠르게 느낄 수 있으니 그 느낌을 가죽나무로 설명해 본다. 가죽나무는 참죽나무의 새순을 통칭하여 부르는 이름, 즉 가죽

가죽나무(6월)

가죽나무(3월)

나물 때문에 서로 혼동하는 경우가 많다.

가죽나물은 사찰에서 음식재료로도 즐겨 사용하는데 스님들이 먹는 진짜 맛있는 나물이라는 뜻으로 참죽이라 부르기도 한다. 하지만 두 종류는 중국이 원산지인 공통점은 있지만 소속부터 전혀 다르다. 참죽나무는 멀구슬나무과에 속하고 가죽나무는 소태나무과에 포함되기 때문이다.

가죽나무(꽃과 잎차례)

또 참죽나무는 중부 이남 지역에 주로 재배하지만 가죽나무는 전국적인 분포를 한다. 이 때문에 참죽나무 잎을 부각이나 장아찌로 활용하던 방법이 중부 이북에서는 가죽나무를 활용하고 있어 조금 다르긴 하지만 비슷한 맛이 나기에 가짜 죽나무란 뜻으로 가죽나무라는 이름이 붙었다.

가죽나무의 학명은 *Ailanthus altissima*다. 속명 '*Ailanthus*'는 인도네시아 몰루카(Molucca)라는 섬에서 부르는 방언으로 천국의 나무(tree of heaven)라는 의미를 가지고 있으며, 종소명 '*altissima*'는 키가 매우 크다는 뜻이다. 우리 이름은 참죽나무에 비해 쓸모가 덜하다는 뜻의 '개듕나무' 또는 '개튱나무'에서 유래했다. 지방에서는 가중나무, 개죽나무, 까중나무라 부르기도 한다. 우리나라에서 자라는 가죽나무속 식물은 가죽나무 1종밖에 없으며, 모종에 비해 잎 표면이 짙은 녹색이고 뒷면은 진한 회색이며 열매가 붉은빛이 도는 것을 붉은가죽나무라 하여 품종으로 취급하기도 한다. 한방에서는 가죽나무 뿌리껍질을 저백피(樗白皮)라 하여 이질과 혈변, 자궁출혈에 사용하고, 살충 작용이 있어 회충을 제거하고 피부 부스럼 등을 치료하는 데 효과가 있는 것으로 알려져 있다.

잎에서 나는 냄새 때문에 개인적으로 가죽나무를 좋아하지는 않지만 6월에 활짝 핀 꽃의 모습은 여느 나무에 비해 부족함이 없을 정도로 아름답다. 열매는 잎이 떨어지고 봄이 될 때까지 그대로 가지에 달려 있다. 열매를 통해 겨울에도 자기의 존재를 알리는 나무니 똑똑하기까지 하다.

가죽나무(줄기)

가죽나무(잎)

가죽나무(꽃)

가죽나무(열매)

가죽나무는 소태나무과(Simaroubaceae)에 속하는 큰키나무로 높이 10-20미터까지 자란다. 줄기껍질은 회갈색이고 잔가지들은 황갈색 또는 적갈색을 띤다. 잎은 줄기에 어긋나 달리고 각각은 13-27개의 소엽으로 구성된 복엽으로 길이 30-100센티미터다. 작은 잎은 달걀을 닮은 피침형으로 길이 6-15센티미터, 너비 2-5센티미터 정도다. 잎 끝은 점차 뾰족해지고 밑부분은 편평하며, 가장자리에는 톱니가 없지만 아래쪽에 2-4개의 불규칙한 톱니와 분비샘이 있어 냄새가 난다. 꽃은 암수딴그루에 달리고 지름 7-8밀리미터로 녹색이 도는 흰색으로 피고, 가지 끝에 10-30센티미터의 원추꽃차례를 형성한다. 꽃잎은 5장으로 길이 약 3밀리미터이며 기부에 털이 밀생하고 꽃받침은 5장으로 삼각형이다. 수술은 10개로 수꽃은 꽃잎보다 길지만 암꽃은 짧다. 열매는 날개가 달리는 시과로 3-5개가 한꺼번에 모여나는데, 각각은 피침모양으로 연한 적갈색을 띠며 길이 3-4센티미터, 너비 1센티미터로 종자가 한 개씩 들어 있다. 이 열매는 잎이 모두 떨어지고 겨울을 지나 봄이 될 때까지 가지에 그대로 매달려 있어 다른 나무와 구별하기 쉽다.

44

소태나무과

소태나무

식물분류학 과목이나 숲 해설가 양성과정을 위한 야외실습 시간에는 가능하면 많은 식물을 알려 주려고 노력한다. 학생들은 학점을 따기 위한 과정이라고 생각해 열심히 하지만 자격증을 목표로 하는 일반인들은 많은 시간을 투자해야 하고 이후에도 자격증을 활용한 사회활동을 하는 데 충분한 지식을 갖기 위해 노력한다. 어떤 분은 감히 상상도 하지 못할 자기만의 식물도감을 만들기도 하고, 어떤 분은 도전적인 질문으로 선생을 당황하게 만드는 경우도 있다. 어쨌든 접근방식은 다르지만 목표는 같으니 큰 걱정은 없다. 가르치는 입장에서는 가능한 한 쉬운 방법으로 식물에 대한 정보를 제공하려 한다. 그러려면 각각의 종과 관련된 이야기가 많은 것일수록 좋다. 또 먹을 수 있거나 약이 되는 종류도 관심의 대상이 된다. 이 중 가장 효과적인 방법을 추천하라면 당연히 먹어 보는 것이다. 특히 맛을 가지고 있는 종류들은 더 그렇다. 한 번의 경험으로 절대 잊지 않는 경우가 많기 때문이다.

예를 들면 쓴맛으로 유명한 소태나무가 있다. '소태처럼 쓰다'라는 말이 있을 정도로 진한 맛을 가지고 있다. 예전 모유 수유로 아이들을 키울 때 젖을 떼기 위해 소태나무 잎을 찧어 발랐다는 이야기를 들은 적이 있다. 얼마나 쓴맛일까를 생각해 보니 소름이 돋는다. 이 쓴맛의 정체는 나무 전체에 포함돼 있는 쿠아신(quassin)이란 성분 때문이라고 한다. 한여름 더위 먹었을 때 약으로 사용하는 익모초나 나물로 쓰는 왕고들빼기의 쓴맛과는 차원이 다르다. 그러다 보니 산속에서 이 나무를 만나게 되면 당연히 설명의 대상이 된다. 나이가 지긋

소태나무(전체)

소태나무(천연기념물 제174호) (사진: 정규영)

하신 어른들이야 예전부터 알고 있는 분들이 많겠지만 학생들은 전혀 그렇지 못하기 때문에 몇 명에게 잎이나 껍질을 조금씩 나눠 주고 먹어 보게 한다. 그러면 십중팔구는 10초도 못 버티고 뱉어내는데 가끔 쓴맛을 넘어 단맛이 날 때까지 씹다가 삼키기까지 하는 친구도 있다. 그럴 때면 독한 사람이라고 장난 어린 말을 하기도 하지만 이런 모습에 수업 분위기는 점점 화기애애해져 좋다.

1966년 1월 13일 천연기념물 제174호로 지정된 소태나무도 있다. 경북 안동시 송사동 길안초등학교 길송분교에 있는 나이 400년, 높이 14.6미터, 가슴높이둘레 5.37미터와 3.1미터인 개체다. 이 나무가 그곳에서 살게 된 이유는 알 수 없지만 주변에 팽나무, 회화나무, 느티나무 등 대형목이 함께 자라는 것으로 보아 마을을 보호하고 지켜 주던 성황림을 구성하는 나무 중 하나였기에 지금까지 자랄 수 있었던 것 같다. 성황림에 소태나무가 자라는 것도 흔치 않은

안동시 길송분교 내 소태나무 주변의 팽나무, 회화나무, 느티나무 (사진: 정규영)

만큼 잘 보존해야겠다.

소태나무의 학명은 *Picrasma quassioides*다. 속명 '*Picrasma*'는 쓴맛을 뜻하는 그리스어 picrasmon에서 유래했으며, 종소명 '*quassioides*'는 *Quassia*속과 비슷하다는 의미다. 이 속은 소태나무과에 속하고 열대 아메리카에서 자라는 떨기나무로 줄기와 껍질에서 추출한 쓴맛이 나는 액체를 활용해 향신료를 만든다고 한다. 소태나무라는 우리 이름은 '쓴나무'라는 뜻의 고목(苦木)에서 유래했으며, 지방에서는 쇠태라 부르기도 한다. 우리나라에서 자라는 소태나무속 식물은 소태나무 1종밖에 없으며, 한방에서는 나무껍질을 고목(苦木)이라 하여 강장제나 구충제로 쓰고 담낭염, 이질, 옴이나 버짐, 습진을 치료하는 데 사용하는 것으로 알려져 있다.

우리 속담에 감탄고토(甘呑苦吐), 즉 달면 삼키고 쓰면 뱉는다는 말이 있다. 쓴맛이 부정적인 의미로 사용됐지만 실제로는 건강에 도움을 줄 수 있는 성분이 많이 들어 있다고 한다. 식탁에서 자주 만나는 상추, 고들빼기, 씀바귀, 치커리 같은 종류에 포함되어 있는 락투신(lactucin), 에스큘레틴(esculetin), 치코르산(chicoric acid) 같은 성분이 좋은 예다. 소태나무도 쓴맛이라는 단어를 대표할 수 있는 주인공 식물이고, 다양한 쓰임새를 가졌으니 칭찬받기에 충분하다.

소태나무(잎과 암꽃)

소태나무(수꽃)

소태나무(열매)

소태나무(종자)

소태나무는 소태나무과(Simaroubaceae)에 속하는 작은키나무지만 흔히 볼 수 있는 것은 떨기나무 정도로 높이는 2미터 전후다. 잔가지는 적갈색이어서 원줄기와 구별된다. 잎은 줄기에 어긋나 달리는데 9–15개 정도의 작은 잎이 모여 만들어진 복엽이다. 작은 잎은 달걀을 닮은 피침형 또는 넓은 달걀모양으로 길이 3–13.5센티미터, 너비 1.9–4.7센티미터로 앞면은 윤기가 나 반들반들하다. 잎 끝은 점차 뾰족해지고 밑부분은 쐐기모양이며 가장자리에는 물결모양의 톱니가 있다. 꽃은 6월에 암꽃과 수꽃이 따로 피고, 크기는 지름 4–7밀리미터로 녹색이 돌며 8–15센티미터 정도의 산방꽃차례에 달린다. 꽃은 4–5개의 꽃잎으로 구성되며 각각은 장타원형으로 길이 3–4밀리미터다. 열매는 작은 핵과로 1–5개가 달리고 각각은 달걀모양의 원형으로 길이 5–7밀리미터로 9월에 붉은색으로 익으며, 열매 밑에는 꽃받침이 달려 있다.

45

옻나무과

붉나무

어느 가을날 단과대학 산악회에서 몇몇 교수님들과 산행을 하다가 세 가지 특징을 한꺼번에 볼 수 있는 나무를 만났다. 그 주인공은 붉나무로 오전에는 잎이 다 떨어져 줄기와 가지만 남고 붉나무라는 팻말만 붙어 있는 개체를 보면서 잎 모양과 나무에 얽힌 많은 이야기를 했었는데, 산 정상에서 내려오는 길에서는 가을철에 볼 수 있는 특징, 즉 소금 성분을 가진 흰색 물질들이 열매에 잔뜩 붙어 있고, 잎에 오배자라는 벌레집도 매달려 있는 완벽한 설명재료를 갖춘 붉나무를 만난 것이다. 이 세 가지 특징은 식물을 전공하지 않은 분들에게는 아주 생소한 특징들이어서 두고두고 잊지 않을 정보가 되도록 한 가지 한 가지를 자세히 알려 드렸다. 이참에 독자들을 위해서도 같은 설명을 해 본다.

붉나무 잎에는 우리나라에서 자라는 복엽을 가진 식물 중 잎이 달리는 중심축, 즉 엽축에 날개가 달려 있어 뚜렷하게 구별된다. 얼른 보면 병이 들어 생긴 작은 잎 조각처럼 보일 수도 있는데 엄연히 잎을 구성하는 살아 있는 조직이다. 가을이 깊어 가면 잎 전체가 붉은색으로 변해 단풍철을 알리는 대표나무 역할을 한다. 요즘은 이런 특징적인 잎과 화려한 꽃 때문인지 여러 개체를 한꺼번에 심어 가로수처럼 활용하기도 한다. 꽃이 지고 열매를 맺으면 표면에는 짠맛이 도는 하얀 가루가 붙어 있는데 이것을 이용해 음식의 간을 맞추기 위한 소금처럼 사용했다. 언젠가 텔레비전에서 붉나무 열매로부터 소금을 만들어 내는 과정을 본 적이 있다. 커다란 가마솥을 걸고 잘 익은 붉나무 열매를 잔뜩 담아 우려낸 후 장작불을 이용해 수분을 증발시켜 소금 결정체를 얻

붉나무(군락)

는 일이다. 그렇게 어려운 과정은 아닌 것 같았지만 채취부터 소금이 만들어질 때까지는 많은 노력이 필요해 보였다. 오배자라는 벌레집도 특이하다. 오배자 깍충이라는 벌레가 만든 집인데, 다른 나무도 있지만 꼭 붉나무에만 집을 짓는 것으로 알려져 있다. 그러다 보니 지방에서는 붉나무를 오배자나무라고 부르는 것이 더 일반화되어 있다. 왜냐하면 이 벌레집은 오래전부터 오배자라는 약재로 많이 활용되었기 때문이다. 잘 알아 두면 많은 것을 볼 수 있는 나무다.

붉나무의 학명은 *Rhus chinensis*다. 속명 '*Rhus*'는 그리스의 옛 이름 rhous가 라틴어화한 것이고, 종소명 '*chinensis*'는 중국에서 자란다는 의미다. 우리 이름은 잎이 붉은색으로 단풍이 든다 하여 붙여졌다. 지방에서는 굴나무, 불나무, 뿔나무, 오배자나무라 부른다. 우리나라에서 자라는 붉나무속에는 붉나

붉나무(벌레집 오배자)

무 1종만이 있으며, 이 속에는 예전부터 옻나무 종류가 같이 포함돼 있었는데 식물체가 피부에 닿으면 과민반응을 일으키고 꽃차례는 잎과 줄기 겨드랑이에 원추꽃차례로 달리며 열매는 황색 또는 흰색이고 익으면 바깥껍질과 중간껍질이 쉽게 분리되는 특징 때문에 옻나무속(*Toxicodendron*)으로 분리되었다. 한방에서 붉나무의 뿌리와 잎은 염부목(鹽膚木)이라 하여 감기로 인한 열을 내리고, 장염이나 치질 치료에 좋으며, 잎은 해독작용도 한다. 붉나무 벌레집은 오배자(五倍子)라 하는데 폐 기능이 허약해 생긴 만성 기침을 줄이고, 출혈을 멈추게 하는 효과가 있다고 한다.

설명을 하고 보니 붉나무는 버릴 것 하나 없는 전천후 나무로 생각된다. 씩씩하고 싱싱하게 등산로 옆에서 우리를 반겨 주던 멋진 모습은 10월의 가을하늘과 함께 평생 잊지 못할 추억의 선물로 남을 것 같다.

붉나무(잎)

붉나무(꽃)

붉나무(열매)

붉나무는 옻나무과(Anacardiaceae)에 속하는 작은키나무로 높이 7미터까지 자란다. 작은 가지는 황색이고 갈색 털이 밀생한다. 잎은 줄기에 어긋나 달리고 7–13개의 작은 잎으로 구성된 장상복엽으로 길이 20–40센티미터이고 6–10센티미터의 잎자루가 있으며 엽축에 날개가 있다. 작은 잎은 달걀 또는 길쭉한 달걀처럼 생겼으며 길이 7–11센티미터, 너비 4–8센티미터로 뒷면에는 갈색 털이 밀생한다. 잎 끝은 점차 뾰족해지고 기부는 둥글며, 가장자리에는 톱니가 드문드문 있다. 꽃은 암수딴그루에 달리고 길이 20–30센티미터 정도의 원추꽃차례를 만들며 갈색 털이 밀생한다. 꽃은 8–9월에 황백색으로 피고, 꽃잎은 장타원형으로 길이 2밀리미터이며 꽃받침조각, 꽃잎, 수술은 각각 5개다. 암꽃은 퇴화한 5개의 수술과 3개의 암술대가 있다. 열매는 핵과로 편구형이며 자황색 또는 백록색이고 길이 4–5밀리미터, 너비 2.5–3밀리미터이며 황갈색 털이 난다.

46

단풍나무과

당단풍나무

요즘은 식구들이 한자리에 모일 수 있는 시간이 예전에 비해 많이 줄어들었다. 막 결혼한 젊은이들은 맞벌이가 대부분이다 보니 주말이면 집안 정리하기도 바빠 자기가 좋아하는 취미 활동을 위해 할애할 시간도 모자랄 지경이다. 아이를 낳고 키우는 것은 더욱 어렵다. 자기 앞가림으로 바쁜 이런 결과가 OECD 국가들 중 출산율 꼴찌라는 오명을 갖게 됐다. 저출산율 때문에 국가적 비상상태를 선포할 지경에 이르고 있다니 무슨 말이 더 필요하겠는가. 우리 집도 별반 다르지는 않다. 오랜만에 아들 내외가 왔다. 이들 역시 맞벌이 부부다. 부모들과 함께 만난 것도 대략 3개월 정도는 지난 것 같다. 어쨌든 얼굴을 접하면 서로 잘해야겠다는 생각이 먼저 들고 그러다 보니 반가움에 시간 가는 줄 모르고 밤새 담소의 꽃을 피운다. 느지막이 아침식사를 하고 커피를 마시러 동네 카페로 갔다. 새로 생긴 곳이라 특별행사로 모든 음료값을 50%로 한다는 소릴 들었던 장소다. 먼저 아내와 왔을 때는 밖에 있는 테이블에 앉아 솔솔 불어오는 봄바람을 맞으며 시간을 보냈었는데 7월은 장마철이고 온도와 습도가 높다 보니 밖에 앉을 엄두가 나질 않았다. 우리는 시원하고 밖을 내다볼 수 있는 조망이 좋은 곳을 선택한 후 도란도란 이야기를 나누었다. 한참이 지났을까 내 눈에는 창밖으로 보이는 바깥 풍경 중 나무의 모습이 들어오기 시작했다. 특별히 다르다는 생각은 하지 않았는데 뭔가 달라 보이는 나무가 있었다. 그곳은 가로수로 심겨 있는 이팝나무가 몇 그루 보이고 인도와 카페 경계를 위해 만들어 놓은 나무 데크 중간중간에 3-4미터쯤 되는 나무들이 심겨 있고 그 아래

당단풍나무(글 속 카페 앞)

에 테이블이 놓여 있었다. 나무 종류들은 산수유, 단풍나무, 꽃사과 등이었는데 그 중간에 당단풍나무 한 그루가 서 있는 것이었다. 다른 종류들은 모두 약용, 관상용 또는 원예용으로 재배하는 것들인데, 당단풍나무는 산림지역에서 쉽게 만날 수 있는 나무로 우리나라에 절로 나 자라는 것이어서 카페 분위기와 어울리지 않는 식물로 보였다. 집으로 가면서 그곳에 있는 나무들이 모두 우리나라 자생식물이었다면 얼마나 더 좋았을까 하는 생각을 했다. 어쨌든 오랜만에 만난 아들 내외 덕분에 새로운 것을 만날 수 있어서 좋았다.

당단풍나무의 학명은 *Acer pseudosieboldianum*이다. 속명 '*Acer*'는 '길다' 또는 '크다'는 뜻의 아카드어 arku에서 만들어져 유럽에 자생하는 단풍나무 *Acer campestre*의 라틴어에서 유래했으며 갈라진다는 의미로 잎의 특징을 설명한 것이고, 종소명 '*pseudosieboldianum*'은 가짜 또는 유사하다는 뜻의 *pseudo*와 일본 식물을 연구한 Siebold의 이름에서 유래된 *sieboldianum*의 합성어로 우리나라에 자라지 않는 *Acer sieboldianum*이라는 식물과 비슷하다는 뜻이다. 우리 이름은 한자명 '당단풍(唐丹楓)'에서 유래되었으며 상대적으로 더 북쪽에서 자라는 단풍나무라는 뜻에서 붙여졌다고 한다. 우리나라에서 자라는 단풍나무속(*Acer*) 식물은 13종류로 당단풍나무와 가장 비슷한 것은 단풍나무인데, 단풍나무는 잎자루, 꽃줄기, 열매, 잎 뒷면에 털이 없고 잎은 5-7개로 갈라져 당단풍나무와 구별된다. 한편 당단풍나무는 열매 형태, 크기, 잎이 갈라지는 정도에 따라 많은 변종들이 보고되었는데 현재는 연속적인 변이로 취급되어 한 종으로 인정되고 있다. 한방에서의 용도는 알려진 것이 없다.

단풍나무 종류들은 원예종으로 개량되어 만들어진 품종들이 아주 많다. 색깔도 요란하고 잎의 갈라짐 정도도 천차만별이지만 가장 아름다운 모습은 야생에서 자라는 종류인 것 같다. 인위적인 모습이 보이지 않기 때문이다. 우리나라 내륙 지역에서는 당단풍나무가 가장 많이 갈라지는 잎을 가졌다. 갈라진 잎 조각들도 편안함을 준다. 자라는 곳도 전국이라고 하니 진정한 의미의 단풍나무가 아닌가 한다.

당단풍나무

단풍나무

당단풍나무(줄기)

당단풍나무(잎)

당단풍나무(꽃)

당단풍나무(열매)

당단풍나무는 단풍나무과(Aceraceae)에 속하는 큰키나무로 높이는 8미터 정도 자란다. 줄기껍질은 회색이며 어린가지에는 흰색 털이 빽빽하게 나지만 차차 없어지고 밀가루 같은 흰가루로 덮여 있다. 잎은 마주나 달리고 동그랗게 생겼으며 길이 6-10센티미터로, 9개 또는 드물게 11개로 깊게 갈라져 손바닥처럼 보인다. 잎 아랫부분은 심장모양으로 파이고 갈라진 끝부분은 뾰족하며 가장자리에는 겹톱니가 있다. 어린잎은 털이 있고 붉은색을 띠지만 자랄수록 털은 없어지고 녹색으로 변한다. 꽃은 5월에 홍자색으로 피고 가지 끝에 10-20개의 꽃이 모여 산방꽃차례를 만드는데 그중 2-3개만이 암술과 수술을 모두 가지고 있는 양성화다. 열매는 9-10월에 익는데 날개가 달린 시과로 길이는 2센티미터 정도이며 꽃자루 하나에 2개가 70도 각도로 붙어 나고 끝은 둥글다.

47

단풍나무과

복자기

가을 단풍은 사람들을 밖으로 나오게 만드는 원동력이 되는 것 같다. 흔히 볼 수 있는 단풍나무 종류들은 한 장의 잎으로 만들어진 단엽이 많다. 잎이 갈라지는 개수에 따라 쉽게 구별되는 신나무, 고로쇠나무, 단풍나무, 당단풍나무, 섬단풍나무는 식물 설명을 할 때 꼭 짚어 주어야 하는 나무들인데 외우기도 쉽다. 각각 3, 5, 7, 9, 11-13개로 갈라지기 때문이다. 사는 곳도 울릉도에서만 자라는 섬단풍나무와 남부지방에서 주로 볼 수 있는 단풍나무를 제외하면 나머지 종류는 계곡성인 고로쇠나무, 강원도와 경기도 이북 지역 산지에서 주로 자라는 만주고로쇠, 낮은 곳의 습지를 좋아하는 신나무, 그리고 우리나라 우점 숲 구성종인 신갈나무나 소나무림의 작은키나무 층을 대표하는 당단풍나무로 구별된다. 만약 단풍나무 종류만으로 단풍이 든다면 해발고도가 높은 곳에서 낮은 곳으로, 북쪽에서 남쪽으로 가면서 모든 종을 만날 수 있을 것 같다.

우리나라에서 자라는 단풍나무속 식물 중 복엽인 종류도 있다. 자생하는 것으로만 보면 복자기와 복장나무 2종류뿐이다. 요즘은 야생에서 자라는 것보다 가로수나 관상용으로 많이 심겨 있는 것이 붉은색과 노란색으로 물드는 단풍 때문에 더 인기다. 이 식물에 대해서는 잘 몰랐던 정보 때문에 한동안 많은 공부를 했다. 대부분 암그루와 수그루가 따로 있기 때문이다. 자주 가는 강원도 정선의 한 골짜기는 계곡 주변으로 복자기가 군락으로 자라는 곳이다. 예전부터 알았던 곳인데 별 관심이 없었을 때는 당연히 꽃도 많이 피고 열매도 풍성하게 달릴 것이라 생각했었다. 그런데 식물지 사업의 일환으로 복자기를 연

복자기(원주 치악산 부곡 탐방로 도로변 단풍)

신나무

고로쇠나무

만주고로쇠

단풍나무

당단풍나무

섬단풍나무

구 대상 종으로 배정받아 자세히 들여다보았더니 열매를 맺는 개체가 몇 안 되었다. 대부분 수꽃이 피는 개체들이었던 것이다. 다른 지역에서도 상황은 마찬가지여서 외부형태형질 측정을 위한 표본을 확보하는 데 애를 먹었던 기억이 있다. 자세히 보아야 아름답고 예쁘다고 했던가! 확실하고 정확한 관찰이 필요하다는 것을 새삼 느꼈던 일이었다.

복장나무(잎)

복자기의 학명은 *Acer triflorum*이다. 속명 'Acer'는 단풍나무의 라틴명으로 갈라진다는 뜻이고, 종소명 '*triflorum*'은 3개의 꽃이 달린다는 의미로 꽃차례의 특징을 표현한 것이다. 우리 이름은 털이 있는 3출엽의 모양이나 겨울눈과 열매 표면에 털이 밀생하는 모습이 털이 뽀송하게 난 노루나 사슴을 뜻하는 '복쟉이' 또는 '복쟝이'를 닮았다는 뜻에서 유래한 것으로 추정한다. 지방에서는 가슬나무, 개박달나무, 기슬박달, 까치박달, 나도박달, 산참대, 젓털복자기라 부르기도 한다. 우리나라에서 자라는 단풍나무속(*Acer*) 식물은 10종류가 있으며, 복자기와 형태적으로 가장 비슷한 복장나무는 잎과 잎자루에 털이 없고 잎 가장자리 톱니가 전체에 고르게 분포하며 꽃은 꽃차례에 3~5개씩 달려 차이가 있다. 한방에서는 복자기의 수액(樹液)을 삼화축(三花槭)이라 하여 해수와 천식으로 가래가 생겼을 때 사용한다.

복장나무(수꽃)

얼마 전 아버지를 모시고 치악산 자락 부곡 탐방로 방향으로 드라이브를 간 적이 있다. 횡성군 강림면 쪽인데 길 주변에 심어 놓은 복자기와 산자락에서 절로 나 자라는 당단풍과 신나무단풍이 장관을 이뤘다. 아버지는 이 모습을 이렇게 표현하셨다. '자연이 만들어 놓은 최고의 걸작'이라고, 팔순 노인의 말이다.

복자기(잎과 꽃)

복자기(열매)

복자기는 단풍나무과(Aceraceae)에 속하며 30미터 정도 자라는 큰키나무로 줄기껍질은 회백색이고 가지는 붉은색이다. 겨울눈은 달걀모양이며 검은색이다. 잎은 줄기나 가지에 마주나 달리고 5센티미터 정도의 긴 잎자루에 3장의 작은 잎으로 만들어진 복엽으로 어릴 때는 털이 밀생하지만 자라면서 떨어진다. 3장의 잎 중 가운데 있는 것은 맥을 중심으로 좌우대칭이지만 좌우측에 붙어 있는 잎들은 비대칭이어서 구별된다. 작은 잎 각각은 긴 타원형 또는 타원모양의 피침형으로 길이 6–8센티미터, 너비 3–3.5센티미터로 표면에 털이 드문드문 나고 뒷면 맥 위에는 강한 털이 달린다. 잎 끝은 뾰족하고 가장자리에는 중간 이상에 2–4개의 큰 톱니가 있다. 꽃은 4–5월에 황록색으로 피고 가지 끝 산방꽃차례에 3개씩 달리며 꽃자루에는 갈색 털이 있다. 수꽃은 9–12개의 수술, 5장의 꽃잎과 꽃받침으로 구성되고, 암술은 흔적만 있다. 암술과 수술 모두가 들어 있는 양성화는 수꽃과 비슷하지만, 수술이 10–12개이고 끝이 2개로 갈라진 암술 1개가 있어 다르다. 열매는 날개가 달린 시과로 회백색이며 털로 덮여 있다. 길이는 5센티미터 정도로 종자 2개가 붙어 나란히 벌어지고 9–10월에 익는다.

48
노박덩굴과
회잎나무

겨울에는 주로 저장 음식으로 밥상이 차려진다. 배추나 총각무로 담근 김장 김치는 단골 메뉴로 보이지 않으면 섭섭하고, 거기에 시원한 동치미나 고들빼기김치와 파김치가 함께한다면 다른 반찬이 필요 없을 정도로 진수성찬이 된다. 피자나 햄버거에 익숙한 세대들에게는 어림없는 얘기일지도 모르겠지만 적어도 나이 60인 우리 세대는 그랬다. 그러나 실망할 필요는 없다. 교양수업 시간에 햄버거와 된장찌개를 놓고 점심 메뉴를 선택하라 했더니 80% 이상은 된장찌개를 선택했다. 어쩔 수 없는 한국 사람이다.

저장 음식이 차지했던 겨울철 식탁은 봄이 되면 이야기가 달라진다. 산나물을 뜯고 달래를 캐러 친구들과 산과 들로 함께 다녔고 채취한 재료들은 어머니 손맛으로 버무려져 몇 배로 맛있는 봄나물 반찬이 됐다. 밭 한가운데 땅을 파고 묻었던 항아리 속 반찬에서 신선함이 돋보이는 싱싱하고 윤기 나는 반찬들로 대치되는 것이다. 나물로 이용하는 풀 종류들은 데치거나 삶아서 무쳐 한두 접시 담아 낼 수 있다. 하지만 잘못하다간 하루 종일 뜯어온 나물 맛을 제대로 못 볼 때도 있다. 그만큼 재료의 양이 많아야 하는데 큰 군락으로 자라는 종류라면 별 문제 없겠지만 어쩌다 한두 개체가 보이는 정도라면 턱없이 부족하다. 어른이 돼서는 재미 삼아 다니므로 양에 상관없이 추억을 되살릴 수 있지만 어렸을 때는 친구와 은근히 경쟁심이 생겨 지기 싫은 마음에 더 열심히 나물 채집에 열을 올렸던 것 같다.

나무 종류는 좀 달랐다. 몇 년 잘 자란 나무 한 그루를 만나면 한 자루 정도는 쉽게 채울 수 있었기 때문이다. 나무에서 봄나물 재료를 얻으려면 줄기나 가지에서 올라오는 새순을 채취하는 것이 대부분이다. 두릅이나 개두릅처럼 올라오는 순 하나하나 전체를 식용으로 이용하는 종류가 있는가 하면 홋잎나물같이 줄기나 가지에서 많은 잎눈이 자라 막 올라온 어린순을 훑어내 삶은 뒤 식용으로 하는 것도 있다. 두릅이나 개두릅은 워낙 널리 알려진 것이어서 다른 설명이 필요 없지만 홋잎나물은 좀 다르다. 지금은 5일장 같은 전통시장에나 가야 할머니들이 뜯어다 파는 이 나물을 만날 수 있을 정도니 점점 잊혀 가는 민속식물이 아닌가 싶다. 홋잎나물은 회잎나무의 어린순을 이용한 나물을 말한다. 산을 높이 올라갈 필요도 없이 야산 근처 산기슭에 가면 쉽게 만날 수 있는 종류여서 흔한 나물로 사용되었던 것 같다.

회잎나무(전체)

회잎나무 근처에는 항상 화살나무가 있다. 회잎나무와 형태가 같지만 가지에 코르크 질감의 날개가 2-4줄로 달린다는 것이 차이점이다. 역시 어린잎을 식용으로 사용하지만 요즘 화살나무는 관상용으로 활용도가 더 높다. 울타리용 경계수나 몇몇 개체를 한꺼번에 심어 화단을 빛나게 하는 감초 역할을 하기 때문이다. 화살나무는 우리나라 나무 중 줄기와 가지에 날개가 있는 몇 안 되는 종류여서 특이한 인상을 주고 날개는 약재로도 쓴다니 쓰임새가 많은 종류다.

회잎나무의 학명은 *Euonymus alatus* for. *ciliato-dentatus*이다. 속명 '*Euonymus*'는 유럽회나무(*E. europaeus*)의 고대 그리스명으로 좋은 이름이란 뜻의 고대 그리스어 euonymon에서 유래했으며, 종소명 '*alatus*'는 날개가 있다는 뜻으로 줄기나 가지에 발달하는 날개의 특징을 설명한 것이고, 품종소명 '*ciliato-dentatus*'는 *ciliatus*(가장자리에 털이 있는)와 *dentatus*(뾰족한 톱니가 있는)의 합성어로 잎 가장자리에 예리한 톱니가 털처럼 나 있는 것을 표현한 것이다. 우리 이름은 같은 속에 속하는 회나무의 잎을 닮았고 맛도 비슷해 붙여진 이름이라고 한다. 지방에서는 회닙나무, 회나무, 횟잎나무, 회닢나무, 좀회나무, 좀화살나무, 좀회잎나무, 흰잎나무라 부른다. 우리나라에서 자라는 화살나무(*Euonymus*)속 식물은 14종류로 화살나무에 비해 날개의 존재 여부와 잎 뒷면 털의 특징을 중심으로 많은 변종과 품종이 만들어져 있지만 인정 여부는 학자에 따라 다르다. 한방에서는 화살나무, 참빗살나무, 회잎나무, 좀화살나무, 버들회나무, 나래회나무의 가지와 날개를 귀전우(鬼箭羽)라 하여 약으로 사용하는데 진정작용, 혈압과 혈당 강하, 관상동맥의 혈류량 증가 등에 효과가 있고, 민간에서는 항암 치료제로 활용하는 것으로 알려져 있다.

화살나무

회잎나무와 화살나무는 봄이면 입맛을 돌아오게 만드는 봄나물로, 여름이면 싱그러운 녹색 잎으로, 가을이면 붉게 물드는 단풍으로, 그리고 낙엽이 지고 겨울로 들어서면 붉은색 열매로, 마치 4계절을 알려 주는 대표나무 같은 역할을 한다. 예전부터 우리 근처에 있으면서 티 내지 않고 잔잔한 감동을 주는 나무로 생각해도 무리가 없을 것 같다.

회잎나무(줄기)

회잎나무(잎)

회잎나무(가지와 꽃)

회잎나무(열매)

회잎나무는 노박덩굴과(Celastraceae)에 속하는 떨기나무로 새 가지는 녹색을 띤다. 잎은 마주나고 달걀을 거꾸로 놓거나 거꾸로 된 피침모양으로 길이 3.6–6.9센티미터, 너비 1.5–3센티미터이고, 0.9–3밀리미터의 짧은 잎자루가 있다. 잎 앞면은 녹색이고 뒷면은 회녹색이며 털이 약간 있고 양 끝은 뾰족하며 가장자리에는 날카로운 톱니가 있다. 꽃은 황록색으로 5–6월에 피고 지름 4.4–8.7밀리미터 정도로 잎겨드랑이에 취산꽃차례로 달린다. 꽃잎, 꽃받침조각, 수술은 각각 4개이며 암술에는 1–2개의 씨방이 있다. 열매는 익으면 배봉선이 열리는 삭과로 10월에 성숙하며 아구형으로 길이 4.2–6밀리미터, 너비 3–4.3밀리미터다. 종자는 열매당 1–4개가 들어 있으며 황적색 종자옷, 즉 종의에 싸여 있고 색깔은 흰색이다.

49

노박덩굴과

사철나무

처남은 초등학교 교장이다. 일찌감치 교직에 입문하여 열심히 근무한 결과 그다지 늦지 않은 나이에 교장이 됐다. 명절이나 가족모임 때 학교 이야기를 들어 보면 예전과는 많이 다름을 느끼지만 아이들의 순수함만은 똑같은 것 같다. 처남은 우리나라 역사에 대해 관심이 많다. 역사학자는 아니지만 스스로 공부를 통해 많은 내용을 꿰뚫을 정도로 해박한 지식을 가졌다. 처가 식구들과 함께 한양도성의 자취를 찾아 걷게 된 것도 처남 덕분이다. 우연찮게 이야기를 나누다가 한양도성과 관련된 알려지지 않은 일들이 많다는 것을 알게 됐고 이참에 한번 돌아보자는 것에 모두 동의했기 때문이다. 문화해설가라 해도 손색이 없을 정도의 전문성을 가진 처남의 설명에, 주변의 푸나무들 이야기를 더하면 지루하지 않아 좋을 것 같았다. 그래서 처남매부지간 부부들이 도성을 걸으며 함께 시간을 보내는 것에 가장 큰 의의를 두고 2번에 나눠 행사를 진행하기로 했다. 첫 번째는 숭례문에서 시작해 인왕산, 창의문, 숙정문을 지나 혜화문까지 이어지는 경로였고, 두 번째는 혜화문에서 출발해 낙산공원, 흥인지문, 광희문, 남산을 넘어 다시 숭례문으로 돌아오는 여정이었다. 역사적인 면에서 가장 인상 깊었던 것은 도성을 쌓기 위해 농한기에 방방곡곡의 백성들이 동원됐다는 것과 구간 구간이 일종의 책임시공제로 진행됐다는 것이었다. 이런 것을 알려 주는 지역명, 직책, 성명 등이 쓰여 있는 축성기록과 '각자성석'으로 불리는 표지석이 한양도성에만 297개가 전해진다 하니 이 성을 쌓기 위해 얼마나 많은 이들의 노고가 있었을지 감히 상상이 가질 않았다.

사철나무(전체)

사철나무(광희문-남산 성곽)

잘 정비된 길 주변 식물도 성곽과 어울리는 모습을 연출하였다. 산길에서는 소나무가, 도심 지역 화단에서는 남천, 쉬땅나무, 벌개미취 등이 계절의 특색을 뽐내고 있었다. 또 줄사철나무가 성곽 아랫부분을 스멀스멀 기어가며 자라듯 군락을 이루고 있는 곳도 있었다. 식물을 전공하는 입장에서 이번 여행 동안 가장 인상 깊은 만남은 사철나무였다. 광희문을 지나 남산 쪽으로 향해 가는 둘레길 가장자리에서였는데 높이가 6미터나 되는 큰 나무였기 때문이다. 야생이든 관상용이든 사철나무는 2-3미터 정도의 떨기나무 형태로 자라는 것이 대부분인데 이렇게 크게 자란 것은 난생처음이라 더 놀랐다. 가만히 살펴보니 아래쪽에는 줄기가 잘려 나간 그루터기 한 개가 더 있었고 둘레도 30센티미터는 되는 것 같았다. 옆에 잘 자라고 있는 줄기도 누군가 전정을 통해 관리하는 것처럼 보여 오랫동안 사람들에 의해 보호받고 있음을 직감할 수 있었다. 기분 좋은 만남 때문에 남은 거리는 아주 쉽게 걸을 수 있었다.

사철나무의 학명은 *Euonymus japonicus*다. 속명 '*Euonymus*'는 좋은 이름이란 뜻의 고대 그리스어 euonymon에서 유래했으며, 종소명 '*japonicus*'는 일본에서 자란다는 뜻으로 처음 발견된 지역을 의미한다. 우리 이름은 사계절 내내 푸른 나무라는 뜻에서 유래했다. 지방에서는 개동굴나무, 겨우사리나무, 긴잎사철나무, 넓은잎사철나무, 동청목, 들쭉나무, 들축나무, 무른나무, 무른사철나무, 푸른나무 등 다양하게 불린다. 우리나라에서 자라는 화살나무속(*Euonymus*) 식물은 14종류 정도가 있다. 이 중 사철나무와 형태적으로 가장 비슷한 종류는 전라남도 거문도 지역에서 자라는 섬회나무인데 열매가 동그랗지 않고 각이 져 있어 구별된다. 한방에서는 사철나무 뿌리를 조경초(調經草)라 하여 생리불순과 생리통에 사용한다.

사철나무는 우리나라 중남부 지역 해안가와 산지 경사진 곳에 절로 나 자라지만 도심에서는 아파트나 상가건물 경계수로 많이 이용된다. 몇 년 전 고향집에도 사철나무를 심어 울타리를 만들었는데 이젠 제법 정착해 1년에 한두 번 정도는 웃자란 가지를 잘라 줘야 할 정도여서, 오래된 담장을 없애고 대신 심은 것이라 잘한 선택이란 걸 새삼 느낀다. 요즘은 잎 색깔에 따른 사철나무 원예품종도 많이 만들어져 앞으로 어떤 장소를 예쁘게 단장시켜 줄지 활약도 기대된다. 한편 독도의 식물분포 구조에는 사철나무가 하나의 군락을 형성하고, 동도 천장굴 위쪽에는 100년 이상 된 개체가 자란다고 한다. 높이 50센티미터, 뿌리 근처 둘레 25센티미터, 그리고 수관 둘레가 7미터 정도라고 하는데 독도에서 자라는 나무 중 가장 오래된 것으로 알려져 있어 2012년 10월 5일 천연기념물 538호로 지정되었다. 아직까지 그곳을 가보지는 못했지만 늘푸른나무이고, 오랫동안 버텨 온 역사도 있으니 항상 독도를 지켜 주는 수호꾼으로 믿고 싶다. 또 충남 서산시 간월암에 있는 무학대사 지팡이가 자란 수령 250년의 사철나무는 역사의 산증인처럼 잘 자라고 있다. 사철나무의 위대함이다!

사철나무(잎과 꽃)

사철나무(열매)

사철나무는 노박덩굴과(Celastraceae)에 속하는 늘푸른 떨기나무로 높이는 3미터에 달하고 줄기는 밋밋하며 새로 나온 가지는 녹색을 띤다. 잎은 마주나 달리고 뻣뻣하며 타원모양으로 길이 3–7센티미터, 너비 3–4센티미터 정도다. 잎 앞면은 윤채가 나 반짝이고 끝은 뾰족하거나 둔하며 가장자리에는 둔한 톱니가 있고, 잎자루는 5–12밀리미터다. 꽃은 녹백색으로 6–7월에 피며 잎짬에 취산꽃차례로 달리고 2–5센티미터 정도의 편평한 꽃자루에 많은 꽃이 밀생한다. 열매는 삭과로 편구형이며 길이 7–9밀리미터로 굵은 콩알만 하고 10–11월에 엷은 홍색으로 익는데 성숙하면 4개로 갈라지고 안쪽에는 적황색 종자옷, 즉 종의에 싸여 있는 흰색 종자가 들어 있다.

50

회양목과

회양목

점심을 먹고 건물 주변을 산책하다가 반가운 일이 생겼다. 화단을 경계로 심어 놓은 회양목에 꽃이 핀 것을 본 것이다. 워낙 많은 개체가 심겨 있어 거기서 거기지만 그중에서도 가장 빨리 꽃이 피는 개체가 모여 있는 곳은 따로 있는데 올해도 마찬가지였다. 햇빛이 잘 들고 주변에 큰 나무가 없는 말 그대로 전형적인 양지쪽에 자리 잡은 개체들이다. 어떻게 알고 찾아왔는지 바쁘게 움직이는 몇 마리의 벌들을 볼 수 있었고, 뒷다리에 모아져 매달려 있는 꽃가루 뭉치를 보면서 얼마나 부지런한지를 헤아릴 수 있었다. 올해 처음 꽃과 벌이 함께하는 모습을 본 것이라 설레기도 했다. 옆에서 자라는 산수유의 노란색 꽃망울과 털로 덮여 있던 겨울눈 껍질이 벗겨지면서 하얀 꽃봉오리를 살짝 보여 주며 꽃 필 준비를 하는 백목련이 함께 어우러져 분위기가 한층 더 멋들어져 보였다.

회양목에 대해서는 매년 아쉬움도 있었다. 작년에 웃자라 삐죽이 튀어나와 있는 가시 때문인데 회양목의 역할이 화단과 주변을 경계 짓는 경계목 역할이므로 모양을 단정하게 만들어야 한다는 이유 하나만으로 꽃이 핀 것과 상관없이 기준보다 벗어난 높이의 가지들이 잘려 나가면서 마디나 가지 사이에 피어 있던 꽃도 함께 수난을 당하는 것이다. 꽃이 바닥에 떨어져 나뒹굴고 있는 모습을 보면 마음 아프기도 하지만 그래도 전체를 없애지 않았다는 것을 위안으로 삼으며 위로하곤 했었다.

대학 1학년 때 일반생물학 실험 시간에 잎 내부 조직의 관찰을 위한 실험재료로 회양목을 사용한 적이 있다. 수수깡 끝을 세로로 나누고 갈라진 사이에

회양목(석회암지대 자생지)

잎을 넣은 후 면도칼로 최대한 얇게 잘라 낸 후 사프라닌(Safranin)이라는 염색약으로 염색해 현미경으로 관찰하는 것이었다. 두껍게 잘린 부분은 투박해 잘 보이지 않았지만 얇은 부분은 염색약 침투도 쉽고 현미경에 올려도 빛이 잘 투과돼 표피세포, 책상조직, 해면조직, 관속조직 등 원하는 구조의 관찰이 가능했다. 가끔 서두르다 면도칼에 손을 다친 일도 있고 몇 시간을 잘라도 제대로 된 조각을 찾지 못해 고생했던 적도 있었다. 요즘은 실험조교가 일정 시간이 지나도 실험재료가 제대로 만들어지지 않으면 영구 프레파라트라 부르는 이미 만들어진 생물조직표본을 학생들에게 제공해 주고 관찰하게 한다고 한다. 시간의 흐름이 이런 편리함마저 가져온 것이다. 좋은 세상이다.

회양목을 야생에서 만나기 위해서는 석회암지대로 가야 한다. 그곳에서 자라는 개체들은 키가 2미터 이상 크기도 하고 줄기 직경도 7–8센티미터 정도는 된다. 특히 큰 바위로 이루어진 산악 지형 석회암지대를 가면 아슬아슬한 바위틈에서 자라는 모습이 신기하기만 하고 다양한 높이의 많은 개체들이 숲을 이루듯 분포해 이국적이다. 그런가 하면 강원도 삼척시 신기면에 위치한 환선굴 근처에서는 소나무 숲 안쪽으로 나 있는 등산로 주변에 높이 3미터 이상 되는 회양목 수십 개체가 마치 울타리로 심어 놓은 듯 자라고 있는 것을 본 적도 있었는데, 그곳의 회양목들은 도심 지역에 식재한 것과 비교하면 전혀 다른 종류라는 생각이 들 정도였다.

회양목의 학명은 *Buxus sinica* var. *insularis*다. 속명 '*Buxus*'는 그리스어 pyxos(상자)에서 유래한 것으로 이 속에 속하는 식물로 작은 상자를 만들었다는 것에서 붙여진 이름이며, 종소명 '*sinica*'는 중국에 있다는 뜻이고, 변종소명 '*insularis*'는 섬에서 사란나는 의미다. 우리 이름은 중국에서 진래된 한자명 황양목(黃楊木)에서 온 것으로 발음이 '화양목'을 거쳐 '회양목'으로 변한 것이다. 지방에서는 고양나무, 도장나무, 회양나무, 긴잎회양목, 섬회양목이라 부르기도 한다. 우리나라에서 자라는 회양목속 식물은 회양목 1종뿐인데 잎의 형태와 털의 분포에 변이가 심해 다양한 변종과 품종이 만들어지기도 했다. 최근에는 일본에서 도입된 좀회양목이 정원이나 화단에 식재되고 있는데 회양목에 비해서는 가지와 잎에 털이 없고 잎 가장자리가 거의 뒤로 말리지 않아 구별된다. 한방에서는 회양목의 종자와 뿌리를 황양목이라 하여 약으로 쓰는데 종자는 배와 팔다리의 통증과 타박상에, 뿌리는 뼈와 근육의 통증, 그리고 안구충혈에 사용한다.

요즘은 문서에 자필로 사인하는 문화가 정착하고 있다. 도장을 찍던 시대가 지나가는 것이다. 특별한 날 옥이나 비싼 나무에 이름을 새긴 멋진 도장을 선물했던 때도 있었는데 이젠 추억이 돼 버린 것 같다. 급하게 필요할 때 막도장을 새겨 사용하기도 했었는데 그 도장 재료가 회양목 줄기라는 사실은 알고 있는지. 점점 잊혀 가는 일이지만 식물 전공자 입장에서는 아쉬움이 더 크다.

회양목(줄기)

회양목(잎과 꽃)

회양목(열매)

회양목(종자)

회양목은 회양목과(Buxaceae)에 속하는 늘푸른 떨기나무 또는 작은키나무로 높이 7미터까지 자라고 작은 가지는 녹색으로 네모지며 털이 있다. 잎은 마주나 달리고 뻣뻣하며 타원형 또는 달걀을 거꾸로 놓은 모양으로 길이 1.2-1.7센티미터, 너비 0.7-1.1센티미터이고, 털이 있는 짧은 잎자루가 있다. 잎 끝은 둔하거나 오목하고 밑은 뾰족하며 가장자리는 톱니가 없고 뒤로 젖혀지며 뒷면은 황록색을 띤다. 꽃은 연한 황색으로 가지 끝이나 잎짬에 몇 개씩 모여난다. 수꽃은 1-4개의 수술과 씨방 흔적이 있고, 암꽃은 3개의 암술머리가 있는 삼각형 모양의 씨방이 있다. 열매는 익으면 배봉선이 터지는 삭과로 달걀모양이며 길이 1센티미터이고 끝은 뿔처럼 3부분이 돌출되어 있다. 익으면 3갈래로 갈라지고 안에는 검은색 종자가 들어 있다.

51

갈매나무과

헛개나무

산행이며 운동이며 활동하다 몸이 피곤해지면 목욕을 하거나 술을 마시는 등 사람마다 다양한 방법으로 피로 회복을 한다. 식물조사 때문에 산행을 많이 하는 특성상 하루 일을 마무리할 때면 간단히 소주 한잔을 기울이며 그날의 성과와 잘된 일, 잘못된 일들에 대해 토론하고 다음 날의 파이팅을 외치며 하루를 정리하는 것이 통상적인 일이다. 그런데 과유불급이란 말처럼 지나치게 마셔 그다음 날 일에 방해가 되는 날도 있다. 혼자 조사를 가는 경우는 거의 없고 학생들과 함께하기 때문에 서로 조심하기는 하지만 그 생각을 잠시 내려놓을 때가 있다는 말이다. 간밤의 술자리 여파로 아직 서로가 부끄러울 때는 서로를 챙겨 주는 것이 가장 좋은 방법인 것 같다. 이른 아침 편의점으로 가서 마실 음료를 챙기는 것이다. 요즘은 음료에 대한 선택의 폭도 넓어졌다. 갈증이 생겼을 때, 운동이 끝났을 때, 피로감이 느껴질 때, 또 심지어는 숙취 해소를 위한 음료까지 다양하다. 어젯밤 술을 마셨으니 숙취 음료가 제격이다. 상표에는 서로의 상품을 선전하기 위한 문구가 요란하게 쓰여 있다. 가장 눈에 띄는 것은 벌나무와 헛개나무로 만든 음료다.

벌나무는 나뭇가지가 벌집처럼 생겨 이름 붙여졌다 하며, 다른 이름으로는 어린줄기가 청색을 띤다 하여 산청목이라 부르기도 하는데, 식물학적으로는 단풍나무과에 속하는 산겨릅나무를 말한다. 지리산 이북의 산지에서 주로 자라는데 넓은 달걀모양의 잎이 3-5개로 얕게 갈라지고 꽃차례가 아래쪽으로 늘어지며 날개를 갖는 종자 2개가 거의 수평으로 달리는 특징을 가지고 있다. 이

헛개나무(군락)

산겨릅나무(군락)

나무는 지방에서 간과 관련된 질병에 효능이 있다고 알려져 유명세를 타기 시작했는데 본초도감을 보면 종기와 외상 출혈에 지혈작용을 한다고만 되어 있어 어떤 것이 옳은지 애매한 면이 있다. 어쨌든 시중에는 즙, 음료, 또는 줄기나 가지 등을 잘라 말린 것을 포장해서 판매하는 등 다양한 상품들이 나와 있다.

헛개나무는 강원도와 황해도 이남에서 자라며 다 익으면 열매꼭지 부분이 불규칙하게 비후되어 있는 특징이 있는데 열매와 더불어 그 안에는 술독을 없애는 효능이 있어 집 밖에 헛개나무가 있으면 집 안에서 술을 빚어도 술이 익지 않고 나무 밑에서 술을 담그면 술이 물처럼 되어 버린다는 이야기가 있을 정도다. 이런 효능 때문인지는 몰라도 시골에서는 헛개나무 어린잎을 나물로 하거나, 쌈이나 장아찌로도 담가 먹었다고 한다. 헛개나무를 이용한 상품 역시 벌나무 못지않게 많이 만들어져 있어 술 마니아들은 참고하면 좋을 것 같다.

헛개나무의 학명은 *Hovenia dulcis*이다. 속명 '*Hovenia*'는 네덜란드의 선교사 David v. d. Hoven의 이름에서 유래했으며, 종소명 '*dulcis*'는 단맛이 난다는 의미로 열매자루의 특징을 설명한 것이다. 우리 이름은 19세기 초에 쓰인 『물명고』에 이 나무의 특징을 설명하면서 한글명을 '회깟'으로 기록한 것이 변화되어 만들어진 것 같다. 지방에서는 고려호리깨나무, 민헛개나무, 볼게나무, 호리깨나무, 홋개나무 등 다양하게 불린다. 우리나라에서 자라는 헛개나무속은 헛개나무 1종뿐이며, 한방에서는 헛개나무 종자를 지구자(枳椇子)라 하여 열을 내리고, 구토를 멈추게 하며, 소변을 잘 보지 못하는 증상과 알코올 중독에 효과가 있으며, 간질환을 치료하는 데 사용한다.

경기도 남양주시에 있는 철마산 조사를 하다가 갑자기 벌 소리가 요란하게 들려 놀랐던 적이 있다. 벌집은 보이지 않았지만 주변에는 마치 결혼식장에서 화동이 꽃을 뿌려 놓은 듯 헛개나무 꽃이 여기저기 떨어져 있었다. 하늘을 올려다보니 꽃이 활짝 핀 헛개나무가 바람에 흔들리며 향기를 발산하고 꽃을 떨구고 있었다. 나무와 숲, 헛개나무와 벌, 그 모습을 바라보는 우리, 이 모두가 서로에게 행복함을 느끼게 해 주는 한 장의 그림 같은 광경이었다. 행복했다.

헛개나무(줄기)

헛개나무(잎과 꽃)

헛개나무(잎과 열매)

헛개나무(열매)

헛개나무는 대추나무가 속하는 갈매나무과(Rhamnaceae)에 포함되며 높이가 10미터까지 자라는 큰키나무다. 겨울눈은 털이 있으며 겉은 아린이라고 부르는 단단한 비늘조각 2개가 감싸 보호하고 있다. 잎은 뽕나무 잎처럼 생긴 넓은 달걀모양으로 줄기에 어긋나 달리고 길이 8–15센티미터, 너비 6–12센티미터 정도이며 아래에 3개의 주맥이 뚜렷하게 나 있다. 잎자루는 3–6센티미터로 길고 잎 끝은 점차 뾰족해지며 밑은 둥글거나 얕은 심장모양이고 가장자리에 둔한 톱니가 있다. 꽃은 연한 녹색으로 6–7월에 피며 가지 끝과 잎짬에 취산꽃차례로 달린다. 꽃차례의 길이는 4–6센티미터 정도이고, 작은 꽃자루는 짧고 가느다란데 열매 맺을 때가 되면 굵어진다. 꽃은 꽃잎, 수술, 꽃받침이 각각 5개씩이고 꽃받침은 달걀모양이며 꽃잎은 비틀린다. 열매는 둥글고 갈색이 돌며 지름 8밀리미터로 3개의 방에 각각 1개의 종자가 들어 있다. 종자는 편평하고 겉은 다갈색으로 윤채가 난다.

52

제비꽃과

남산제비꽃

식물을 바라보는 마음은 그날 기분에 따라 많이 다른 것 같다. 크고 화려하지 않더라도 활짝 핀 꽃만 봐도 기분이 좋아지는 날이 있는가 하면, 아무리 아름다운 꽃이 있어도 마음에 와 닿지 않는 날도 있다. 조금 울적할 때 산행을 하면 이런 기분이 조금은 해소되기도 하지만 흐리거나 비가 내려 주변 상황이 좋지 않을 때는 이마저도 별 도움이 되지 않는다. 자동차를 타고 한적한 시골길을 드라이브 삼아 다녀보는 것도 기분 전환에 좋다.

겨울을 지나고 싱그러운 봄철 자연의 변화에 순응하지 못하고 무료함을 느낄 때면 항상 다니는 코스가 있다. 자동차로 불과 20여 분 정도만 교외로 나가면 만날 수 있는 한적한 곳으로 산 아래로 길이 나 있는데 중간중간에 마을 주변을 따라 나 있는 임도 같은 길을 따라 달리면 고향 같은 분위기도 좋고 여러 가지 식물도 만날 수 있다. 매번 느끼는 것이지만 이 길을 지나는 30여 분 동안은 아무 생각이 나지 않을 정도다. 노란색 꽃의 산괴불주머니, 하늘색 꽃이 화려한 현호색, 누군가 밭 가장자리에 심어 놓은 왕벚나무, 그리고 하천 주변으로 녹아내린 얼음 소리와 잘 어울리는 호랑버들의 꽃 등이 차창 밖으로 보이는 장면들이다.

차 안에서는 전체 모습이 보이지 않지만 차창 너머로 흰색 꽃이 요란하게 피어 있는 곳도 있는데 차를 세우고 내려 보면 남산제비꽃 군락이 반긴다. 햇빛이 잘 들어오는 경사진 사면 쪽으로 한 뿌리에서 나온 여러 장의 잎과 꽃들이 옹기종기 모여나 있는 모습은 추운 겨울을 지나고 맞는 봄 햇살의 따뜻함처럼 반

남산제비꽃(군락)

갑고, 녹색 잎과 흰색 꽃의 대비되는 모습은 어느 다른 것과도 견줄 수 없을 만큼 멋지다. 20여 년 동안 제비꽃에 대한 연구를 했지만 많은 형태변이와 자연교잡으로 인한 잡종 때문에 이름을 알아내는 데 어려움을 겪고 있는데 남산제비꽃만큼은 다른 제비꽃 종류에 비해 확실하게 다른 잎 모양을 가져 차를 타고 지나다가도 금방 눈에 띄는 비교적 쉬운 종류다. 또 처음으로 박사학위를 받은 제자가 전공한 분류군도 남산제비꽃 그룹이어서 이 종류들에 대한 변이는 어느 정도 확실히 알고 있어 친숙하기도 하고, 연구재료 수집을 위해 국내외로 뛰어다니며 고생했던 때를 생각하면 고개가 절레절레 흔들릴 정도로 몰입해 있던 날들이 새삼 떠올라 지금 다시 생각해도 대견스럽다.

남산제비꽃의 학명은 *Viola chaerophylloides*다. 속명 '*Viola*'는 제비꽃을 가리키는 그리스의 옛 이름 이오네(Ione)에서 비롯되었다고 하며, 종소명 '*chaerophylloides*'는 chaerophylla라는 종과 유사하다는 뜻인데, chaerophylla는 cheirophylla를 잘못 쓴 것으로 손바닥 모양의 잎이란 의미다. 우리 이름은 남

남산제비꽃

태백제비꽃

쪽의 어느 산에서 처음 채집되어 붙여졌다고 하며, 지방에서는 남산오랑캐, 녹색남산제비꽃이라 부른다. 우리나라에서 자라는 제비꽃속(*Viola*) 식물은 약 40여 종류가 있는데 남산제비꽃과 가장 비슷한 종류는 태백제비꽃으로 잎이 단엽이고 가장자리에 톱니가 있어 구별된다. 한방에서는 남산제비꽃의 지상부를 정독초(疔毒草)라 하여 부스럼이나 종기를 치료하고 소변을 잘 못 보거나 세균에 의해 콩팥에 염증이 생기는 신우신염 증상에 사용한다.

마치 안개꽃 다발을 만들어 놓은 것처럼 꽃이 활짝 핀 남산제비꽃 군락은 언제 만나도 기분 좋다. 다른 종류들도 마찬가지겠지만 노란색이나 붉은색보다는 깨끗해 보이는 흰색 꽃이어서 더욱 그렇다. 화창한 봄이 그리워지는 이유이기도 하다.

남산제비꽃(꽃)

남산제비꽃(잎과 열매)

제비꽃과(Violaceae)에 속하는 남산제비꽃은 여러해살이풀로 높이는 6-30센티미터 정도이며 줄기가 없다. 제비꽃 종류를 나누는 첫 번째 기준은 뚜렷한 줄기가 있는지의 유무가 매우 중요한 특징인데 우리나라에는 20여 종류가 포함돼 있어 전체 분포 종수의 절반 정도에 해당한다. 잎은 길이 2.2-11센티미터 정도의 잎자루 끝에 달리는데, 처음에는 3개로 갈라지고 각각은 2-3개로 나누어진 후 다시 선형으로 갈라져 1장의 잎이 여러 개로 잘게 잘라진 모양을 하고 있어 얼른 보면 코스모스 잎이나 새의 발을 닮은 것처럼 보인다. 그러나 학자에 따라서는 갈라진 조각 각각을 독립적인 잎으로 인정해 복엽으로 보는 의견도 있다. 잎은 꽃이 핀 후에도 계속 자라 열매를 맺는 시기에는 길이 13센티미터, 폭 15센티미터까지 커진다. 꽃은 4-5월에 피고 4-14센티미터 정도의 꽃자루 끝에 한 개씩 달리며 중간 아래쪽에는 선상피침모양의 작은 포 2개가 달려 있다. 꽃은 흰색 또는 드물게 연한 홍자색으로 피고 향기가 나며, 직경 1.5-2.2센티미터로 가장 아래쪽 꽃잎에는 자주색 줄무늬가 있어 화려하고, 옆 꽃잎에 털이 있다. 아래 꽃잎이 길게 자라 만들어진 꽃뿔은 짧은 원통형으로 길이는 5-8밀리미터 정도다. 열매는 삭과로 장타원형이고 겉에 붉은 자색 점이 있으며, 종자는 진한 갈색으로 타원형이다.

53

부처꽃과

배롱나무

우연한 술자리에서 인문대학 명예교수님 중 한 분께서 식물 사진을 보여 주시며 이런 질문을 했다. 몇 년 전부터 항상 같은 자리에서 봐 왔는데 이름을 모르겠다는 것이다. 특별한 이유를 물으니 매일 시간을 내어 학교 캠퍼스를 산책하는데 운동장 주변으로 7월에서 9월 사이가 되면 예쁜 붉은색 꽃이 피고 근처에는 의자도 있어 항상 눈여겨보며 쉬는 시간을 가졌다는 것이다. 운동장을 바라보면 늘 사람들이 달리고 뛰고 있는데 바로 그 근처에서 만나는 이 작고 아담한 나무는 운동장 모습과는 전혀 상반된 분위기여서 이름을 알고 싶으셨다고 한다. 사진 속 주인공은 배롱나무였다.

이 나무에 대한 가장 큰 기억은 2014년 미국 플로리다주 게인스빌에 있을 때 어느 교회 놀이터 주변에 경계수처럼 서 있던 커다랗게 자란 개체들이었는데 흰색, 자주색, 보라색 등 다양한 꽃 색깔을 가지고 있는 품종들이 한꺼번에 자라고 있어 멋진 모습을 볼 수 있었다. 국내에서는 충청도, 전라도, 경상도 등 남쪽 지역에서 가로수로 심은 것을 자주 볼 수 있고, 요즘은 개체 증식을 위해 어린 묘를 만들어 내는 농원들도 쉽게 만날 수 있다. 예로부터 이 나무는 부귀영화를 준다고 믿어 묘지 근처에 많이 식재했는데, 부산 양정동의 800년 된 개체와 경남 창녕군 계성면 사리 군락은 천연기념물로 지정되어 있다. 한편 우리나라에서 배롱나무가 가장 유명한 지역은 경상북도로 도를 상징하는 꽃으로 지정되어 있으며 지역특화 사업으로 1984년부터 본격적으로 심기 시작했다. 특히 울진군은 배롱나무 명품길 조성사업을 추진해 지금까지 18,000여 그루를

배롱나무(분홍색과 붉은색, 경북 청도)

심었고 평해읍-온정면 지구의 16.93킬로미터는 가장 긴 배롱나무 가로수길로 지정되어 2001년 '아름다운 숲 전국대회 거리 숲 부문'에서 우수상을 수상했으며, 2009년 7월에는 한국기록문화센터로부터 대한민국 최장 가로수길 한국 기네스로 인증받았다. 또 울진군 향교에서 자라는 높이 5미터, 흉고직경 100센티미터의 200년 된 배롱나무는 2021년 울진군 보호수로 지정되었다. 이처럼 배롱나무는 주로 따뜻한 지역을 좋아하는 특징이 있는데, 춥기로 소문난 강원도 춘천에서도 꽃이 핀 개체를 만날 수 있다니 식물의 생존에 대한 비밀은 무궁무진한 것 같다.

배롱나무(군락, 플로리다 게인스빌)

2024년 8월, 걸어서 출근을 하다가 운동장 주변에 활짝 꽃이 피어 있는 배롱나무를 만났다. 명예교수님께서 사진 찍은 개체다. 1미터 전후의 높이와 잘 자란 가지가 붉은색으로 가득했다. 의자에 앉아 꽃을 보고 있으니 교수님께서 왜 이 나무를 알고 싶어 하셨는지 헤아릴 수 있을 것 같았다.

배롱나무의 학명은 *Lagerstroemia indica*다. 속명 '*Lagerstroemia*'는 Linne의 친구인 스웨덴의 학자 Magnus von Legerstroem을 기리기 위해 붙여졌으며, 종소명 '*indica*'는 인도에서 자란다는 뜻이다. 우리 이름은 꽃이 오래 피어 백일홍나무로 불렸던 것이 시간이 지나면서 바뀐 것이라고 하며, 지방에서는 백일홍(百日紅) 또는 백일홍나무라 부른다. 우리나라에서 만날 수 있는 배롱나무속 식물은 배롱나무 1종밖에 없으며 배롱나무에 비해 꽃이 흰색인 것을 흰배롱나무라 하여 품종으로 취급한다. 한방에서는 배롱나무의 꽃을 자미화(刺微花)라 하여 아이를 낳은 후 출혈이 멈추지 않을 때와 버짐, 부스럼에 사용하고, 뿌리는 자미근(刺薇根)이라 부르며 종기, 부스럼, 버짐, 이질 치료에 쓴다.

요즘 배롱나무는 나무껍질을 손으로 긁거나 자극을 주면 잎이 조금씩 흔들린다 하여 간지럼나무 또는 간즈름나무라 하기도 하고, 나무 백일홍이라는 뜻으로 목백일홍이라 부른다고 한다. 백일홍이라는 국화과에 속하는 초본식물도 있어 가끔 혼동하기도 하지만 어쨌든 꽃이 오래가고 아름다운 모습 때문에 붙여진 공통 이름 같다. 배롱나무가 강원도 전 지역에서 겨울나기가 가능하다면 고향집에도 한 그루 심어야겠다. 붉은색 꽃과 주변의 밭 모습이 어우러질 그림 같은 풍광이 머릿속에 그려진다. 생각만 해도 좋다.

배롱나무(붉은색)

배롱나무(분홍색)

배롱나무(흰색)

백일홍(군락)

배롱나무(줄기)

배롱나무(잎)

배롱나무(꽃과 꽃차례)

배롱나무(열매)

배롱나무는 부처꽃과(Lythraceae)에 속하는 작은키나무로 중국에서 들여와 심고 있다. 줄기는 적갈색이고 얇게 벗겨지며, 그 안쪽은 흰색이어서 줄기가 얼룩진 것처럼 보이고, 혹처럼 튀어나온 부분이 생기기도 한다. 어린가지는 네모진다. 잎은 마주나 달리고 두꺼우며 타원모양 또는 달걀을 거꾸로 놓은 모양으로 길이 2.5-7센티미터, 너비 2-3센티미터로 가장자리는 밋밋하고 표면은 윤기가 난다. 꽃은 홍자색으로 피고 가지 끝에 원추꽃차례로 달리며 길이 10-20센티미터, 너비 3-4센티미터 정도다. 꽃받침은 6개로 갈라지며 가끔 붉은색을 띠기도 하고, 꽃잎은 6장으로 거의 원형이며 가장자리는 주름이 진다. 수술은 30-40개로 가장자리에 있는 6개가 더 길고, 암술은 1개로 수술 밖으로 나온다. 열매는 삭과로 넓은 타원모양이며 길이 1-1.2센티미터 정도인데 10월에 완전히 익으면 껍질은 딱딱하게 목질화된다.

54

층층나무과

산딸나무

산행을 하다 보면 그곳에 있지 말아야 할 식물들을 만날 때가 있다. 무심히 걷다가 의외의 식물을 만나면 당황스럽기까지 한데, 이런 일을 경기도 가평에 있는 화야산과 남양주시에 있는 철마산에서 경험했다. 문제의 그 식물은 바로 산딸나무다. 지금까지 경험으로 볼 때 산딸나무는 도로변이나 도심의 숲 조성 주변의 가로수, 또 시골에서는 꽃이나 열매가 아름다워서인지는 몰라도 문화마을 같은 집단 주택 조성지의 경작지 밭둑 근처에 식재한 것이 많았는데 산속에서 자생하듯 자라는 개체를 만났기 때문이다.

화야산은 청평댐이 가까이 있고 경관이 좋아 예전에는 사람들이 많이 찾는 곳으로 알려져 있었는데 요즘은 인기가 시들해졌다. 우리 팀이 1년 동안 9번이나 조사를 했는데도 산에서 만난 사람들은 고작 10여 명에 불과했다. 또 경사가 심하거나 정상부 근처에 만들어 놓은 나무 계단이 비바람에 훼손되어 여기저기 나뒹굴고 있는 모습도 사람들이 자주 오지 않는다는 것을 잘 증명해 주고 있었다. 계곡을 지나 능선길을 만나고 30여 분을 걸어 정상으로 가는 도중 널찍한 평상이 지친 우리를 반겨 주었다. 흔히 말하는 정상 밑 마지막 깔딱고개 근처로 해발고도도 천 미터에 가깝다. 그런데 그곳에 앉아 물을 마시던 중 눈높이로 이상한 나무가 보였다. 웬만하면 비슷한 속 이름이라도 알 수 있었을 텐데 전혀 감이 오질 않아 가까이 다가가 보니 녹색으로 무장한 작은 꽃이 보이고 주변에는 많은 가지 사이로 층층나무 잎처럼 생긴 넓은 타원형 잎이 바람에 흩날리고 있었다. 바로 산딸나무였다. 그것도 흔히 볼 수 있는 흰색 꽃이 아

산딸나무(군락)

닌 녹색 꽃에 크기도 작은 개체였다. 왜 이 나무가 여기에 있는지 한참 동안 고민을 했다. 이런 경험은 철마산에서도 마찬가지였다.

식물도감을 보면 산딸나무는 우리나라 중부 이남 지역에서 자란다고 되어 있는데, 경기도 이북 지역도 여기에 포함되는 것인지, 아니면 기후변화로 인해 분포 지역이 예전보다 북쪽으로 올라와 생긴 일인지 감이 오질 않는다. 간접적으로 추론해 보면 강원도 지역에도 예전보다는 도로나 마을 근처에 관상수로 산딸나무를 심는 것이 많아졌고 꽃과 열매도 잘 맺어 식물뿐만 아니라 새들의 놀이터로도 제공되는 분위기다. 어쨌든 화야산이든 철마산이든 등산로 주변에서 자라지만 그렇다 하더라도 여태껏 알고 있었던 분포와 관련해서는 전혀 다른 곳이어서 아직까지도 혼란스럽다. 더 많이 걷고 보고 더 공부해야 한다는 작은 채찍질처럼 느껴지기도 한다.

산딸나무의 학명은 *Cornus kousa*다. 속명 '*Cornus*'는 라틴어 cornu(뿔)에서 유래됐으며 여기에 속하는 종류들은 재질이 단단한 특징이 있다. 종소명 '*kousa*'는 산딸나무에 대한 일본 하코네(箱根) 지역의 방언에서 유래했다. 우리 이름은 딸기와 비슷한 열매가 달리며 산에서 자라는 나무라는 뜻이다. 지방에서는 굳은산딸나무, 들메나무, 미영꽃나부, 박달나무, 소리딸나무, 쇠박달나무, 애기산딸나무, 준딸나무라 부르기도 한다. 산딸나무가 속하는 층층나무속(*Cornus*)은 우리나라에 6종류가 자라며, 이 중 산딸나무와 가장 비슷한 종류는 산수유인데 산형꽃차례를 만들고 4월에 꽃이 잎보다 먼저 펴 구별된다. 한방에서는 산딸나무의 꽃과 열매를 야여지(野荔枝)라 하여 외상 출혈을 멈추게 하고, 이질과 골절상 등을 치료하는 데 사용한다.

이유야 어찌됐든 자라는 곳 때문에 산딸나무를 자세히 들여다볼 수 있는 기회가 되었다. 화려한 포와 튼튼해 보이는 열매 때문에 한번 만나면 잊지 못할 큰키나무, 결실기가 되면 이른 아침 새들의 조잘거림을 통한 정겨움도 함께 느낄 수 있게 해 주는 나무, 언젠가 기회가 된다면 '내 나무'로 만들어 보고 싶다.

산딸나무(화야산)

산수유

산딸나무(잎)

산딸나무(꽃)

산딸나무(열매)

산딸나무(종자)

산딸나무는 층층나무과(Cornaceae)에 속하는 큰키나무로 높이는 10미터까지 자란다. 어린가지는 갈색이고 겉에는 공기가 통하는 통로 역할을 하는 피목이 있다. 잎은 마주나 달리고 타원모양 또는 달걀모양의 원형으로 길이 5-12센티미터, 너비 3.5-7센티미터다. 잎 끝은 점차 뾰족해지고 밑부분은 쐐기모양이며 가장자리는 밋밋하다. 잎자루는 3-7센티미터로 길고, 잎 양면에는 잔털이 있는데 특히 4-5쌍의 잎맥 짬에는 갈색 털이 밀생한다. 꽃은 6월에 연한 황색으로 피고 가지 끝에 나는 5-10센티미터 가량의 꽃자루에 두상꽃차례로 20-30개의 꽃이 모여 달린다. 꽃잎처럼 보이는 총포조각은 4개로 흰색인데 가끔 연한 홍색이나 녹색을 띠는 것도 있어 다양하다. 총포 각각의 모양은 달걀처럼 생겼으며 길이는 3-6센티미터 정도다. 꽃잎과 수술은 각각 4개씩으로 크기는 작고 암술은 1개다. 과실은 핵과가 모여 둥근 모양을 만들며 10월에 붉게 익는다.

55

두릅나무과

가시오갈피

희귀한 식물이 자라는 곳이 방송매체를 통해 알려지면 너도나도 그곳을 방문하고 싶어 한다. 누구보다 먼저 사진으로 담고 싶어 하고 같은 식물에 대한 이야기의 장이 만들어지면 아는 지식을 남들보다 더 뽐내고 싶은 것이 모두의 마음이다. 그러나 장기적인 측면에서 보면 바람직하지 않다. 자생지로 알려진 곳은 몇 년 사이에 훼손이나 남획이라는 단어가 심심치 않게 등장하기 때문이다. 환경부는 이런 종류들을 멸종위기종으로 지정해 법적으로 보호하기에 이르렀다. 2025년 9월 현재 지정된 멸종위기야생생물은 총 282종류로 식물이 92종으로 가장 많고, 다음으로 조류 69종, 무척추동물 32종, 어류 29종, 곤충류 29종, 포유류 20종, 양서파충류 8종, 해조류 2종, 고등균류 1종 등이다. 식물의 경우 그동안 야생 난초 종류들이 가장 먼저 피해를 입었고 다른 식물들도 그럴 가능성이 있는데, 그중 지금까지 가장 인연이 깊었던 것은 가시오갈피다.

이 작은 나무는 설악산이나 오대산 등 심산 지역이라면 비교적 쉽게 만날 수 있는 종류였다. 가장 중요한 특징이라면 잎자루와 줄기에 나 있는 가시인데 빽빽하지도 않고 그렇다고 있는 듯 없는 듯도 아닌 적당한 밀도로 분포한다. 가시의 모양도 음나무나 장미보다는 가늘고 쐐기풀보다는 두꺼운 모양을 하고 있어 특이하다. 마을의 집 울타리 주변에도 한두 개체씩 흔하게 심기도 했다. 어린잎을 삶아 나물처럼 무쳐 먹고 줄기와 뿌리는 사포닌(saponin) 성분이 많아 인삼처럼 기력 회복 등 여러 가지 용도로 사용되었기 때문이다. 그러나 2000년대 초 약재로의 이용이 광고 등을 통해 널리 알려지면서 급격히 훼손되기 시작

가시오갈피(전체)

해 지금은 야생에서 만나는 것이 하늘의 별따기만큼이나 어려워졌다. 가장 최근에 만난 것은 강원도 평창군 용평면에 위치한 계방산 조사 때다. 운두령에서 출발해 정상을 지나 이승복 기념관으로 내려오는 산길 중 골짜기에서 잎만 무성하게 나 있는 한 개체를 본 것인데, 가끔 만들어 놓은 나무 데크 끝자락 바로 옆에서다. 만약 공사하는 분들이 이 나무를 알았다면 금세 훼손이 가능했을 정도로 가깝게 있었고, 나중에 꽃이 피기라도 한다면 사람 손을 탈 것 같아 걱정도 됐다. 그 자리에 남아 있는 것 자체가 신기할 정도였다. 주변을 돌아봤지만 다른 개체를 찾을 수는 없었고 계방산에서는 처음이라 머릿속에 잘 기억해 놓았다. 계속 그곳에서 만날 수 있는 바람도 함께 말이다.

가시오갈피의 학명은 *Eleutherococcus senticosus*다. 속명 '*Eleutherococcus*'는 떨어진다는 뜻의 그리스어 'eleuthero'와 열매가 갈라진다는 의미의 'coccus'의 합성어로 열매가 달리는 모양을 표현한 것이며, 종소명 '*senticosus*'는 가시로 가득 차 있다는 뜻이다. 우리 이름은 가시가 있고 5장의 잎을 갖는 나무라는 뜻이다. 학자에 따라서는 가지에 가시가 거의 없거나 잎과 꽃차례가 큰 것을 민가시오갈피라 하여 품종으로 취급하거나, 가시가 거의 없고 2년생

오갈피나무(전체)

가시는 붉은빛이 돌며 잎사루가 3-4센티미터로 짧고 꽃차례 아래쪽에 보호조직인 긴 포가 있는 것을 왕가시오갈피라 하여 변종으로 취급하기도 한다. 그런데 최근 문헌에는 이들 모두를 모종으로 통합하여 처리하고 있다. 우리나라에서 자라는 오갈피나무속(*Eleutherococcus*) 식물에는 일본에서 도입해 약용으로 심고 있는 오가나무를 포함하여 총 6종류가 있는데, 오가나무를 제외하면 이름에 모두 오갈피라는 단어가 들어 있다. 가시오갈피는 형태적으로 오갈피나무와 가장 비슷한데, 오갈피나무는 줄기에 가시가 있거나 없고 작은 꽃자루는 0.2-2밀리미터로 짧으며 씨방이 2개여서 구별된다. 한방에서는 뿌리와 줄기껍질을 자오가(刺五加)라 하여 기력 상승, 콩팥 기능 활성화, 골격과 근육 증진, 그리고 심신 안정에 사용한다.

가시오갈피가 멸종위기종으로 지정되기 전 오대산으로 채집을 갔다가 뿌리와 줄기를 잘라 배낭에 넣고 다닌 적이 있다. 비가 내리는 날이었는데 습기를 머금은 공기가 위로 올라가지 못해 배낭 속 가시오갈피에서 나는 향이 주변을 걸어가는 사람들이 공통적으로 느낄 정도로 진하게 났다. 한약방 주변을 가야만 느낄 수 있는 향기였는데 그때 그 기분을 지금도 잊을 수가 없다. 이젠 귀하신 몸이 되어 쉽게 볼 수는 없지만 언젠간 숲속에서 다시 만날 수 있기를 기대해 본다. 그 향기도 함께.

가시오갈피(꽃)

가시오갈피(열매)

가시오갈피(줄기와 잎)

가시오갈피는 두릅나무과(Araliaceae)에 속하는 떨기나무로 높이는 2-3미터 정도 되며, 전체에 바늘 같은 가시가 있는데 특히 새로 나오는 순과 마디에 밀생한다. 잎은 어긋나 달리고 3-5장으로 구성된 손바닥모양의 복엽으로 3-8센티미터의 긴 잎자루가 있다. 잎은 장타원형으로 길이 6-12센티미터, 너비 2-4센티미터로 양 끝이 뾰족하고 가장자리에는 뾰족한 겹톱니가 있다. 꽃은 새 가지 끝에 산형꽃차례로 달리고 작은 꽃자루는 길이 1-2센티미터 정도다. 꽃은 7월에 붉은색이 도는 황색으로 피며 꽃잎은 타원형으로 5개로 구성된다. 열매는 핵과로 둥글며 지름 0.8-1센티미터 정도로 10월에 검은색으로 익는다.

56

두릅나무과

음나무

몇 년 전 산 아래 전원주택을 구입해 시골로 들어간 학과 선배가 있다. 텃밭도 가꾸고 맑은 공기도 마시며 뒷산을 부부가 산보하면서 얻는 여유는 지금껏 살았던 삶의 시간 중 최고가 될 것이라는 말과 함께. 처음 집들이 초대를 받고 가마솥이 걸려 있는 마당이 여럿이 음식을 만들어 먹을 수 있을 만큼 공간이 넓으니 직접 끓이는 음식을 해 보자는 제안을 했다. 선배는 번거롭고 귀찮을 만도 한데 흔쾌히 수락했다. 메뉴는 닭백숙으로 하기로 했다. 그때 문득 고향집에 갈 때마다 밭이나 마당에서 자라고 있는 것을 이용해 다양한 식재료로 만들어 놓은 것이 기억났다. 도라지 뿌리나 잘 익은 대추를 씻어 말리기도 하고 오갈피나무와 음나무 가지를 적당한 크기로 자른 후 자루에 담아 매달아 놓기

두릅나무(순)

음나무(순과 가시)

옻나무(순)

음나무(천연기념물 363호)

도 했다. 특히 음나무는 예전부터 백숙을 만들 때 항상 넣었던 재료여서 매년 준비를 해 놓았던 것 같다. 음나무에 대해서는 들은 이야기도 많다.

대학 시절 지도교수님께서는 우리나라 식물 중 순을 나물로 이용하는 종류에 대해서 먹는 순서가 있다고 하셨다. 처음에는 두릅나무 순을 최고로 한다. 줄기나 가지 끝에 있던 잎눈이 껍질을 벗고 올라오는 모습도 보기 좋지만 살짝 데쳐서 초고추장에 찍어 먹는 맛은 달아났던 입맛을 확실히 돌아오게 만든다. 두릅 순을 먹을 시기가 지나면 두 번째로 찾는 것은 조금 더 강한 쓴맛이 나는 개두릅이라고 부르는 엄나무 순이다. 엄나무의 진짜 이름은 음나무다. 다 자라면 단풍잎처럼 갈라진 잎을 갖지만 새순이 올라올 때는 두릅나무 순과 비슷한데 윤기가 있어 반짝인다. 세 번째로 맛있는 것은 옻나무 순이다. 시골에서는 옻순이라 부르는데 담백하고 고소한 맛이 일품이다. 민감한 사람은 옻이 올라 고생도 하지만 맛에 관한 한 최고다. 이 세 가지 순을 먹으면 봄이 지나가는 것이다. 앞으로 닥쳐올 나쁜 운을 막아 준다는 이야기도 있다. 음나무에는 크고 강하게 생긴 가시가 줄기와 가지에 나 있는데 이 나무를 마을 입구에 심어 놓거나 가지를 잘라 집 대문에 걸어 놓으면 귀신이 들어오거나 질병과 전염병이 침입하는 것을 막아 준다는 전설이 오래전부터 전해 내려오고 있다. 이렇게 다용도로 사용되는 음나무와 다양한 재료들을 모두 가져가 선배 집 마당 가마솥에 넣고 푹 고아 진국이 우러난 백숙을 만들었다. 맛은 두말할 필요도 없었고 후루룩후루룩 마시는 국물은 보약을 먹듯 갑자기 건강해지는 느낌을 받을 정도였다. 집들이를 왔던 10여 명의 선후배들도 몸과 마음이 모두 행복한 시간이었다. 지금 만나도 그때 이야기를 한다. 엄나무 백숙의 진한 맛을.

음나무의 학명은 *Kalopanax septemlobus*다. 속명 '*Kalopanax*'는 그리스어 kalos(아름다운)와 *Panax*(인삼속)의 합성어로 잎 모양이 인삼속과 닮았고 아름답다는 뜻이며, 종소명 '*septemlobus*'는 7개로 얕게 갈라진다는 의미로 잎의 모양을 설명한 것이다. 우리 이름은 옛 이름 '엄나모'에서 온 것으로 풀이나 나무의 새싹을 의미하는 '엄'과 나무가 합쳐져 만들어졌다고 한다. 지방에서는 엄나무, 개두릅나무, 털음나무, 가는잎음나무, 당음나무, 멍구나무, 엉개나무, 당엄나무, 민음나무라 부른다. 우리나라에서 자라는 음나무속 식물은 음나무와 가는잎음나무 2종류인데, 가는잎음나무는 잎이 2/3 이상 기부 근처까지 깊게 갈라져 구별된다. 한방에서는 음나무 껍질을 자추수피(刺楸樹皮)라 하는데, 살충이나 소염 작용을 하여 관절의 통증 해소, 버짐이나 습진 치료 등에 쓰이고 있다.

음나무는 봄 식탁에서는 쉽게 만날 수 있지만 정작 꽃 사진이 없었다. 꽃을 못 본 것이 아니라 나무가 너무 높아 사진을 찍을 수가 없었던 것이다. 바람이 심하게 불던 어느 여름날 산길을 걷다가 우연히 기회를 얻었다. 바람에 부러져 바닥에 떨어진 꽃이 달린 가지를 만난 것이다. 저마다 무슨 할 말이라도 있다는 듯 암술머리가 뾰족이 튀어나와 있는 꽃송이들이 빼곡하고 가지런히 붙어 있는 꽃차례의 모습이 멀리서 봤을 때와는 전혀 다른 느낌이었다. 훨씬 멋지고 아름다움을 간직한 꽃이었다. 험상궂게 생긴 가시가 붙어 있는 줄기와는 반대의 모습이어서 극과 극 속에서 보이는 운명의 조화처럼 느껴졌다.

음나무(어린잎과 가지)

음나무(잎)

음나무(꽃)

음나무(어린열매)

음나무는 두릅나무과(Araliaceae)에 속하는 큰키나무로 높이는 25미터까지 자라고, 가지는 굵고 회색을 띠며 폭이 넓은 가시가 있다. 잎은 가지 끝에 모여 어긋나 달리고 길이와 너비는 각각 10-30센티미터이며 10-30센티미터 정도의 긴 잎자루가 있다. 잎은 둥글고 끝은 5-9개로 갈라지며 각각의 조각은 달걀모양 또는 타원형이다. 잎 끝은 뾰족하고 가장자리에 톱니가 있으며 밑부분은 심장모양으로 생겼다. 꽃은 황록색으로 피고 꽃줄기는 새 가지 끝에 나는데 중심축이 짧아지고 곁가지가 모여나 튼실해 보이고, 각각에는 산형꽃차례가 총상으로 달린다. 열매는 핵과로 둥글며 길이 4밀리미터, 지름 6밀리미터로 10월에 검은색으로 익는다.

57

두릅나무과

인삼

산에서 나는 삼이라는 뜻의 산삼은 인삼의 다른 말이다. 예전부터 기억력과 에너지를 북돋아 주는 불로장생의 대표 식물로 소문나 있어 많은 사람들이 좋아한다. 그러다 보니 몇십 년 된 삼을 한곳에서 여러 뿌리 캐면 방송에 나오기도 하고, 요즘에는 산삼을 캐러 다니는 동호회도 생겨 인기를 실감 나게 한다. 밭에서 재배하거나 어린 묘를 만들어 산에 심는 인삼도 많아 수확 후 다양한 상품으로 만들어 판매하기도 하는데 산삼에 비하면 선호도는 낮은 것 같다. 식물을 전공하는 사람이니 산에 가면 산삼도 캐고 오래된 야생 더덕도 만나고, 갖가지 나물들을 매번 한 보따리씩 가져오지 않느냐는 질문을 종종 듣곤 한다. 그럴 때마다 헛웃음만 나오는데 전혀 그렇지 않기 때문이다. 솔직히 말하면 나물 같은 경우는 뜯으려고 마음만 먹으면 얼마든지 가져올 수 있지만 연

식생조사 광경(나무둘레 측정)

식생조사 광경(방형구)

구용 표본을 위한 채집품 이외에는 전혀 건드리지 않는다고 배웠고 또 여태껏 그렇게 실천해 왔다. 길 주변으로 삐쭉 내민 가지를 성가시다고 꺾거나 발로 차 버리는 일도 식물에게는 가혹한 행위라는 선배 학자의 말도 기억 속에 있다. 어쨌든 많은 산을 다니면서 그 기본은 지키려 노력하고 있다.

2024년 8월 8일 강원도 화천군의 복주산 산행에서는 특별한 경험을 했다. 결론부터 말하자면 산삼도 보았고 더덕도 여러 차례 만났다. 40여 년이 넘는 식물조사 중 처음 있는 날이었다. 그때까지 산삼은 한 번도 보지 못했고 더덕도 꽃이 핀 개체는 그렇게 흔하지 않았기 때문이다. 그날은 주로 식생조사를 진행하는 중이었다. 조사는 특정한 지역의 사면과 고도에 따라

인삼(전체)

산삼 채취

산삼(전체)

방형구라 불리는 일정 면적의 정사각형 줄을 치고 그 안에서 자라는 식물종의 피도와 밀도, 가슴높이에서의 나무둘레 등을 기록한 후 컴퓨터프로그램을 이용해 숲의 구조와 대표 군락을 결정하는 것이다. 10개 조사지점 중 4곳에서 종 모양의 예쁜 꽃이 피어 있는 더덕을 만날 수 있었으며, 산삼은 해발 천 미터 근처 서사면의 신갈나무 숲 방형구에서 볼 수 있었다. 처음에는 빨간색 열매가 눈에 들어왔고 확신을 위해 가까이 다가갈수록 다섯 장의 작은 잎이 긴 잎자루에 매달려 있는 것을 보고 '심봤다'를 외쳤다. 이 소리를 듣고 방형구 안 이곳저곳에 흩어져 있던 학생들이 몰려왔고 처음 보는 광경에 너도나도 사진을 찍으며 한바탕 소란을 피웠다. 채집을 위해 실뿌리 하나라도 끊어뜨리지 않기 위해 온 정성을 다해 뽑아냈는데 그 모양은 마치 날씬한 사람의 몸매를 연상케 할 정도로 멋있었다. 가장 먼저 해야 할 일은 근경에 줄기가 떨어진 흔적인 뇌두의 수를 세어 몇 년이 지난 것인지를 알아보는 것이었다. 올해 나온 것까지 세어보니 12년은 된 것이다. 산에서 자라는 개체의 경우 꽃이 피고 열매를 맺을 정도면 적어도 10년은 넘은 것으로 보아야 한다고 알고 있는데 이 개체도 그곳에 잘 적응한 것 같다.

인삼의 학명은 *Panax ginseng*이다. 속명 '*Panax*'는 '모두'를 뜻하는 그리스어 pan과 '치료'를 뜻하는 akos의 합성어로 만병통치약이란 뜻이며, 종소명 '*ginseng*'은 한자명 인삼(人蔘)의 영어식 발음에서 유래됐다. 우리 이름은 뿌리가 사람처럼 생긴 삼(蔘)이라는 뜻으로 붙여졌다. 우리나라에서 자라는 인삼속 식물은 인삼 1종만이 자란다. 한방에서는 인삼 전체를 약용으로 하는데 특히 뿌리는 가공하여 홍삼, 백삼, 곡삼, 당삼으로 만들어 사용한다.

40여 년 만에 산에서 처음 만난 산삼, 지금 생각해도 그 모습 때문에 가슴이 떨린다. 다음에 기회가 생긴다면 이번에는 꽃이 핀 개체를 만나고 싶다. 한군데서 여러 개체를 한꺼번에 만나 보고도 싶다. 욕심이 앞선다. 과유불급(過猶不及)이라 했던가. 지금 내가 그렇다!

인삼(잎과 열매)

산삼(뿌리)

산삼(종자)

인삼은 두릅나무과(Araliaceae)에 속하는 여러해살이풀로 뿌리줄기는 짧고 마디가 있으며 그 아래에는 더덕이나 도라지 같은 다육질의 뿌리가 발달한다. 줄기 높이는 60센티미터 정도이고, 잎은 손바닥모양으로 생긴 장상복엽으로 줄기 끝에 3-4개가 돌려나 달린다. 복엽을 구성하는 작은 잎은 5개로 잎자루가 있고 긴 달걀 또는 타원 모양으로 길이 8-12센티미터, 너비 3-5센티미터로 양 끝이 뾰족하고 밑부분은 쐐기모양이며 가장자리에는 잔 톱니가 있고 표면 맥 위에 잔털이 약간 있다. 꽃은 4월에 연한 황색으로 피고 돌려나는 잎 중앙부에서 나온 15-25센티미터 정도의 꽃줄기 끝에 5-40개의 꽃이 산형꽃차례로 달린다. 꽃받침조각, 꽃잎, 수술은 각각 5개이고 암술대는 2개다. 열매는 포도처럼 과육 부분에 수분이 많은 장과로 편구형이며 길이 4-6밀리미터, 너비 6-9밀리미터로 붉은색으로 익는다. 종자는 납작한 반달모양이고 길이 5.5밀리미터, 너비 4.7밀리미터 정도다.

58

산형과

미나리

돌아가신 할머니는 말년에 즐겨 가시던 미나리꽝을 최고의 일터로 생각하셨다. 돈이 필요한 것도 아닌데 집에만 있으면 온몸이 쑤시고 아파 오는 것 같아 움직여야 한다고 생각하신 것이 주된 이유다. 집에 돌아오시면 그곳에서 있었던 일들을 말씀하셨는데 항상 즐거운 표정이셨다. 한글을 깨우치지 못해 다녀오시면 날마다 부엌 한쪽 벽에다 한일자를 그어 일한 날을 표시해 놓으셨다. 40여 년 전의 일인데 아직도 생생하게 기억나는 것은 할머니의 성실함, 순수함, 손주들을 사랑하는 마음이 느껴졌기 때문이라 생각한다.

미나리꽝은 어떤 곳일까? 정답은 미나리를 심는 논을 의미한다. 대량생산을 위해 논을 이용하고 때로는 비닐하우스를 만들고 그 안에다 식재하기도 한다. 마트에서 만날 수 있는 길게 자란 줄기를 가진 미나리가 대부분 이곳에서 생산되는 것이다.

야생에서 볼 수 있는 미나리는 주로 습지에서 자라므로 도시건 시골이건 물이 흐르는 도랑 주변에 가면 만날 수 있다. 하지만 그곳에 가 보면 미나리는 여러 가지 풀 종류들과 함께 섞여 자라므로 초심자들은 구별하기도 어려운데 어머니는 용케 알고 뜯어 오셨다. 여기에 돈나물로 불리는 돌나물 새잎을 뜯어 미나리와 함께 물김치를 만들어 밥상 위에 올려놓으면 밥 한 그릇은 금방 비울 수 있을 정도로 인기 있는 메뉴였다. 야생에서 절로 나 자라는 것은 재배되는 것에 비해 크기는 작지만 향기가 더 강하기 때문에 다양한 용도로 쓰인 것 같다.

지금도 시골집 수돗가에는 미나리가 자란다. 어디서 왔는지는 모르겠지만

미나리(군락)

몇 년 전부터 봄이면 큰 군락을 만든다. 우리 식구들이 한두 번은 부침개나 쌈 채소로 이용하는 등 미나리 요리를 즐길 만큼 풍성하다. 한번은 상추와 함께 쌈으로 먹기 위해 튼실하게 자란 미나리를 뜯으러 갔다. 그런데 그 앞에 앉은 후 5분도 안 되어 모든 걸 포기했다. 모기가 얼마나 덤벼드는지 도저히 감당이 되지 않았기 때문이다. 우리가 느끼는 미나리 향 때문인지 그곳에는 모기의 집단 서식지처럼 많은 개체가 줄기 사이사이에 붙어 있다가 공격을 하는 것이었다. 혼비백산해 도망치듯 뛰쳐나왔지만 그런 어려움 때문인지 미나리를 곁들여 먹는 상추쌈 맛은 최고였다.

미나리의 학명은 *Oenanthe javanica*다. 속명 '*Oenanthe*'는 '술'을 뜻하는 그리스어 oinos와 '꽃'을 의미하는 anthos의 합성어로 포도주 냄새 같은 향기가 난다는 뜻이고, 종소명 '*javanica*'는 자바에서 자란다는 뜻이다. 우리 이름 중 '미'는 물을 의미하는 믈(水)이 변한 말이고 '나리(백합)'는 풀이라는 의미를 가져 물에서 자라는 풀이라는 뜻에서 유래했다. 따라서 처음에는 믈나리로 불리

미나리(전체)

다가 미나리로 변화된 것이다. 지방에서는 잔잎미나리라고도 부른다. 우리나라에서 자라는 미나리속 식물은 미나리 1종이다. 한동안 제주도에서만 자라고 갈라진 잎 중 가장 가운데 잎이 다시 잘게 갈라지는 것을 개미나리라 하여 변종으로 취급했었는데 학자마다 의견이 다르고 잎이 갈라지는 정도는 개체변이로 생각되어 인정하지 않았다. 한방에서는 미나리의 지상부를 수근(水芹)이라 하여 갈증 해소에 사용하고 이뇨작용, 해독작용을 하는 것으로 알려져 있다.

미나리로 전을 부쳐 손으로 투박하게 잘라 주시던 할머니 모습이 생각난다. 비라도 오는 날이면 은은하게 풍기는 향기가 빗소리와 더불어 조화롭게 들렸던 기억도 있다. 요즘은 삼겹살이나 복어 음식과 가장 잘 어울리는 재료로도 각광받고 있다. 추억과 그리움, 그리고 항상 곁에 있는 것 같아 반가운 존재, 미나리가 가지고 있는 최고의 매력인 것 같다.

미나리(잎)

미나리(꽃차례)

미나리(마디와 줄기 끝에서 나온 뿌리와 어린새싹)

미나리(줄기 마디에 내린 뿌리)

미나리는 산형과(Apiaceae)에 속하는 여러해살이풀로 30센티미터 정도의 높이에 줄기 아래에서 가지가 많이 갈라져 옆으로 퍼진다. 줄기에는 능각이 있고 가을에 옆으로 뻗는 가지, 즉 포복경의 마디에서 뿌리를 내려 번식한다. 미나리 여러 개체가 군락을 만드는 이유다. 잎은 어긋나 달리고 삼각형 또는 3각상 달걀모양으로 길이 7–15센티미터이며 1–2회로 갈라지는 깃꼴잎을 가졌다. 작은 잎은 달걀모양으로 길이 1–3센티미터, 너비 7–15밀리미터로 가장자리에 톱니가 있다. 꽃차례는 복산형꽃차례로 달려 복잡한데, 즉 원줄기 끝부분에 5–15개의 작은 산형꽃차례로 구성되고 각각에 10–25개의 흰색 꽃이 달려 완성된다. 꽃을 받치고 있는 잎 모양의 작은 포는 선처럼 가늘고 작은 꽃자루의 길이는 2–5밀리미터로 작아 꽃이 다닥다닥 붙어 있는 것처럼 보인다. 열매는 타원형이고 완전히 익으면 가장자리가 코르크처럼 두꺼워진다.

59

진달래과

철쭉

도심건물이나 관공서 등 공공시설물 주변 조경은 사람들에게 많은 인상을 심어 준다. 조경용으로는 어떤 종류를 심을까? 도로 주변에는 왕벚나무, 백합나무, 느티나무, 양버즘나무 등이 가로수로 심겨 있고 화난에는 백목련, 산수유, 향나무 같은 것이 자라고, 돌담이나 옹벽 사이, 그리고 화단에는 철쭉 종류들이 심겨 있다. 그 사이사이를 잔디가 덮고 있고 봄이면 지면패랭이꽃이나 야생하는 제비꽃 종류가 주변을 에워싸면서 자라 좋은 풍광을 만들어 준다.

특히 철쭉 종류들이 일제히 꽃이 피는 4월 중순부터 5월 초가 되면 화려함은 최고조에 달하는데, 이때는 다른 어느 꽃 축제보다도 훌륭하다. 그런데 여기서 짚고 넘어가야 할 것이 있다. 이렇게 아름다움을 자랑하는 철쭉 종류들은 대부분 우리나라 야생에서 자라는 식물이 아니라는 것이다. 지난 23년간 근무하면서 우리 대학에서 확인한 토종 철쭉은 불과 10개체도 안 된다. 나머지 철쭉 종류들은 모두 원예종으로 개량된 품종들이다. 어디든지 한번 뿌리를 내리면 계속해서 살 수 있고 다양하게 만들어진 꽃 색깔은 사람들의 눈길을 끌기에 충분한 매력을 가지고 있어 조경용 식재종으로 많이 선택되는 것 같다. 게다가 이렇게 개량된 품종을 심은 후 그 앞에 꽂아 놓은 수목표찰에는 야생에서 자라는 산철쭉, 흰철쭉 등 같은 이름이 쓰여 있어 자칫하다간 큰 오해를 가져올 수 있는 정보가 제공되기도 한다. 이런 문제 해결을 위해 우리나라 야생식물들이 원예종으로 개량된다면 영산홍이나 황철쭉처럼 야생종과는 구별되는 이름을 붙였으면 좋겠다는 생각을 개인적으로 해 본다.

철쭉(군락)

철쭉이란 식물에 대해 이렇게 여러 가지 의견을 말하는 데는 이유가 있다. 우리나라 식물분류학의 역사를 보면 최초의 탐험 시기는 1854년도로 거슬러 올라가게 된다. 처음으로 우리식물이 채집된 해인데, 팔라스(Palace)라는 군함을 타고 동해안 지형 측정을 하러 왔던 러시아 해군 함장 쉴리펜바흐(Baron Alexander Schlippenbach)가 50여 종을 수집해 러시아 식물학자 맥시모비츠(Carl Johann Maximowicz)에게 보냈고, 이 식물들이 연구 자료로 활용된 것이다. 그 후 동아시아식물에 관심이 많았던 미구엘(Friedrich Anton Wilhelm Miquel)은 이 식물을 연구해 새로운 종으로 발표하게 되는데 이 중 하나가 철쭉이다. 미구엘은 채집자의 이름을 기념하기 위해 종소명으로 만들어 발표했으며 이 이름은 지금까지 변함없이 사용되고 있다. 우리나라 식물이 최초로 외국에 알려지게 된 첫 번째 식물이란 의미로 강조하는 것이다. 앞으로 캠퍼스 내 화단이나 길 주변 모든 곳에 우리나라 자생 철쭉이 심기기를 기대해 본다.

철쭉의 학명은 *Rhododendron schlippenbachii*다. 속명 '*Rhododendron*'은 그리스어 rhodon(장미)과 dendron(나무)의 합성어로 장미를 닮은 나무라는

뜻인데 꽃 모양이 비슷해 붙여진 이름 같으며, 종소명 '*schlippenbachii*'는 철쭉을 처음 채집한 러시아 함장 Baron Alexander Schlippenbach의 이름에서 유래했다. 우리 이름은 한자명 척촉(躑躅)에 어원을 두고 있으며 발음이 텩툑, 텩튝, 쳘듁, 철쭉 등 순서대로 변해 만들어진 것이다. 지방에서는 철쭉나무, 함박꽃, 개꽃나무, 철죽나무, 참철쭉, 철쭉꽃, 철죽이라 부르기도 한다. 우리나라에서 자라는 진달래속(*Rhododendron*) 식물은 17종류 정도며, 철쭉에 비해 꽃이 흰색으로 피는 것을 흰철쭉이라 하여 품종으로 취급하기도 한다. 한방에서는 철쭉, 산철쭉, 흰철쭉의 꽃을 척촉(躑躅)이라 하여 부스럼이나 종기를 치료하거나 마비된 곳을 풀어 주는 데 쓴다.

철쭉을 얘기하다 보면 으레 진달래가 등장한다. 진달래 하면 참꽃, 화전, 두견주 등 친숙한 단어들로 가득하지만 철쭉은 독성이 있어 먹지 못하므로 개꽃이라 불려 먹는 것에 관한 한 외면당하기 일쑤다. 그래도 역사로 볼 때 중요한 의미는 진달래보다 철쭉에 더 있으니 굳이 비교하지 않았으면 좋겠다.

산철쭉

흰철쭉

황철쭉

진달래

영산홍

철쭉(줄기)

철쭉(잎)

철쭉(꽃)

철쭉(열매)

철쭉은 진달래과(Ericaceae)에 속하는 떨기나무로 높이 1-5미터 정도이며 어린가지는 회갈색으로 분비털이 밀생하고 줄기껍질은 진한 회색으로 윤기가 있다. 잎은 가지 끝에 4-5개가 모여나 돌려나는 것 같으며 각각은 달걀을 거꾸로 놓은 모양으로 길이 5-7센티미터, 너비 3-5센티미터다. 잎 끝은 둔하거나 둥글고 밑은 쐐기모양이며 가장자리는 밋밋하고 양면에 털이 있으며 짧은 잎자루가 있다. 꽃은 잎과 함께 피며 연한 홍자색으로 가지 끝에 3-7개의 꽃이 산형꽃차례처럼 달린다. 꽃받침조각은 달걀모양으로 작은 꽃자루와 더불어 분비털이 있어 만지면 끈적끈적하다. 꽃은 깔때기모양으로 지름 5-6센티미터 정도이며 안쪽에 적갈색 반점이 있고 수술은 10개인데 길이가 서로 다르고, 암술대는 길며 아래쪽에 돌기가 있고 씨방에 분비털이 있다. 열매는 삭과로 긴 달걀모양이며 길이 1.5센티미터로 겉에 분비털이 있고 10월에 익는다.

60

앵초과

좀가지풀

제주도와 울릉도를 10여 차례 이상 다녀오긴 했지만 관광을 목적으로 갔던 적은 없었던 것 같다. 어떤 해는 1년 동안 매월 한 번씩 오름 조사를 위해 제주도에 갔던 적도 있고, 세미나를 위해서는 새벽 비행기로 갔다가 저녁 비행기로 돌아왔던 적도 있었다. 울릉도도 마찬가지다. 도착했다가 나오기 전날 폭풍주의보가 내려져 배편이 취소되는 바람에 날씨가 정상으로 돌아올 때까지 며칠을 더 기다렸던 적도 있다. 덕분에 죽도 구경도 하고 민박집에 함께 묵었던 손님들과는 친구처럼 친해지는 계기도 됐다. 그런데 섬에 가는 목적이 실험에 필요한 식물재료를 찾기 위해서라면 어떨까? 식물이 멀리서 찾아온 손님을 기다려 주는 것도 아니고, 눈을 크게 뜨고 숲을 헤쳐 가며 찾아야 하는데 그 일이 그렇게 만만치는 않다. 또 원하는 식물을 찾지 못해 일정이 길어지면 그만큼 비용도 더 들고 사기도 떨어져 일의 능률도 오르지 않는 것이 일반적이다.

대학원 박사과정 때 '홍노도라지'라는 식물을 찾으러 갔을 때 그랬다. 식물도감에 보면 이 종은 제주도 홍노리 근처 습한 나무 그늘에서 자란다고 되어 있다. 우리 이름도 처음 발견된 지역 이름을 따서 붙여진 것이라고 한다. 이름만 들으면 아주 쉽게 찾을 수 있을 것 같은데 막상 도착하고 보니 감귤밭 같은 경작지만 있고 그 식물이 살 수 있는 최적지는 아닌 것 같았다. 이틀을 투자해 홍노리 주변을 샅샅이 뒤졌는데 결국 찾지 못했다. 홍노리는 서귀포시에 속하며 지금은 동홍동과 서홍동으로 나뉘어 있는데 면적이 꽤 넓다. 그곳을 걸어서 헤맸던 것이다. 지금은 위성항법시스템(GPS)이 있어 식물이 자라는 곳에 대한

좀가지풀(군락)

홍노도라지

정보가 있다면 쉽게 찾을 수 있는데 예전에는 어림도 없는 소리였다. 결국 홍노리는 포기하고 있을 만한 곳을 지도를 보며 찾아보기로 했다. 최종적으로 선택된 곳은 삼나무 숲이 잘 발달되어 있는 조천읍 교래리 지역이었다. 숲 가장자리 햇빛이 잘 들어오는 곳을 중심으로 열심히 찾다가 줄기와 잎이 비슷해 보이는 개체를 만났다. 얼마나 반가웠던지 그 주변을 다시 이 잡듯이 뒤져 같은 개체 여러 개를 채집하는 데 성공했다. 그날 저녁 우리는 축배를 들며 그동안의 노력을 서로 치하했고 다음 날 아침 비행기로 돌아왔다. 힘들게 가져온 만큼 온실 화분에 공들여 심은 후 자라는 상태를 확인하기로 했다. 며칠이 지났을까 줄기 끝에 꽃봉오리를 맺은 화분이 보이더니 심고 난 후 10일 만에 활짝 핀 꽃을 볼 수 있었다. 그런데 꽃 색깔이 노란색이다! 홍노도라지는 흰색 꽃이 펴야 한다. 깜짝 놀라 자세히 살펴보니 줄기가 약간 비스듬히 자라는 것 이외에는 잎차례도 다르고 꽃 모양과 꽃차례도 다른 것을 알았다. 검색해 보니 좀가지풀이라는 식물이었다. 꽃이 없는 상태에서 홍노도라지와 잎 모양과 크기가 비슷해 잘못 동정한 것이었다. 결국 두 번을 다시 방문한 끝에 한라산 등산길 근처에서 진짜 홍노도라지를 찾을 수 있었다. 그러다 보니 홍노도라지 덕분에 알게 된 좀가지풀은 평생 잊지 못할 식물이 되었고 경북과 전남 지역에서도 자라는 남쪽 요소라는 것을 알게 됐다. 지금도 그때를 생각하면 웃음만 나오지만 더 신중하고 더 많은 공부가 필요함을 새삼 느끼게 해 준 일로 기억하고 있다.

참좁쌀풀

좀가지풀의 학명은 *Lysimachia japonica*다. 속명 '*Lysimachia*'는 마케도니아의 왕 Lysimachion의 이름에서 유래됐다. 여기에는 전설이 있는데 이 왕이 성난 황소의 습격을 받아 곤란한 상황이 벌어졌는데 이 풀을 뽑아 흔들었더니 소가 진정됐다고 한다. 또 그리스어 lysis(풀다)와 mache(경쟁, 싸움)의 합성어라고 하기도 한다. 종소명 '*japonica*'는 일본에서 자란다는 뜻이다. 우리 이름은 작다는 의미의 '좀'과 '가지'의 합성어로 꽃이 작은 가지꽃처럼 생겼다는 뜻으로 붙여진 것 같다. 지방에서는 돌좁쌀풀, 금좁쌀풀, 들좁쌀풀, 좀가지꽃이라 부른다. 우리나라에서 자라는 참좁쌀풀속(*Lysimachia*) 식물은 13종류가 있으며, 좀가지풀과 형태적으로 비슷한 분류군은 좁쌀풀 종류와 버들까치수염인데 줄기가 곧게 자라고 잎자루가 거의 없어 구별된다. 한방에서의 용도는 알려진 것이 없다.

식물과 관련된 다양한 이야기는 예전부터 전해 오는 전설도 있지만 좀가지풀과 홍노도라지처럼 우연한 실수로 인해 만들어지는 이야깃거리도 있다. 분류가 어렵거나 희귀한 식물을 알아갈 때 이런 방법을 사용해 보면 어떨까 생각했다. 훨씬 학습 성취도는 높아질 것 같다. 이참에 동정이 어려운 식물들의 목록을 만들어 시도해 봐야겠다.

좀가지풀(잎과 줄기)

좀가지풀(꽃)

좀가지풀은 앵초과(Primulaceae)에 속하는 여러해살이풀로 높이 7-20센티미터 정도이고 털이 있으며 약간 비스듬히 자라지만 나중에는 길게 옆으로 뻗는다. 잎은 넓은 달걀모양으로 길이 6-23밀리미터, 너비 5-15밀리미터로 짧은 털이 있다. 잎 끝은 뾰족하거나 둔하며 가장자리는 밋밋하고, 밑부분은 둥글며 분비샘이 있고, 잎자루는 5-10밀리미터다. 꽃은 5-6월에 노란색으로 피고 지름 5-7밀리미터로 잎겨드랑이에 한 개씩 달리고 작은 꽃자루는 3-12밀리미터로 꽃이 진 다음에는 밑으로 처진다. 꽃받침은 5개이고 각각은 길이 4-8밀리미터로 좁은 피침형이며, 꽃부리는 끝이 5개로 갈라지고, 수술은 5개로 꽃잎과 같은 방향으로 난다. 열매는 삭과로 둥글고 위쪽에 긴 털이 있으며, 종자는 검은색으로 길이 1밀리미터이며 능선이 1개 있고 표면에 돌기가 밀생한다.

61

감나무과

감나무

계절이 지났다고 생각했을 때 뜻밖의 모습을 만나면 반가움이 두 배가 된다. 지인들과 동해안 여행을 갔다가 돌아오며 들렀던 오대산 소금강에서 있었던 일이다. 소금강은 작은 금강산이라 불릴 정도로 계곡이 화려하고 기암괴석들이 함께하는 우리나라 명승 제1호다. 이곳은 오대산을 즐겨 찾는 이들이 월정사를 출발해 상원사, 비로봉, 북대사, 동대산, 노인봉을 거쳐 소금강으로 내려오는 하루 산행의 으뜸가는 코스로 계곡이 10여 킬로미터가 넘을 정도로 길긴 하지만 멋진 자연 풍광 때문에 찾는 사람들이 해마다 늘어나고 있다.

2022년 12월 시작 무렵 방문했을 때는 소금강 입구에서 노인봉 쪽으로 올라가는 계곡 길을 산책 삼아 갔었는데 그곳은 도심지보다 4-5도가 낮을 정도로 싸늘했다. 그래도 계곡에는 큰 소리가 들릴 정도로 수량이 많고 가끔 보이는 폭포 이정표를 따라 내려가 보면 시원한 물줄기가 쏟아져 내려오는 모습이 마치 우리 일행을 반겨 주는 것 같아 고마웠다. 명승 1호를 알려 주는 표지석까지 40여 분을 걷고 나니 매서운 계곡 칼바람이 만만치 않아 아쉬움을 뒤로하고 돌아서려는데 하천변으로 보이는 붉고 황색인 열매가 눈에 들어왔다. 감나무다. 높이는 족히 7-8미터 이상 되어 보이는데 지금까지 올곧게 남아 있는 것이 신기했다. 나무 높이가 2-3미터 정도밖에 안 됐다면 저런 모습은 보기 어려웠을 테고, 마을이나 도심지였다면 새들도 그냥 두지 않았을 것이라고 생각하니 눈앞에 서 있는 감나무는 현재 가장 좋은 명당자리를 차지하고 있는 현명한 나무라는 생각이 들었다. 또 이웃한 나무들은 모두 낙엽을 떨구고 겨울로

감나무(소금강)

접어드는데 감나무만큼은 아직도 싱싱하게 열매를 매달고 있으니 소금강 겨울 지킴이의 대표라 해도 손색이 없을 정도였다. 사실 감나무는 추위에 아주 약한 종이다. 어떤 식물도감에는 경기도 이남 지역에 과수로 재배하고 있다고 되어 있을 정도다. 강원도 횡성의 고향집에서도 지금까지 몇 그루의 감나무를 심었던 것으로 기억하는데 제대로 자라는 것을 본 적이 없다. 겨울철 낮은 온도로 인해 모두 얼어 죽은 것이다. 예전만큼 춥지 않은 겨울을 보내곤 했는데 나무가 느끼는 기온은 좀 다른가 보다. 하물며 소금강 계곡에 감나무가 잘 자라고 있다니 신기하기도 하고 좀 특별해 보였다. 이왕 자리 잡은 것, 앞으로도 그곳에서 영원한 터줏대감으로 남았으면 좋겠다.

감나무의 학명은 *Diospyros kaki*다. 속명 '*Diospyros*'는 Jupiter신을 뜻하는 그리스어 Dios와 '곡물'을 의미하는 pyros의 합성어로 신이 먹는 음식으로서 과일의 맛을 찬양한 것이고, 종소명 '*kaki*'는 일본어로 감을 뜻하는 단어다. 우리 이름은 달다는 뜻의 감(甘)과 나무가 만나 만들어졌으며, 지방에서는 돌감나무, 똘감나무, 산감나무라 부른다. 우리나라에서 자라는 감나무속 식물은 고욤나무와 감나무 2종뿐인데, 고욤나무는 어린가지에 회색털이 있고 잎 뒷면은 대부분 흰색이며 꽃부리에 털이 없고 열매는 지름 1.5-2센티미터로 작아 구별된다. 한방에서는 감나무 꽃의 꽃받침을 시체(柿蒂), 열매는 시자(柿子), 잎은 시엽(柿葉), 그리고 열매를 말린 곶감은 시병(柿餅)이라 한다. 시체에는 탄닌, 트리터페노이드, 당분, 중성지방유가 들어 있어 야뇨증과 딸꾹질에 효과가 있으며, 시자는 열이 나면서 갈증이 생기는 증상과 만성기침, 입 안쪽에 생기는 염증 질환에 좋고, 시엽은 피를 토하며 나는 기침에, 그리고 시병은 출혈과 이질 치료에 사용해 쓰임새가 많은 나무다.

감나무(전체)

고욤나무

여행을 하거나 산행을 하다가 생각지도 않았던 풍경이나 꽃과 열매를 만난다면, 언젠가는 그것을 만나러 다시 한번 와야겠다는 생각을 한다. 겨울의 문턱에서 휑한 주변 모습과 대조적으로 풍성함과 이색적인 색깔을 연출해 준 소금강 계곡 감나무도 마찬가지다. 오랫동안 기억에 남을 멋진 모습이다.

감나무(줄기)

감나무(잎)

감나무(가지와 꽃)

감나무(어린열매)

감나무(열매)

감나무는 감나무과(Ebenaceae)에 속하며 높이가 14미터까지 자라는 큰키나무로 줄기의 잔가지에는 갈색 털이 나 있다. 잎은 어긋나 달리고 두꺼우며 타원처럼 생긴 달걀모양 또는 긴 달걀모양으로 길이 7–17센티미터이고 가장자리에 톱니가 없어 밋밋하며 잎자루는 0.5–1.5센티미터 정도다. 꽃은 암술과 수술이 함께 들어 있는 양성화, 또는 암꽃과 수꽃이 따로 핀다. 꽃은 황백색이고 잎겨드랑이에 달리며 꽃부리의 길이와 너비는 각각 1.8센티미터와 1.5센티미터로 비슷하고 겉에는 잔털이 많다. 열매는 달걀을 닮은 원형 또는 편구형으로 지름은 4–8센티미터 정도이며 10월에 주황색으로 익는다. 감나무는 동아시아 온대지역 특산종으로 중국 양쯔강 주변이 원산지로 알려져 있고, 열매 모양과 맛에 따라 약 800여 가지 품종이 만들어져 재배되고 있다.

62

노린재나무과

노린재나무

예전 학생들은 수업 시간에 들은 선생님 말씀은 팥으로 메주를 쑨다 해도 믿었고 늘 동경의 대상이 되었었다. 이런 무한 신뢰 때문에 선생님 그림자도 밟지 않는다는 말이 생겼는지도 모르겠다. 그런데 요즘 학생들은 예전과 달리 선생님 말씀에 의문이 많기도 하고 많은 것을 궁금해한다.

요즘 대학에서 초중등학교 학생을 대상으로 한 교육을 실시할 때가 있는데, 학생들의 질문은 아주 도전적이다. 그도 그럴 것이 이론으로만 배운 것을 실제 실험을 통해 알게 되니까 실험과정에서 누락된 것에 대한 질문이 많다. 대학생들의 수업 반응 역시 많은 것이 달라졌다. 현장에서의 수업이나 조사 때에는 연구실에서보다 훨씬 더 많은 궁금증이 있다. 한번은 식물 설명을 하다가 노린재나무에 대한 이야기를 했다. 이 나무를 말려 불에 태우면 재가 노란색이라는 의미에서 그런 이름이 붙여졌다고 설명했다. 그랬더니 한 학생이 본인이 불에 태워 보니 노란색이 아니고 회색이었다는 것이다. 혹 노린재나무가 아닐 수 있으니 정확한 개체로 다시 한번 태워 보겠다고 했다.

우리나라에는 노린재나무 외에도 검노린재나무, 섬노린재나무, 사철검은재나무, 검은재나무도 있다. 이름만 보면 재의 색깔이 중요한 분류 형질이 될 것 같은데, 사실 '한국속식물지'에 들어 있는 5분류군을 나누는 검색 형질에는 재의 색깔이 들어 있지 않다. 어쨌든 몇십 년 동안 노린재나무에 대한 설명은 항상 그랬다. 또 나도 노린재나무를 불에 태워 보지는 않았다. 지도교수님으로부터 산행을 하다가 들었던 이야기가 머릿속에 박혀 있는 것이다. 아마 교수

노린재나무(군락)

노린재나무(전체)

검노린재나무

섬노린재나무

님도 또 그렇게 들으셨을 것으로 안다. 사실이든 아니든 요즘은 그것을 확인해 보려는 시도가 많은 것 같다. 노린재나무는 우리나라 소나무 숲이나 신갈나무 숲 등의 작은키나무층이나 떨기나무층에서 주로 나타나는 습성을 가졌다. 결국은 우리나라 숲 전체에서 흔히 만날 수 있다는 이야기인데 꽃과 열매도 아름다워 관상 가치가 있는 종류이기도 하다.

노린재나무의 학명은 *Symplocos sawafutagi* 다. 속명 '*Symplocos*'는 결합한다는 뜻의 그리스어 symplocos에서 유래했으며 수술의 기부가 붙어 있는 것을 표현한 것이고, 종소명 '*sawafutagi*'는 노린재나무의 일본명이다. 노린재나무란 이름은 불에 타고 남은 재의 색이 누런 빛이 돈다는 뜻에서 유래했으며, 다른 이름으로는 노란재나무, 제낭, 노린재라고 부른다. 노린재나무에 비해 열매 색깔이 흰색인 것은 흰노린재나무라 하여 변종으로 취급하기도 한다. 형태적으로는 섬노린재나무와 가장 비슷한데, 섬노린재나무는 잎 가장자리에 분비선이 있는 이빨 모양의 톱니가 있고 꽃차례에는 작은 잎이 달리지 않으며 열매가 진한 검은색을 띠는 청색이어서 구별된다. 한방에서는 노린재나무의 잎과 가지를 화산반(華山礬)이라 하여 여름철 이질과 설사를 치료하고, 외상 출혈과 불에 데어 생긴 상처에 찧어 붙여 피부 재생력을 촉진시키는 데 사용한다.

노린재나무는 줄기로 지팡이를 만들고 나무를 태워 매염제로 사용하기도 했으며, 어린잎은 식용하기도 했다고 한다. 많은 용도로 쓰였지만 나에게는 꽃과 열매가 가장 아름다운 모습인 것 같다. 특히 열매 색깔은 우리나라에서 절로 나 자라는 나무 중 최고가 아닌가 한다. 8월 말쯤 마지막 늦더위가 기승을 부려 온몸이 땀범벅이 됐을 때 만났던 잘 익은 열매를 한가득 매달고 있던 나무가 기억난다. 더위를 잠시 잊게 해 준 멋진 모습이었다.

노린재나무(줄기)

노린재나무(잎)

노린재나무(꽃)

노린재나무(열매)

노린재나무는 노린재나무과(Symplocaceae)에 속하며 높이 2–3미터인 떨기나무다. 줄기껍질은 세로로 갈라지고 가지는 회갈색이며 작은 가지에 털이 있다. 잎은 어긋나 달리고 타원형 또는 달걀을 거꾸로 놓은 모양처럼 생겼다. 잎 길이는 3–10센티미터, 너비 2–5센티미터로 다양하며 양 끝은 뾰족하고 가장자리에 작은 톱니가 있다. 잎 뒷면 맥 위에는 털이 있으며 분백색을 띠고, 3–8밀리미터의 짧은 잎자루가 있다. 꽃은 5월에 흰색으로 피고 향기가 강하며 여러 개가 모여 새 가지 끝에 원추꽃차례를 만드는데, 그 사이에 작은 잎이 달리기도 한다. 꽃받침과 화관은 5개로 갈라지고 수술은 여러 개로 화관보다 길게 돌출되어 활짝 핀 꽃들은 마치 뭉게구름을 보는 것처럼 희고 화려하다. 열매는 복숭아나무나 살구나무처럼 안쪽 내과피는 딱딱하게 되고, 가운데 중과피는 다육질이며, 가장 바깥에 있는 외과피는 얇은 껍질로 되어 있는 핵과로 타원모양이며 길이 6–8밀리미터, 너비 5–6밀리미터로 9월에 청색으로 익는다.

63
조름나물과
어리연꽃

물을 중심으로 살아가는 식물들은 모두 수생식물이라 부르지만 물 깊이에 따라 침수식물, 부유식물, 부엽식물, 정수식물 등으로 세분하기도 한다. 대표적인 예를 들면 단오날 뿌리줄기 부분을 잘라 미지근한 물에 우려내 머리를 감는 창포나, 논 주변에서 쉽게 볼 수 있는 개구리밥이 여기에 속한다. 연못이나 저수지를 생각한다면 대부분은 연꽃을 떠올린다. 잎도 크고 연한 분홍색과 흰색 꽃이 압권이다. 자료를 검색해 보니 제주를 포함한 6곳에서 연꽃축제가 열리는 것으로 나타나는데 마을이나 사찰에서 자체적으로 진행하는 축제까지 더한다면 수십여 곳은 될 것 같다. 연꽃이 이렇게 유명하게 된 것은 음식 재료로 이용된 것도 한몫했다. 사찰음식은 물론이고 연잎밥이나 연근을 이용한 다양한 반찬들이 참살이 음식이라는 간판을 달고 방송을 타면서 각광받기 시작했기 때문이다. 연꽃을 이야기할 때 수련을 빼놓을 수 없다. 같은 공간에 연꽃과 같이 심겨 있거나 아예 수련만 심은 곳도 종종 보인다. 두 종을 구별할 수 있는 가장 중요한 특징은 잎 모양인데 연꽃은 둥근 반면 수련은 잎 아랫부분이 화살모양으로 갈라져 차이가 있다. 한동안 두 종은 수련과에 포함되기도 했으나 최근 연꽃의 암술에 해당하는 심피가 깔때기모양의 꽃받기 속에 박혀 있고, DNA를 근거로 한 실험 결과에서도 차이가 나 각각을 연꽃과와 수련과로 구분하고 있다.

연꽃이라는 우리 이름 때문에 또는 물에 떠 자란다는 공통점 때문에 혼동이 있는 다른 종류도 있다. 바로 조름나물과에 속하는 어리연꽃과 노랑어리연

어리연꽃

노랑어리연꽃

연꽃

수련

꽃, 그리고 애기어리연이라고도 불리는 좀어리연꽃이다. 어리연꽃은 비교적 넓게 분포하지만 나머지 종류는 경남이나 전남 지역 등 주로 남쪽 지역에서 자란다. 지금까지 촬영한 어리연꽃 사진 자료를 보니 어리연꽃을 만난 것은 2011년 람사르 습지로 지정된 전북 고창군의 운곡습지, 강원도 춘천시의 춘천호, 그리고 최근에 만난 춘천의 의암호뿐이다. 그만큼 물에서 사는 연꽃같이 생긴 작은 잎은 많이 봤어도 상대적으로 꽃이 핀 개체를 만난 것이 적다는 얘기다.

학부생 졸업논문조사를 위해 춘천시에 위치한 중도를 함께 방문한 적이 있다. 중도는 의암댐 때문에 만들어진 섬이다. 길을 따라 가다가 낚시꾼들이 만들어 놓은 샛길이 있으면 수생식물을 볼 수 있을 것 같아 잠시 내려가곤 했는데 그때마다 몇 종류씩 관찰이 가능했다. 어리연꽃은 중도의 다리 위에서 내려다봐도 금방 구별이 가능했다. 가느다란 줄기에서 나온 작은 잎이 물 위로 떠다니고 전체적으로 흰색으로 보이지만 가운데 나 있는 노란색 무늬와 가느다란 털로 뒤덮인 특이한 꽃이 피기 때문이다. 호수 가장자리로 떠밀려 나온 작고 앙증맞은 모습을 사진에 담아 사회관계망서비스(SNS)에 올렸더니 금세 예쁘다는 반응이 여러 곳에서 왔다. 장소를 물어보는 사람들도 있었다. 8월 중순 찌는 듯한 더위를 잠시 잊게 해 주는 멋진 모습이었다.

어리연꽃의 학명은 *Nymphoides indica*다. 속명 '*Nymphoides*'는 *Nymphaea* 속과 겉모양을 뜻하는 그리스어 eiodes의 합성어로 수련과(Nymphaeaceae)의 *Nymphaea* 속(수련속)과 비슷하게 생겼다는 의미이며, 종소명 '*indica*'는 인도 지역에서 자란다는 뜻이다. 우리 이름은 연꽃과 비슷하다는 의미로 붙여졌으며, 지방에서는 꽃 색깔을 한자로 표현해 금은연 또는 어리연이라 부른다. 우리나라에서 자라는 어리연꽃속 식물은 좀어리연꽃, 노랑어리연꽃, 어리연꽃 등 3종류가 있다. 형태적으로 어리연꽃은 좀어리연꽃과 비슷한데, 좀어리연꽃은 잎 길이가 2-6센티미터이고 뒷면에 자색 선점이 나며 꽃의 지름이 8밀리미터 정도로 어리연꽃의 절반 크기여서 구별된다. 한방에서는 어리연꽃의 잎을 금은련화(金銀蓮花)라 하여 갈증을 풀어 주고 위를 튼튼하게 해 주는 데 사용한다.

호수 위로 배가 지나갔는지 물결이 일어 밀려오는 어리연꽃 개체를 보고 있으려니 어릴 때 종이배를 만들어 물에 띄우며 놀았던 기억이 난다. 연꽃보다는 작은 꽃이 피지만 잔뜩 모여 있는 군락은 옆에 앉아 친구들과 도란도란 이야기를 나누기에도 충분한 분위기를 만들어 준다. 한마디로 예쁜 꽃이다.

어리연꽃(잎)

어리연꽃(꽃)

어리연꽃은 조름나물과(Menyanthaceae)에 속하는 여러해살이 수초로 수염 같은 뿌리가 물속 진흙 속으로 뻗어 자라며 줄기는 가늘고 길다. 잎은 한 개체에 1-3개가 달리며 동그란 심장모양으로 길이 7-20센티미터이고 아래는 깊게 갈라져 'ㅅ' 자처럼 되어 수면 위로 올라오는 꽃줄기를 포획하듯 감싼다. 꽃은 8월에 피고 물 위로 2센티미터 정도 올라오는 꽃줄기에 한 개씩 달리며, 개체당 10개 정도가 핀다. 꽃의 지름은 1.5센티미터이고 꽃잎처럼 생긴 꽃받침은 5개로 넓은 피침형이며 흰 바탕에 가운데는 황색이고 전체에 긴 흰색 털이 있다. 열매는 삭과로 넓은 타원형이며 광택이 있고 끝에는 2밀리미터 정도의 암술대가 남아 있다. 종자는 길이 3밀리미터로 날개가 있으며 편평하고 거꾸로 된 달걀처럼 생겼다.

64

박주가리과

민백미꽃

강원도에 있는 산에 가면 해발고도는 기본적으로 천 미터는 넘는 것 같다. 조사를 하기엔 하루에 하나의 산도 바쁘다. 또 자라는 식물의 다양성도 높기 때문에 시간도 오래 걸린다. 산길 10여 킬로미터는 기본이고 하루 9시간 이상을 걸어야 한다. 학생들도 마찬가지다. 경험이 풍부한 친구들은 나름대로 적응을 잘하지만 새롭게 들어온 연구실 학생들은 쉽지가 않다. 몇 번씩 함께 조사를 나가야 비로소 조사 방법이며 산행 요령을 터득하게 되는 것 같다. 야외조사에서 수집된 표본을 건조시키고 동정하면서 힘들었던 일련의 과정들을 생각하면 고개가 저절로 저어지기도 하지만 많은 공부를 했다고 생각하면 그런 기분은 얼음 녹아내리듯 상쇄되고 만다. 이런 경험에 대한 좋은 예가 있다. 우리 학과는 졸업을 위한 요건으로 4학년 때 논문을 써야 한다. 학생들이 선호하는 학문 분야 연구실에 들어가 1년 동안 실험하고 조사해 논문을 작성하는 것이다. 식물분류학연구실은 한 팀은 실험논문으로, 다른 한 팀은 야외조사를 통한 논문으로 진행한다.

봄이 무르익어 가는 5월 중순쯤 야외조사팀과 함께 강원도 홍천군에 있는 가리산에 갔다. 해발 1,050미터 정도 되며 정상부가 커다란 바위산처럼 불쑥 튀어나와 있어 쉽게 눈에 띄는 곳이다. 아래쪽에는 자연휴양림이 위치해 많은 사람들이 찾아오기도 하고 주변에는 아름다운 계곡도 있어 시원함도 더해 준다. 그런데 산행을 하는 입장에서 보면 이런 입지의 산은 몇 배로 힘이 든다. 일단 계곡 상부까지 가야 하고 그곳에서부터 정상까지는 경사진 곳과 능선 길로

민백미꽃(군락)

올라야 하기 때문이다. 우여곡절 끝에 정상에 도착한 것은 출발 후 5시간 정도 지나서였다. 정상에서 올라온 길을 내려다보면 뿌듯함도 느끼지만 내려갈 것을 생각하면 다시 우울해진다. 그러다 보니 식물조사를 왔지만 식물이 눈에 들어오기는커녕 앞사람 쫓아 가기도 바쁘다. 그런 기분으로 하산을 시작하는데 기쁨을 주는 식물이 눈에 들어왔다. 주변은 신갈나무 숲에 바닥은 참나물, 우산나물, 껍질용수염 같은 초본류 들이 많아 온통 녹색으로 가득 차 있는데 가장자리에 순백색의 민백미꽃이 피곤한 우리 팀을 반겨 주고 있었기 때문이다. 학생들은 일제히 환호성을 지르며 반가워했고 한참 동안 사진을 찍으며 시간을 보냈다. 지난 몇 시간의 피곤함이 민백미꽃으로 인해 녹아내리는 순간이었다. 그로부터 두 달 후 다시 그곳을 찾았다. 산행 경로는 비슷했는데 다시 민백미꽃을 만났을 때 흰 꽃은 간데없고 열매만 달랑 달려 있었다. 학생들에게 식물의 이름을 물었더니 아는 사람이 아무도 없었다. 다시 5월에 만났던 민백미꽃 이야기를 해 주었다. 그제야 학생들은 같은 식물임을 알게 되었다. 식물 채집을 하고 건조 후 동정을 하는데 학생들은 바로 이름을 맞췄다. 산행으로 인해 피곤할 때 만난 식물, 다시 만나 복습하고 한 번 더 확인한 식물. 앞으로 민백미꽃은 반드시 기억할 수 있을 것 같다고 학생들은 이구동성으로 이야기했다.

민백미꽃의 학명은 *Cynanchum ascyrifolium* 이다. 속명 '*Cynanchum*'은 개를 뜻하는 그리스어 cyno와 죽인다는 의미를 가진 anchein의 합성어로 개에 대해 독이 있다고 생각했던 이 속 식물 중 어떤 종의 그리스명이고, 종소명 '*ascyrifolium*'은 물레나물과(Clusiaceae) *Ascyrum*속의 잎과 비슷하다는 뜻이다. 우리 이름은 백미꽃에 비해 전체적으로 털이 없다는 의미이고, 지방에서는 개백미, 민백미, 흰백미라 부르기도 한다. 우리나라에서 자라는 백미꽃속(*Cynanchum*) 식물은 13종류로, 민백미꽃과 가장 비슷한 종류는 선백미꽃인데, 작은 꽃자루의 길이가 0.7-1센티미터이고 꽃의 지름은 7밀리미터로 작고 꽃 색깔이 밝은 황색이어서 민백미꽃과 구별된다. 한방에서는 민백미꽃의 뿌리를 백전(白前)이라 하여 해열제나 기침약으로 사용한다.

민백미꽃은 산지 능선부에서 자라는 것을 좋아한다. 시원한 바람과 함께 흔들리는 하얀 꽃을 보고 있으면 아무런 걱정이 없는 느낌이다. 신선하다는 표현이 더 나을지도 모르겠다. 산행의 발걸음을 가볍게 해 주는 묘한 매력도 가졌다. 멋진 꽃이다.

민백미꽃

선백미꽃

민백미꽃 (잎)

민백미꽃(꽃)

민백미꽃(열매)

민백미꽃(종자)

민백미꽃은 박주가리과(Asclepiadaceae)에 속하는 여러해살이풀로 높이는 30-60센티미터 정도이고, 자르면 하얀 즙액이 나온다. 잎은 마주나고 타원형으로 뒷면은 연한 녹색을 보인다. 잎 길이는 8-15센티미터, 너비 4-8센티미터로, 1-2센티미터의 잎자루가 있다. 꽃은 흰색으로 가지 끝과 잎겨드랑이에 산형꽃차례처럼 달린다. 꽃은 지름 2센티미터 정도로 끝은 5개로 갈라져 앞에서 보면 끝이 무딘 별모양이고, 작은 꽃자루는 1.5-2센티미터이며, 꽃받침은 5개로 갈라진다. 열매는 익으면 봉합선을 따라 열리는 골돌로 길이 4-6센티미터이고 뿔처럼 생겼으며, 종자는 7밀리미터로 넓은 달걀모양이며 가장자리에 흰색 털이 있다.

65

협죽도과

박주가리

얼마 전 서울에 살고 있는 아들 집을 방문했다가 거실 창밖 담장 창살을 타고 올라가며 자라고 있는 박주가리를 만난 적이 있다. 1센티미터도 안 되는 작은 꽃들이 모여 반든 꽃 뭉치들이 잎과 더불어 마치 울타리 장식품처럼 늘어져 있는 모습이었다. 하늘색 양철지붕과 회색 기와로 된 옆집 지붕들과도 얼마나 조화로웠던지 창문을 열고 나가 반갑게 맞이할 정도였다. 온통 신식건물들로 가득하고 하루를 다녀도 흙 한번 제대로 밟을 수 있는 공간이 없는 서울 한복판의 모습과는 정반대여서 약간은 시골스러운 분위기가 나기도 했지만 잠시나마 행복한 시간이었다.

사실 이 식물은 주변에서 만나기 어려운 종류는 아니다. 식물도감을 봐도 우리나라의 양지바르고 건조한 곳이면 흔하게 자라는 것으로 기록돼 있다. 그러다 보니 몸을 기댈 곳만 있다면 어디든지 뿌리를 내리고 자란다. 덩굴성인 줄기의 특성 때문에 햇빛을 보러 가기도 쉽다. 큰 나무, 작은 나무, 담벼락 할 것 없이 지지할 수 있는 곳만 있다면 가리지 않고 앞다투어 올라갈 수 있기 때문이다. 식물체에서 분비하는 하얀색 즙액도 봐줄 만하다. 잎 한 장을 떼어 냈더니 잘려진 부분에서 마치 흰색 페인트가 붓에서 떨어지듯 줄줄 흘러내려 당황스럽기까지 했다. 이런 특징만 본다면 민들레나 고들빼기 종류와 비슷할 것 같지만 박주가리는 협죽도과에 속하고 나머지 두 종류는 국화과에 포함돼 있어 소속이 전혀 다르다. 또 민들레나 고들빼기는 식물체 전체에 이눌린(inulin)이나 콜린(choline) 같은 성분이 많이 들어 있어 초파리 같은 작은 곤충이 즙액을 빨아

박주가리(군락)

먹으면 그 자리에서 즉사할 정도로 독성이 강한 데 비해 박주가리는 그렇지 않은 것 같다. 줄기 끝 연한 부분을 진딧물이 독차지하고 있기 때문이다. 이 곤충 종류는 진딧물과에 속하는 '박주가리진딧물'이란 이름을 가졌다. 노란색 몸 색깔이 녹색 줄기나 잎과 조화롭지만 식물바이러스병을 옮기는 역할을 한다고 하니 그리 반갑지만은 않다. 줄기와 잎이 자랄 때는 끝의 연한 부분에 붙어 자라지만 완전히 성숙한 후에는 꽃줄기로 옮겨가 꽃이 피는 데 장애물로 작용한다. 그래도 꽃을 찾아 날아온 나비도 보이고 파리도 있어 그나마 다행이란 생각을 했다. 박주가리는 가을에도 볼거리를 제공한다. 한 뼘 정도로 길고 겉에 사마귀 같은 돌기가 나 있는 열매와 안쪽에 들어 있는 종자 때문이다. 종자 끝부분에 붙어 있는 명주

민들레(유액)

고들빼기(유액)

실 같은 솜털은 산포를 위해 멀리 날아갈 수 있게 발달했고, 잘 익은 열매가 터지고 스멀스멀 씨가 밀려 나오는 모습을 보고 있으면 얼른 사진으로 남기고 싶은 충동을 느낄 정도다. 이 모든 것이 흔히 만날 수 있어 대수롭지는 않지만 박주가리가 가지고 있는 장점이다.

박주가리진딧물

박주가리의 학명은 *Metaplexis japonica*다. 속명 '*Metaplexis*'는 그리스어 meta(같이)와 pleco(짜다, 엮다)의 합성어로 덩굴성 줄기가 서로 감고 올라가는 모습에서 유래된 것 같으며, 종소명 '*japonica*'는 일본에서 자란다는 뜻이다. 우리 이름은 표주박의 '박'과 작은 조각을 의미하는 쪼가리를 뜻하는 '주가리'의 합성어로 열매가 박처럼 생겼고, 익은 후 열매가 벌어졌을 때 모습을 박의 쪼가리로 형상화해 만들어진 것이다. 우리나라에서 자라는 박주가리속에는 박주가리 1종만이 자라며 비슷한 종류로는 백미꽃속(*Cynanchum*) 식물이 있는데, 꽃차례가 산형모양의 취산꽃차례이고 부꽃부리의 길이가 암술대와 같거나 더 길어 구별된다. 한방에서는 박주가리의 지상부와 뿌리를 라마(蘿藦)라 하여 몸을 튼튼하게 하고, 종기를 치료하며, 뱀에 물렸을 때 사용한다.

박주가리는 장미나 백합처럼 화려한 꽃이 피지는 않지만 강인한 모습을 가지고 있다. 위쪽을 향해 꼿꼿하게 자라는 꽃줄기의 모습도 마찬가지다. 여름과 가을을 행복하게 해 주는 우리식물, 자랑스럽고 더 많이 사랑해 주고 싶다.

박주가리(줄기, 잎, 꽃)

박주가리(열매와 종자)

박주가리는 협죽도과(Apocynaceae)에 속하는 덩굴성 여러해살이풀로 길이는 3미터까지 자라고 자르면 흰색 유액이 나오며 지하경을 길게 뻗어 자란다. 잎은 마주나고 긴 달걀모양의 심장형으로 길이 5–10센티미터, 너비 3–6센티미터이고, 2–5센티미터 정도의 잎자루가 있다. 잎 끝은 뾰족하고 밑은 깊은 심장모양이며 가장자리는 밋밋하고 뒷면은 연한 녹색을 띤다. 꽃은 연한 자색으로 피고 잎겨드랑이에 총상꽃차례로 달린다. 꽃받침은 밑부분까지 깊게 갈라지며 꽃부리 끝은 5개로 갈라져 뒤로 말리고 안쪽에는 털이 밀생한다. 열매는 골돌로 표주박 같은 넓은 피침형이며 길이 10센티미터 정도이고 겉에는 돌기가 여러 개 나 있다. 종자에는 좁은 날개가 있으며 끝에 긴 흰색 털이 붙어 있다.

66

메꽃과

메꽃

시골 출신이라는 것이 장점이면 장점이지 단점으로 작용한 적은 없는 것 같다. 결론적으로 말하자면 식물을 전공한 입장에서 특히 더 도움을 받은 셈이 되었고, 그 내막에는 어렸을 적 시골에서의 많은 경험이 녹아들어 있다. 수업 시간이나 강연회 때 어린 시절 식물과 관련된 이야기를 하면 그 대상이 어떤 연령대냐에 따라 반응은 가지각색이다. 잘못하면 학생들에게는 호랑이 담배 피우던 때 이야기가 될 수도 있지만, 어른들에게는 추억의 감성을 이끌어 낼 수 있는 작은 도화선이 되기도 한다. 여러 가지가 있겠지만 가장 일반적이고 흔하게 만날 수 있는 식물을 예로 들라면 메꽃이 아닐까 한다. 꽃이 나팔 모양으로 나팔꽃과 비슷하게 생겨 같은 식물로 혼동하는 종류다. 사실 우리가 나팔꽃이라고 부르는 식물은 대부분 메꽃일 확률이 더 높다. 나팔꽃은 관상용으로 심고 있지만 메꽃 종류들은 우리나라에 절로 나 자라는 식물로 흔하게 볼 수 있기 때문이다.

식물학적으로도 나팔꽃과 메꽃은 같은 과에 속하지만 메꽃은 메꽃속(*Calystegia*), 나팔꽃은 나팔꽃속(*Ipomoea*)에 포함되어 소속이 서로 다르다. 형태적으로도 나팔꽃 줄기에는 아래를 향한 털이 있고, 잎은 심장모양으로 보통 3개로 갈라지며 표면에 털이 있다. 꽃부리의 지름도 5–8센티미터로 메꽃보다 크며, 열매는 꽃받침 안에 들어 있고 3개의 방 각각에 2개씩의 씨가 들어 있어 구별된다.

어렸을 때 시골 생활에서 메꽃을 기억하는 이유는 따로 있다. 꽃보다는 간식

메꽃(군락)

대용으로 먹을거리를 제공해 주었기 때문이다. 밖에서 친구들과 뛰어놀다 허기가 느껴지면 지체 없이 주변의 나무작대기를 주워 논두렁이나 들에 자라는 메꽃 줄기를 들춰내고 땅속을 헤집었다. 그 속에는 흰색의 땅속줄기, 즉 지하경이 사방으로 뻗어 있는데 이 부분을 잘라 먹었다. 흙이 잔뜩 붙어 있는 지하경을 손가락으로 훑어 내고 입에 넣으면 흙이 씹히기도 했지만 연하고 달착지근한 맛은 지금도 기억난다. 감자나 고구마처럼 배가 부를 정도로 많은 양은 아니었지만 잠시 배고픔을 잊을 정도는 됐던 것 같다.

메꽃의 학명은 *Calystegia pubescens*다. 속명 '*Calystegia*'는 꽃받침과 뚜껑을 뜻하는 그리스어

나팔꽃(사진: 천경식)

갯메꽃

애기메꽃

calyx와 stege의 합성어로 2개의 커다란 포엽이 꽃받침을 싸고 있는 특징을 가졌다. 종소명 '*pubescens*'는 자잘한 털이 있다는 의미다. 우리 이름은 옛날부터 불리던 '메'에서 유래한 것으로 땅속줄기를 식용으로 한 것과 관련 있을 것으로 추정하고 있다. 지방에서는 가는메꽃, 가는잎메꽃, 메, 좁은잎메꽃 등으로 부르기도 한다. 우리나라에서 자라는 메꽃속 식물은 5종류가 있는데 모두 메꽃이란 단어가 들어가 있다. 바닷가에서 자라는 갯메꽃을 제외하면 나머지 종류들은 내륙에 분포하는데 식물체에 털의 분포 여부와 줄기의 습성, 그리고 잎의 모양과 크기가 주된 구별점이다. 이 중 메꽃과 형태적으로 가장 비슷한 종류는 큰메꽃인데 갈라진 잎 가운데 조각이 삼각상 달걀모양이고 끝부분은 길게 뾰족해져 차이가 있다. 한방에서는 메꽃, 큰메꽃, 애기메꽃의 뿌리줄기와 지상부를 구구앙(狗狗秧)이라 하는데 혈압을 내리고, 이뇨작용을 돕고, 소화불량 등에 사용한다.

메꽃을 보고 있으면 손등이 트고 새까맣게 얼굴이 탄 어릴 때 함께 놀던 친구들이 생각난다. 맛있다는 표현으로 허연 이빨을 드러내고 환하게 웃는 모습은 서로에게 기쁨이 되었고 가장 행복한 시간이었다. 이젠 할머니 할아버지가 되어 그때를 추억하는 어른이 되어 있을 그들이 오늘 따라 몹시도 그리워진다. 보고 싶다. 친구들아!

메꽃(잎)

메꽃(꽃)

메꽃은 메꽃과(Convolvulaceae)에 속하고 들에서 쉽게 만날 수 있는 여러해살이풀이다. 땅속에는 흰색 지하경이 사방으로 길게 뻗고 군데군데에서 새순이 나와 얽히고설킨다. 잎은 긴 잎자루가 있고 장타원상 피침형으로 줄기에 어긋나 달린다. 잎의 밑부분은 귀처럼 생겨 화살촉 비슷하고 길이는 5-10센티미터, 밑부분 너비는 2-7센티미터 정도로 어른 손가락만 한 크기의 뭉툭한 칼처럼 보인다. 갈라진 잎의 가운데 조각은 좁은 달걀모양 또는 장타원형으로 끝은 둔하다. 연한 홍자색으로 피는 꽃은 길이 4-5센티미터, 지름 5센티미터로 깔때기모양이며 줄기와 잎겨드랑이에 1개씩 달린다. 꽃받침은 5개로 갈라지고 그 아래에는 달걀모양의 녹색 포가 2장씩 달려 있다. 열매는 대부분 맺지 않는다.

67

메꽃과

애기나팔꽃

나이 60이 되니 한창이던 20대와 30대 때가 가끔 그리울 때가 있다. 확실히 기억나지는 않지만 뭔가 진취적이고 무엇이라도 해야 할 것 같다는 생각에 바쁘게 뛰어다닌 것 같다. 일상생활도 마찬가지지만 먹고 마시는 일에도 활력을 잃지 않아 약간 과음을 해도 다음 날 거뜬히 일어났었는데 요즘은 술이라도 한잔하면 다음 날은 적어도 오전까지는 비몽사몽간에 언행도 횡설수설하는 것 같다. 이런 느낌이 드는 날이면 빠른 회복을 위해 학교 근처에 있는 콩나물국밥집을 찾아가는 버릇이 생겼다. 뜨끈한 국물에 밥 한 그릇을 말아 훌훌

콩나물국밥집 주차장의 애기나팔꽃과 텃밭

애기나팔꽃(군락)

마시면 흘러내리는 식은땀과 함께 술독이 풀리는 느낌이 좋아서다. 야외조사를 갈 때도 학생들과 함께 아침식사를 위해 몇 번 들렀더니 만족도가 높았다. 흔한 선짓국이나 갈비해장국 같은 것은 아침에는 다소 무거워 보이는데 상대적으로 콩나물국밥은 부담이 없어서 그런 것 같다. 그날도 전날 저녁 지인들과 담소를 나누며 한바탕 즐거운 자리를 가졌다. 귀가 후 아내에게 싫은 소리를 듣고 잠이 들었는데 아침에 일어나니 몸이 찌뿌둥하다. 그런 티를 내면 한소리 더 들을 것 같아 일찌감치 집을 나와 국밥집으로 향했다.

식당 뒤편에는 넓은 주차장이 있어 편한 주차가 가능한데 차를 세우고 앞쪽을 바라보니 담벼락을 경계로 만들어진 작은 텃밭에 많은 종류의 작물들이 심겨 있었다. 배추, 들깨, 가지, 토마토, 고구마, 호박, 그리고 경계목 근처에 노란색 꽃이 활짝 피어 있는 금잔화 무리가 어쩜 그렇게 조화로운지 밭을 만들고 심은 주인을 만나 보고 싶을 정도로 좋은 풍광이었다. 물론 텃밭 가장자리로는 생태계위해식물인 환삼덩굴 줄기가 감고 올라가 요란한 꽃을 피우고 있었고, 주차장 바닥 틈 사이로도 미국쑥부쟁이, 붉은서나물, 도깨비바늘 같은 외래식물들이 이미 터를 잡고 있었다. 그런데 그렇게 만들어진 녹색의 식물 사이로 눈에 띄는 흰색 꽃을 발견했다. 작은 나팔꽃처럼 생긴 애기나팔꽃이란 식물이었는데 식물들을 곧게 자라게 하기 위해 꽂아 놓은 지주대를 칭칭 감고 올라가 잎과 꽃을 피운 것이다. 줄기 여러 개가 커다란 덩굴을 만들었고 몇 개씩 달린 꽃들이 함께 모여 있어 몽실몽실한 흰색 구름이 달려 있는 터널처럼 보였다. 한참을 바라보고 있으니 몸과 마음이 정화되는 것 같은 느낌을 받았고 아침에 느꼈던 약간의 숙취도 온데간데없이 사라져 버렸다. 그날따라 6천 원인 콩나물국밥의 맛도 6만 원짜리 음식 못지않을 만큼 최고였고 식사 후 다시 주차장에 와서도 한참 동안 그 모습을 감상했다. 그날은 하루 종일 기분이 좋았고 하는 일도 모두 술술 풀린 것 같아 행복 그 자체였다.

고구마(잎과 꽃)

별나팔꽃

애기나팔꽃의 학명은 *Ipomoea lacunosa*다. 속명 '*Ipomoea*'는 그리스어 ipos(감자벌레)와 homoios(비슷한)의 합성어로 다른 물체에 붙어서 올라간다는 뜻으로 줄기의 특징을 설명한 것이고, 종소명 '*lacunosa*'는 굴곡이 진다는 뜻으로 잎 표면의 특징을 설명한 것이다. 우리 이름은 작은 꽃이 달리는 나팔꽃이란 뜻이며 다른 이름으로는 좀나팔꽃이라 불리기도 한다. 우리나라에서 자라는 나팔꽃속(*Ipomoea*) 식물은 6종류로 모두 외래종이다. 애기나팔꽃과 형태적으로 비슷한 종류는 별나팔꽃인데, 꽃이 담홍색이고 가운데가 홍자색이어서 애기나팔꽃과 구별된다. 한방에서의 용도는 알려진 것이 없다.

요즘 나팔꽃 종류들이 서울 이북 지역에도 많이 퍼져 나가고 있다. 특히 밭이나 하천변으로 잘 발달하는데 자칫 가시박이나 환삼덩굴 같은 애물단지가 될까 봐 걱정이다. 그래도 애기나팔꽃은 나에게 특별한 의미를 줬으니 무조건 미워할 수도 없을 것 같다. 지나치지 않을 정도만 되었으면 좋겠다.

애기나팔꽃(잎)

애기나팔꽃(덩굴줄기)

애기나팔꽃(꽃)

애기나팔꽃은 메꽃과(Convolvulaceae)에 속하는 한해살이풀로, 줄기는 덩굴성으로 듬성듬성 나는 털이 있고 땅을 덮을 정도로 여러 개가 한꺼번에 나온다. 잎은 어긋나 달리고 달걀모양으로 길이 6–8센티미터, 너비 4–7센티미터인데 끝은 길게 뾰족해지고 밑부분은 심장모양이며 가장자리는 밋밋하거나 신나무처럼 약하게 세 갈래로 갈라지기도 한다. 꽃은 7–10월까지 피고 꽃자루는 잎겨드랑이에서 나오며 1–2개의 꽃이 달린다. 꽃받침은 긴 타원모양으로 길이 8–10밀리미터이고 꽃잎은 흰색으로 깔때기처럼 생겼으며 지름 2센티미터 내외다. 작은 꽃자루에는 사마귀처럼 생긴 돌기가 많이 난다. 열매는 둥글고 지름 7–9밀리미터이며 익으면 4개로 갈라진다.

68

꿀풀과

벌깨풀

대학 2학년 때 처음으로 카메라를 구입했다. 열심히 공부한 덕에 장학금을 받았는데 식물 공부를 하다 보니 카메라가 필수여서 부모님께는 아무런 말을 하지 않고 구입한 것이다. 지금이야 디지털카메라나 휴대전화에 들어 있는 카메라로 대부분의 사진을 찍지만 80년대 중반에는 필름카메라만이 유일한 수단이었다. 카메라만 있으면 되는 것이 아니라 필름도 구입해야 하고 현상과 인화도 해야 하니 사실 카메라가 있다 해도 많은 돈이 들어갔다. 하숙비와 용돈을 받아서 쓰는 입장에서는 무리가 따를 정도였다. 그 후 5대 정도의 카메라를 더 샀다. 전문적으로 사진을 찍는 작가는 아니지만 식물을 찾아다니면서 꽃이 피거나 열매가 있으면 나중에 자료로 활용하기 위한 자료를 남기기 위해서다. 가끔 컴퓨터에 잔뜩 저장돼 있는 사진들을 열어 보면 그동안의 흔적이 고스란히 담겨 있다. 이 사진들을 이용해 이미 몇 권의 식물 책을 냈다. 어떤 종류는 수백 장 중에 마음에 드는 한 장을 찾기가 어려울 때도 있었고 꼭 필요한 사진이 없으면 새로 찍어 활용했다. 몇 가지를 뒤적이다 어쩌면 지금까지 가장 힘들게 찍었을 것 같은 사진을 발견했다. 벌깨풀이란 식물이다.

벌깨풀은 북방계식물로 남한에서는 강원도 석회암지대 몇 개 산에서만 발견되는 희귀식물로, 산행을 하다가 실제로 만났던 것은 다섯 손가락에 들 정도다. 주로 바위틈에서 자라는 특성상 카메라 줌렌즈가 없으면 좋은 사진 얻기가 그리 쉽지 않은데 기억 속 당시에도 녹록지 않았음을 알고 있었다. 그중 가장 기억에 남는 사진을 찍은 것은 강원도 강릉시와 정선군 사이에 있는 석병산에서다. 그곳은 정상부 일부에만 석회암식물이 자라는 아주 특별한 장소다. 그동안 벌깨풀 사진을 찍기 위해 몇 번을 갔지만 높은 곳에 자라고 있어 접근하기 어려웠고, 만약 시도한다면 한 손으로는 바위를 잡고 다른 한 손으로 사진을 찍어야 할 정도로 가파른 곳이어서 제대로 된 사진이 없었다. 그러던 어느 날 종자 수집 과제수행을 위해 10월에 석병산을 다시 찾았는데 정상부 바위틈에 꽃이 활짝 핀 벌깨풀이 눈에 들어왔다. 이번에는 꼭 성공해야 한다는 신념을 갖고 다시 도전했다. 벌깨풀은 바위 왼쪽 위쪽에 붙어 자라는데 사진을 찍으려면 바위 아래쪽에서 자라는 회양목 그루터기에 발을 올리고 오른손을 뻗어 바위 위쪽 틈을 잡은 다음 왼손으로 사진을 찍어야 한다. 아무리 왼손잡이라지만 카메라는 대부분 오른손잡이를 중심으로 설계돼 있어 쉽지가 않았다. 바람이라도 강하게 불면 떨어질 위험도 있어 망설이다가 시도해 보기로 했다. 무게가 1.34킬로그램이나 되는 카메라를 왼손에 들고 손을 뻗어도 닿지 않는 곳에 있는 벌깨풀을 향해 무조건 셔터를 눌러댔다. 두 번에 걸친 시도를 통해 확인한 사진은 초점과 구도가 맞지 않아 모두 버려야 할 것들이었다. 오기도 생겼다. 8월에 왔을 때는 비가 와서 실패했고 10월에 다시 방문했을 때의 모습은 단풍진 잎과 더불어 꽃도 활짝 피어 있어 그냥 돌아가기에는 너무 아쉬워 다시 한번 도전하기로 했다. 일단 바위에서 떨어지지 않

벌깨풀(군락)

벌깨풀(자생지)

을 정도로 몸을 붙이고 최대한 벌깨풀이 붙어 있는 장소 가까이로 접근한 다음 열심히 사진을 찍었다. 10여 분을 촬영한 뒤 맘에 드는 사진이 있을 거라 생각하고 내려왔는데 몸은 땀범벅이 돼 있었고 가슴 한편에는 피멍이 들어 쓰라렸다. 중요한 건 이게 아니라고 생각하고 얼른 사진을 확인했더니 그나마 몇 장 건질 수 있었다. 휴대전화로 찍으면 훨씬 쉬울 텐데 왜 그렇게 무거운 사진기를 고집하느냐는 질문도 받지만 다 이유가 있다. 렌즈 크기나 선명도가 다르고 확대해도 화질이 그대로 유지되기 때문이다. 어쨌든 몇 번에 걸쳐 방문하고 실패한 후 힘들게 얻은 사진이니 만큼 잘 활용했으면 좋겠다.

용머리

벌깨풀의 학명은 *Dracocephalum rupestre*다. 속명 '*Dracocephalum*'은 그리스어 dracon(용, 龍)과 cephale(머리)의 합성어로 꽃의 모양에서 유래했으며, 종소명 '*rupestre*'는 바위 곁에서 자란다는 뜻으로 생육지를 설명한 것이다. 우리 이름은 벌깨덩굴과 형태가 비슷해 붙여졌다. 지방에서는 바위용머리라 부른다. 우리나라에서 자라는 용머리속(*Dracocephalum*) 식물은 용머리와 벌깨풀 2종류뿐이며, 용머리는 잎이 선상 피침형이고 가장자리에 톱니가 없어 구별된다. 한방에서의 용도는 알려진 것이 없다.

벌깨풀의 꽃 모습을 보고 있으면 왠지 안정적인 느낌이 든다. 색깔 때문인지 아니면 줄기 위쪽에만 밀집해서 달려서인지는 모르겠지만 볼 때마다 그런 생각을 했다. 절로 자라는 곳에서는 마치 석부작을 옮겨 놓은 듯 바위와의 조화도 멋지다. 요즘 개체수가 줄어들어 걱정들을 하고 있는데 접근하기 쉽고 편한 곳에 터를 잡고 있었으면 더 좋았을 것을 하며 생각하다가도 그나마 지금까지 버틸 수 있었던 것은 손이 닿지 않는 곳에 있었기에 가능했다고 본다. 더 없어지기 전에 얼른 희귀식물로 지정됐으면 좋겠다.

벌깨풀(줄기와 잎, 꽃봉오리)

벌깨풀(근엽)

벌깨풀(꽃)

벌깨풀은 꿀풀과(Lamiaceae)에 속하는 여러해살이풀로 주로 바위 곁에서 자라며 높이는 15-42센티미터 정도로 약간 기울어진다. 줄기는 뿌리에서 여러 개가 나와 총생하는 것처럼 보이고, 붉은빛을 띠며 굵은 흰색 털이 밑을 향해 달린다. 뿌리에서 올라오는 잎은 두껍고 심장이나 콩팥 모양으로 길이 1.4-5.5센티미터, 너비 1.2-4.5센티미터다. 잎 끝은 둔하고 밑부분은 심장 모양이며 가장자리에 둔하고 둥근 톱니가 있다. 잎 앞면에는 짧은 털이 나며, 뒷면에는 긴 털이 빽빽하게 분포한다. 잎자루는 3-15센티미터로 길고 흰 털이 있다. 줄기에 달리는 잎은 뿌리에서 올라온 잎과 비슷하지만 잎자루가 2-6센티미터이고 줄기 위로 갈수록 작아져 꽃 아래에 있는 포와 연결된다. 꽃은 자주색으로 피고 줄기 위쪽 잎겨드랑이에 층층이 달린다. 포는 작은 잎처럼 생겼고 바늘같이 뾰족한 톱니가 있다. 꽃은 입술모양으로 길이 3.8-4센티미터로 겉에 잔털이 밀생하고, 꽃받침은 자색으로 길이 2-2.4센티미터이며 끝이 가시처럼 뾰족하고 잔털이 있다. 열매는 소견과이며, 종자는 장타원형으로 길이 3-4밀리미터이고 표면은 짙은 갈색이다.

69

꿀풀과

꽃향유

향기와 관련된 식물 종류에는 여러 가지가 있다. 좋은 향이 예상되는 백리향, 천리향, 배초향, 그리고 상대적으로 나쁜 향이 날 것 같은 이름을 가진 누린내풀과 어성초 등 다양하다. 꽃 필 때가 되면 향기가 나는 식물들은 벌이나 나비의 방문 횟수도 많다. 향기가 곤충들을 끌어들이는 매개체 역할을 하기 때문이다. 꽃과 곤충과의 관계를 연구하는 학문 분야도 좋은 주제가 될 것 같은데 아직은 초보 수준이다. 관련 국가기관에서 발행한 몇몇 보고서를 제외하면 대형서점에 가도 이와 관련된 책이나 도감을 찾아 볼 수 없어 하는 얘기다. 요즘은 한 분야만을 고집하기보다 융합이 대세이니만큼 젊은 학자들의 적극적인 관심을 기대해 본다.

가을이 깊어 갈 때쯤 꽃만 봐도 요란한 향기가 날 것 같은 식물이 있다. 꿀풀

백리향

배초향

누린내풀

약모밀(어성초)

꽃향유(군락)

과에 속하는 꽃향유라는 종류다. 꽃말도 '가을의 향기'라고 하니 적절한 비유 같다. 사는 곳은 숲 가장자리 햇빛이 잘 드는 양지쪽, 밭둑 주변, 도랑 근처 비탈진 사면 등 다양하다. 주변에서 함께 자라는 나무나 풀들은 열매를 맺으며 조금씩 겨울 채비를 준비 중인데 꽃향유는 9월 중순 이후부터 꽃이 피기 시작하니 노랗거나 하늘색 꽃이 매력적인 국화과의 들국화 종류들과 더불어 진정한 가을 식물이 아닌가 한다.

꽃향유를 가장 멋지게 만난 것은 강원도 인제군의 덕세산 근처 마을에서다. 작은 하천을 따라 올라가는 과수원 주변 길옆이었는데 사면 전체를 덮을 정도로 큰 군락을 이루고 있었다. 사과나무에 잎이 달려 있을 때는 그늘진 곳이 많아 생육 상태가 그리 좋지 못했다가 낙엽이 지고 햇빛이 들어오기 시작하니 일제히 꽃이 핀 것 같다. 꼿꼿하게 한쪽을 향해 달려 있는 꽃차례는 마치 단정하게 정리된 초가지붕을 덮고 있는 이엉처럼 아주 튼튼해 보였다. 그곳에서 꿀을 따는 벌들도 얼마나 많은지 서로 경쟁하듯 힘찬 날갯짓을 하고 있고, 덕분에 줄기는 가을바람에 억새꽃 출렁이듯 리듬을 타며 흔들흔들 춤을 추고 있었다. 덕세산 식물조사가 목적이었는데 꽃향유 앞에서 미물렀던 시간 때문에 계획했던 예상 시간보다 1시간 이상은 늦어진 것 같다. 어쨌든 꽃과 벌이 어우러지는 아름다운 광경이었다.

향유

꽃향유의 학명은 *Elsholtzia splendens*다. 속명 '*Elsholtzia*'는 독일의 식물학자 Johann Siegesmund Elsholtz의 이름에서 유래했으며, 종소명 '*splendens*'는 강한 윤기가 난다는 뜻이다. 우리 이름은 아름다움을 가진 향유라는 의미이며, 지방에서는 붉은향유라 부르기도 한다. 우리나라에서 자라는 향유속(*Elsholtzia*) 식물은 7종류가 있는데 이름에 모두 향유라는 단어가 들어 있고, 식별 형질로는 꽃차례와 잎 모양이 중요한 것으로 알려져 있다. 꽃향유와 형태적으로 가장 비슷한 종류는 변종으로 취급되고 제주도 서귀포시에만 분포하는 다발꽃향유인데 잎 길이가 2-4센티미터로 작고 꽃차례 밑에 달리는 잎은 대부분 4장이며 흔히 2-4개의 꽃자루가 다발로 모여 나고 포가 달걀모양이어서 구별된다. 이름이 비슷한 향유는 꽃줄기가 가늘고 작은 꽃자루의 길이가 1센티미터로 길어 차이가 난다. 한방에서는 꽃향유와 향유의 지상부를 향유(香薷)라 하여 여름감기와 복통 및 설사를 치료하는 데 사용한다. 또 이뇨작용도 있어 백출(白朮)과 함께 섞어 사용하면 소변을 잘 못 보는 증상에도 도움이 되는 것으로 알려져 있다.

요즘 어떤 지자체에서는 하천변 자전거길 주변에 꽃향유를 심어 가을 모습을 시민들에게 제공하는가 하면, 수목원에서는 꽃향유를 심은 밭 사이로 산책길을 만들어 꽃향기를 즐기게 하기도 한다. 또 치유농업을 위한 자생 허브 자원으로 활용되기도 해 다양한 용도를 가진 기능성 식물로 인정받고 있다. 작지만 강력한 힘을 가진 우리 꽃이다. 한마디로 멋지다.

꽃향유(어린꽃줄기와 줄기)

꽃향유(꽃과 잎)

꽃향유(종자)

꽃향유는 꿀풀과(Lamiaceae)에 속하는 여러해살이풀로 키는 30-80센티미터이며, 줄기는 사각형이고 홈을 따라 아래로 굽은 털이 있다. 잎은 줄기에 마주나 달리고 달걀모양이며 길이 3-10센티미터, 너비 0.8-6센티미터이고 잎자루가 있다. 잎 끝은 뾰족하고 밑부분은 넓은 쐐기모양이며 가장자리에는 작고 규칙적인 톱니가 있고, 뒷면 맥 주변에는 선점이 있어 향기를 나게 한다. 꽃은 2-6센티미터 정도 되는 꽃자루에 한쪽으로 치우쳐 빽빽한 수상꽃차례로 달린다. 꽃부리는 통모양으로 길이 6-7밀리미터 정도며 수술은 4개가 있는데 그중 2개는 1센티미터로 길어 꽃잎 밖으로 길게 나온다. 꽃을 보호하는 포는 자주색으로 콩팥처럼 생겼는데 끝은 갑자기 바늘처럼 뾰족해지고 가장자리에 긴 털이 있다. 꽃받침은 통처럼 생겼고 끝이 5개로 갈라지며 털이 있다. 열매는 소견과로 갈색 또는 진한 갈색이고 장타원형이며 길이 1.2-1.5밀리미터다.

70

현삼과

주름잎

특이한 이름을 가진 식물들은 기억하기 쉽다. 바늘까치밥나무, 구슬댕댕이, 꽝꽝나무같이 거칠고 터프한 면이 있는 종류가 있는가 하면 구름송이풀이나 병아리풀처럼 온화하고 귀여움을 느낄 수 있는 것도 있다. 겉으로 보이는 모습 때문에 붙여진 이름도 있다. 색깔 중 희거나 검은색을 보이는 것은 이름 앞에 '흰'이나 '흑', '검정' 또는 '검은'이란 단어로 시작돼 구별하기 쉽다. 잎 가장자리가 편평하지 않고 물결처럼 일그러져 있는 종류도 있다. '주름'이란 단어가 들어 있는 식물들이다.

우리나라에는 주름고사리, 주름제비란, 주름잎, 주름조개풀 등 4종류가 있는데, 사진을 가만히 들여다보고 있자니 어떤 것은 병든 잎처럼 보이기도 하지만 굴곡진 모습이 새삼 특이하게 느껴지기도 한다. 이 중 주름고사리는 제주도에서만 볼 수 있고, 주름제비란은 태백산, 울릉도, 제주도에서만 만날 수 있는

바늘까치밥나무

구슬댕댕이

꽝꽝나무

구름송이풀

병아리풀

주름잎(군락)

희귀식물이다. 이에 비해 주름잎은 밭 같은 경작지 주변에서 주로 자라고, 주름조개풀은 낮은 곳 약간 습한 지역에서 쉽게 만날 수 있어 희귀성은 상대적으로 적다. 벼과에 속해 화려한 꽃이 피지 않는 주름조개풀에 비해 주름잎은 현삼과에 속하며 덩치는 작지만 꽃이 특이하고 색깔도 예뻐 한 번 더 눈길이 가는 종류다. 비록 사는 곳이 비료나 농약에 노출될 수 있는 위험한 곳이기는 하지만 지금까지 매년 볼 수 있었으니 적응력도 뛰어난 것 같다. 아니면 논과 밭에서 자라는 소위 잡초라 불리는 종류들은 아무런 저항 없이 뽑아 버리면서 주름잎은 꽃이 보기 좋아서 예외로 남겨 놓았던 것인지도 모르겠다.

주름잎의 학명은 *Mazus pumilus*다. 속명 '*Mazus*'는 젖꼭지모양의 돌기가 있다는 뜻의 그리스어 mazos에서 유래되었으며 꽃부리 중간쯤에 돌기가 있다는 것을 표현한 것이고, 종소명 '*pumilus*'는 작은 또는 키가 작다는 뜻이다. 우리 이름은 잎 가장자리가 주름지는 특징에 의해 붙여졌다. 지방에서는 고초

주름잎

주름조개풀

풀, 담배깡랭이, 담배풀, 선담배풀, 주름잎풀이라 부른다. 우리나라에서 자라는 주름잎속 식물에는 누운주름잎, 선주름잎, 주름잎 등 3종류가 있는데, 누운주름잎은 땅을 기어가며 자라는 줄기, 즉 포복경이 계속 자라 다른 2종과 차이가 있으며, 선주름잎은 줄기와 꽃받침에 털이 있어 주름잎과 구별된다. 한방에서는 주름잎의 지상부를 녹란화(綠蘭花)라 하여 편두통, 종기, 화상을 치료하는 데 사용한다.

언젠가 주름잎 몇 개체를 한꺼번에 화분에 심어 보고 싶다는 생각을 했던 때가 있었다. 흰색과 자주색 꽃잎의 조화와 잎 가장자리 주름진 모습이 예뻤기 때문인데 아직까지 실천에 옮기지 못했다. 한해살이풀이다 보니 잘 가꿔 화분에 정착시킨다면 새로운 개체를 매년 볼 수 있는 기회도 얻을 수 있을 것 같다. 자지만 많은 매력을 가진 식물이다.

주름잎(잎)

주름잎(꽃)

주름잎은 현삼과(Scrophulariaceae)에 속하는 한해살이풀로 줄기는 곧추서고 밑에서 가지가 갈라지며 높이는 5-25센티미터다. 잎은 줄기에 마주나 달리는데 달걀을 뒤집어 놓은 모양이거나 긴 타원처럼 생긴 주걱모양으로 끝은 둥근 데 비해 밑은 흘러내려 잎자루를 형성한다. 잎 길이는 1-3센티미터, 너비는 5-15밀리미터로 가장자리에 둔한 톱니가 있고 주름진다. 꽃은 5-8월에 피며 줄기 끝에 총상꽃차례를 만든다. 꽃부리는 연한 자주색으로 가장자리는 흰색이며 길이 1센티미터 정도로 위에서 보면 납작하게 생겼고 아래는 통모양이 된다. 꽃이 활짝 피면 꽃부리는 2부분으로 깊게 갈라지는데. 위쪽 꽃잎은 작고 뭉툭하며 끝이 약간 갈라져 단순해 보이는 반면, 아래 꽃잎은 2배 이상 크고 3부분으로 갈라지며 가운데 조각에는 2개의 황색 줄이 있고 털이 있어 특이하다. 꽃받침은 길이 5-10밀리미터로 5개로 갈라진다. 열매는 삭과로 모양은 둥글고 지름 3-4밀리미터로 꽃받침에 싸여 있다.

71

열당과

가지더부살이

산행을 하다 보면 여러 가지 상황이 벌어진다. 한 번쯤 다녀온 곳이라면 대략적인 식물의 분포 상황을 알고 있기 때문에 새로운 것에 대한 기대치가 높지 않지만 처음 방문하는 곳은 다르다. 당연히 나에게 무언가 특별한 것을 보여줄 것이라는 막연하나마 희망적인 생각을 하기 때문이다. 그것이 현실로 이루어질 때면 반가움은 몇 배가 된다. 이 두 가지를 모두 만족시켰던 일이 있었다. 장맛비가 내리던 날 강원도 양양군과 인제군 경계에 위치하고 백두대간의 일부인 구룡령 옛길 일대 조사를 위해 학교에 왔다. 미리 약속해 놓은 일정이었으나 비 때문에 출발할지 말지를 결정하기 위해서 일찍 온 것이었다. 말 그대로 억수같이 퍼붓는다면 바로 계획을 취소할 수 있지만 약간은 애매할 정도의 비가 내렸다. 약속 시간이 되자 출발 인원이 모두 모였고 조사지역 일기예보를 보니 흐리기만 하지 비는 오지 않는다는 것이 일관된 의견이었다. 불안함도 있었지만 일단 출발했다. 목적지까지 한 시간 반 정도를 가는 동안 비는 오락가락을 되풀이했다. 해발 천 미터가 넘는 구룡령 정상에 도착했다. 다행히 비는 멈췄고 조사는 예정대로 진행하기로 했다.

산행 시작과 동시에 은방울꽃과 당개지치 군락이 나타나더니 능선을 만나자 전나무와 신갈나무 숲이 우리를 반기고 있었다. 그러다가 가장 먼저 꽃다발을 선물해 준 것은 노루발이다. 10여 개체가 한꺼번에 모여 흰색 꽃을 마음껏 펼치고 있었다. 줄무늬를 가진 녹색 잎과 긴 꽃줄기에 매달린 흰색 꽃의 조화가 우리 일행의 발길을 몇 분 동안이나 멈추게 했다. 터널에서 약 1.2킬로미터 정

가지더부살이(군락)

도 능선 길을 가다 보면 우리가 하산해야 할 구룡령 옛길로 갈라지는 지점을 만난다. 이 길은 약 2.8킬로미터 정도 되며 명승 제29호로 지정되어 있고 조선시대와 근현대사의 역사가 남아 있는 곳이다. 하산을 시작하자마자 우리나라 특산속 식물인 금강초롱꽃이 나타나기 시작했다. 길을 따라 연속적으로 보였다. 8월 말쯤 되면 얼마나 아름다운 모습의 보라색 꽃이 필지 기대가 되었다. 희귀식물 사창분취도 막 꽃줄기를 올린 채 몇 개체씩 넓적하고 큼직한 잎을 뽐내고 있었다. 아주 잘 자란 모습이다.

노루발

금강초롱꽃

사창분취

강원도 산에서 이 정도로 식물을 보면 대부분은 어느 정도 만족할 수 있는데, 우리 팀은 또 다른 반가운 얼굴을 만날 수 있었다. 기생식물 가지더부살이다. 마치 버섯이 나온 것처럼 3센티미터 크기로 빼곡히 얼굴을 내밀고 있는 모습이 사이좋은 오누이처럼 보였다. 처음은 아니지만 이 식물을 언제 보았는지 기억도 가물가물하다. 법적 보호종은 아니지만 개체수가 적어 쉽게 눈에 띄지 않는 식물이다. 빗속을 뚫고 달려온 보람이 있는 순간이었다.

가지더부살이의 학명은 *Phacellanthus tubiflorus*다. 속명 '*Phacellanthus*'는 그리스어로 다발을 뜻하는 phacelos와 꽃을 의미하는 anthos의 합성어로 꽃이 총상꽃차례로 달린다는 것을 표현한 것이다. 종소명 '*tubiflorus*'는 튜브처럼 생긴 꽃이 핀다는 뜻이다. 우리 이름은 줄기 끝에 아주 작은 꽃자루를 가진 꽃 여러 개가 한꺼번에 모여 달려 마치 가지를 친 것처럼 보인다 하여 붙여진 이름이다. 지방에서는 가지더부사리, 노랑더부살이, 황통화라고 부르기도 한다. 우리나라에서 자라는 가지더부살이속 식물은 1종류뿐이며, 한방에서의 사용은 알려져 있지 않다.

지금까지 촬영했던 사진 자료를 찾아보니 열당과 식물은 야고, 초종용, 개종용밖에 없다. 식물표본관에도 가지더부살이 표본은 1987년 6월 강원도 화천군 수상리와 1990년 7월 경기도 천마산에서 채집한 3장이 전부다. 이번 조사는 빗속을 달려가 희귀식물도 만나고 흔하지 않은 식물의 새로운 분포 장소를 눈으로 확인하고 표본과 사진 자료를 확보한 일석이조의 의미 있는 산행이었다. 앞으로도 매번 이런 성과가 있는 채집 여행이 되기를 희망해 본다.

야고

초종용

개종용

가지더부살이(줄기, 잎, 꽃)

가지더부살이(어린줄기)

가지더부살이(자생지)

가지더부살이는 열당과(Orobanchaceae)에 속하며 주로 참나무나 수국 종류에 기생해 자라는 기생식물이다. 높이는 5-10센티미터로 흰색 또는 연한 황색이다. 뿌리줄기는 짧고 여러 개로 갈라져 총생하고 작은 비늘조각처럼 생긴 인편으로 덮여 있다. 잎은 달갈모양으로 줄기에 빽빽하게 달리고 길이 4-8밀리미터로 끝은 둔하거나 둥글며 가장자리는 약간 막질이다. 꽃은 7-8월에 흰색으로 피고 5-10개가 줄기 끝에 총상 또는 두상 꽃차례 형태로 달리는데 작은 꽃자루는 아주 짧다. 꽃받침은 2개로 안쪽 것은 피침모양이고 바깥쪽 것은 주걱모양으로 길이는 1-2센티미터 정도인데 변이가 심하고 개체에 따라서 없는 것도 있다. 꽃부리는 길이 2-3센티미터이며 위쪽 꽃잎은 끝이 파였고 아래 꽃잎은 짧으며 끝이 3개로 갈라진다. 열매는 삭과로 길이 1센티미터 정도이며 타원상 달걀모양이다.

72

인동과

올괴불나무

이른 아침에 활동하기를 좋아하는 사람이 있듯 식물 중에서도 서둘러 싹을 내고 꽃을 피우는 종류가 있다. 우리나라 중부지방에서 가장 먼저 꽃이 피는 식물을 예로 들라면 올괴불나무일 것 같다. 남부지방 동백나무가 봄소식을 알린다면 중부지방은 올괴불나무가 소리 소문도 없이 작은 꽃을 매달고 봄을 재촉한다. 눈이 채 녹기도 전에, 아니 늦은 눈이 내려도 상관없다. 오히려 흰색 눈과 연한 홍색 꽃의 대비가 멋지다. 5월이면 열매도 익는다. 짧고 빠르고 정확

동백나무

올괴불나무(꽃)

올괴불나무(어린잎)

하게 한 세대를 마무리하는 부지런한 나무로 생각된다. 장마를 지나 더운 여름이 시작되면 이 나무는 잎사귀만 덩그러니 남긴 채 아무 일 없었던 것처럼 길옆을 지키고 있다. 이쯤 정보를 주고 학생들에게 질문을 하면 올괴불나무라는 이름을 맞추는 학생은 거의 없다. 꽃이 피어 있을 때도 마찬가지다. 전혀 감을 잡지 못한다. 그렇다면 식물을 쉽게 알기 위해 가장 좋은 방법은 어떤 것일까?

우선은 현장교육을 중요하게 여기는 분류학이라는 과목의 특성상 많이 걷고 많이 보는 것이 최고의 방법인 것 같다. 같은 경로를 사계절 지나다니며 관찰한다면 길 주변에서 자라는 식물들의 변화 양상을 직접 경험할 수 있다. 두 번이고 세 번이고 같은 경로를 반복해서 본다면 더더욱 좋다. 그 지역 곳곳에서 자라는 주인공 식물들을 확실하게 인지할 수 있기 때문이다. 두 번째는 그동안 수집되어 보관되고 있는 식물표본관을 적극 활용하는 것이다. 국가기관이나 대학 등 분류학 전공 전문가가 있는 곳이면 표본실이 만들어져 있기 마련인데 그곳에는 다양한 지역에서 채집된 같은 종류의 표본들이 많이 소장되어 있으므로 한번에 그 분류군이 가지고 있는 형태적 특징과 변이를 모두 관찰할 수 있다. 채집을 위해 산을 오르고 정리하고 동정하는 일련의 일들이 힘들고 귀찮기도 하지만 나중에 후학들에게 제공할 수 있는 많은 정보를 모으는 작업이라고 생각한다면 훨씬 쉬운 일이 될 것 같다. 요즘은 각 기관의 표본 정보를 데이터베이스화하고 스캔한 후 웹에 올려 검색이 가능하도록 해 놓았기 때문에 접근성과 편리성도 생겼다. 문헌 복사나 표본을 빌리기 위해 우편엽서를 보내고 몇 달을 기다렸던 대학원 과정 때를 지금과 비교하면 하늘과 땅 차이이다.

길마가지나무

올괴불나무의 학명은 *Lonicera praeflorens*다. 속명 '*Lonicera*'는 16세기 독일의 수학자이며 채집가인 Adam Lonitzer의 이름이 라틴어화한 것이며 종소명 '*praeflorens*'는 꽃이 일찍 핀다는 뜻이다. 우리 이름도 일찍 꽃피는 괴불나무라는 뜻이며, 지방에서는 올아귀꽃나무라 부르기도 한다. 우리나라에서 자라는 인동속(*Lonicera*) 식물은 15종류 정도이고, 올괴불나무와 형태적으로 가장 비슷한 종류는 길마가지나무인데 수술이 꽃잎 밖으로 돌출하지 않고 갈라진 꽃잎 길이가 통부 길이의 1/2정도여서 구별된다. 한방에서는 괴불나무, 섬괴불나무, 왕괴불나무, 청괴불나무, 올괴불나무, 각시괴불나무의 꽃을 금은인동(金銀忍冬)이라 하여 염증을 없애고, 열을 내리며, 상처 부위의 고름을 제거하는 데 사용한다.

올괴불나무의 영어 이름은 일찍 꽃피는 괴불나무라는 의미의 'early-blooming honeysuckle'이다. 가끔 시샘하듯 꽃샘추위가 훼방을 놓기도 하지만 그럼에도 불구하고 잘 버텨 내는 것을 보면 정말 대단하다는 생각을 한다. 또 봄을 알리는 전령사 역할도 하니 진정한 우리식물 중 한 가지다.

올괴불나무(잎)

올괴불나무(가지와 꽃)

올괴불나무(덜 익은 열매)

올괴불나무(열매)

올괴불나무는 인동과(Caprifoliaceae)에 속하는 떨기나무로 높이는 1–2미터 정도이다. 새 가지는 갈색으로 검은색 반점이 있고, 묵은 가지는 회색인데 잘라 보면 가운데는 흰색 스펀지 층으로 꽉 차 있다. 줄기껍질은 세로로 갈라져 떨어져 나간다. 잎은 마주나 달리고 달걀모양이나 타원모양으로 길이 3–6센티미터, 너비 1–2센티미터 정도이고, 잎자루는 1–5밀리미터로 짧다. 잎은 전체적으로 분백색이 돌며 표면은 잔털이 밀생하고 뒷면에는 작고 가느다란 털이 분포해 만져 보면 푹신함이 느껴질 정도다. 꽃은 잎보다 먼저 피고 길이 1센티미터 정도로 연한 홍색이며 묵은 가지 끝에 2개씩 달린다. 꽃자루는 2–3밀리미터로 짧고 잔털과 분비털이 있으며, 2개씩 같은 모양으로 달리는 달걀모양의 보호잎인 포에도 털이 많이 분포한다. 꽃잎은 깊게 5개로 갈라져 통부보다 길고, 꽃받침도 불규칙하게 갈라진다. 수술은 5개로 꽃잎보다 약간 길고 수술대는 연한 홍색이며 꽃밥은 자주색이어서 꽃이 더 붉게 보인다. 열매는 장과로 길이 8밀리미터 정도로 둥글지만 약간은 편평하며 붉은색으로 익고 단맛이 난다.

73

인동과

병꽃나무

봄이 되면 많은 것이 새로워진다. 매서운 겨울 추위를 뒤로하고 아지랑이 아른대는 싱그러움이 있기 때문이다. 남쪽으로부터 들려오는 동백꽃 소식부터 중부지방의 산수유나 회양목이 노란색 꽃을 터뜨리면 전국이 술렁이기 시작한다. 지역마다 봄꽃 축제나 나물 뜯기 체험 같은 행사가 있고 날씨도 좋아 밖으로 나가려는 사람들의 기다림이 있어서다. 도심 한복판에도 봄소식을 알리는 푸나무들이 즐비하다. 백목련, 개나리, 냉이, 꽃다지, 산괴불주머니 같은 이른 봄 식물들이 앞다투어 꽃을 피운다. 그런데 이런 즐거움은 오래가지 못한다. 한꺼번에 너무나 많은 꽃이 피어 시간이 가면 갈수록 기대보다는 일상적인 모습으로 각인되기 때문이다. 3-4월이 봄꽃 소식의 최고 절정기라고 한다면 5월은 여름 식물이 시작되는 과도기로 생각된다. 산과 들에도 새롭게 선을 뵈는 종류들이 나타나기 시작하고 숲도 더 푸르러진다. 이맘때 산행을 한다면 대표적으로 반겨 주는 나무가 있는데 바로 병꽃나무라는 종류다. 키는 작지만 꽃 색깔이 화려하고 가지에 수백 개의 많은 꽃이 달리므로 활짝 핀 개체를 본다면 우리나라 식물이 맞는지 의심이 갈 정도로 이국적으로 생겼다.

병꽃나무를 가장 아름답게 만난 것은 경기도 가평군에 있는 화악산을 가는 길에서였다. 산행 시작을 위해서는 391번 지방도를 따라 고개 정상부 강원도와 경기도 경계에 있는 화악터널까지 가야 하는데 양쪽 모두 옛날 대관령 길처럼 구불구불한 회전 구간을 몇 군데씩 지나야 한다. 그곳을 통과하려면 몸이 기울어질 정도여서 크고 넓게 돌아야 하고 가끔 경사진 곳에서 떨어진 낙석

병꽃나무(군락)

병꽃나무(가지와 잎, 꽃)

도 있어 한눈팔 여유가 없는 곳이다. 병꽃나무는 터널로 올라가는 중간 지점을 지나다가 차 안에서 보게 됐다. 도로 옆 옹벽 틈 사이로 길게 나와 있는 줄기가 활처럼 휘어져 자라고 있었는데 연한 노란색과 붉은색 꽃이 서로 뒤섞여 달려 있는 것이 눈에 들어왔다. 마치 꽃이 뭉치처럼 달려 있는 것으로 보이고 바람으로 인한 작은 흔들림이 보기 좋아 차를 세우고 자세히 살폈다. 나팔 또는 호리병처럼 생긴 꽃이 몇 개씩 한꺼번에 달려 있는 모습, 그리고 꽃잎과 잎에 뽀송하게 나 있는 털이 우리나라에서 가장 추운 곳 중 몇 번째로 알려진 화악산의 차가움을 온화하게 만들어 주는 역할을 해 주는 것 같아 뿌듯했다. 이런 멋짐을 가진 나무를 가로수나 건물 경계수 등으로 활용하면 어떨까 하는 생각에 학교로 돌아와 원예도감을 찾아봤더니 이미 병꽃나무를 개량해 만든 많은 원예품종들이 있었다. 황금병꽃나무, 순백병꽃나무, 무늬병꽃나무, 자엽병꽃나무 등 예쁜 이름도 가졌다. 나무든 풀이든 또는 꽃이든 열매든 아름다운 모습을 가진 것을 활용하려고 하는 생각은 누구나 마찬가지인 것 같다.

붉은병꽃나무

병꽃나무의 학명은 *Weigela subsessilis* 다. 속명 '*Weigela*'는 독일의 식물학자 Christian Ehrenfried von Weigel의 이름에서 유래했으며, 종소명 '*subsessilis*'는 잎자루가 거의 없다는 뜻이다. 우리 이름은 꽃 모양이 병처럼 보인다는 의미로 붙여졌다. 지방에서는 흰털병꽃나무라고 부르기도 한다. 우리나라에서 자라는 병꽃나무속 식물은 병꽃나무, 붉은병꽃나무, 소영도리나무 등 3종류인데, 병꽃나무에 비해 나머지 2종류는 꽃이 처음부터 붉은색으로 피고 꽃받침은 중간 아래까지 불규칙하게 5개로 갈라지며 꽃받침의 크기가 서로 다르고 종자는 각이 지고 날개가 불분명해 구별된다. 한방에서의 용도는 알려져 있지 않다.

병꽃나무는 우리나라 특산식물 중 하나로 전국에서 만날 수 있다. 앞으로 전원주택에 살 기회가 생기고 그곳에 정원을 만들 수 있는 공간이 있다면 병꽃나무를 가장 먼저 심어야겠다. 한국의 멋을 알릴 수 있는 충분한 가치가 있는 나무라 생각하기 때문이다. 거기에 향기 좋은 꽃댕강나무와 우리 부부가 좋아하는 배롱나무와 벌개미취를 곁들인다면 환상의 조합에 의한 정원이 만들어지지 않을까 싶다.

병꽃나무(잎)

병꽃나무(꽃)

병꽃나무(어린열매)

병꽃나무(작년 열매)

병꽃나무는 인동과(Caprifoliaceae)에 속하는 떨기나무로 높이 2-3미터 정도다. 잎은 마주나고 달걀 또는 넓은 달걀 모양으로 길이 3.6-12.3센티미터, 너비 2.1-7.7센티미터로 끝이 뾰족하고 밑은 둥글거나 뾰족하며 가장자리에는 작은 톱니가 있고 양면에 털이 있다. 꽃은 황록색으로 피지만 점차 붉은색으로 변하며 잎겨드랑이에 1-2개씩 달린다. 꽃받침은 기부까지 5개로 갈라지고 각각의 조각은 선형으로 가늘고 털이 있다. 꽃부리는 끝이 넓은 깔때기모양으로 끝은 얕게 5개로 갈라지고 길이 1.9-3.6센티미터, 지름 6.9-14.1밀리미터다. 열매는 삭과로 원주형이고 길이 1.9-2.3센티미터이며 겉에 잔털이 있다. 종자는 길이 0.8-1.2밀리미터, 너비 0.4-0.5밀리미터로 원통형 마름모꼴이며 황갈색이다.

74

인동과

댕강나무

꽃이 폈을 때 향기가 좋은 식물들은 한 번 더 관심이 간다. 아예 내놓고 스스로를 홍보하는 종류들도 있다. 백리향, 천리향, 만리향이란 이름을 가진 종류들이 그렇다. 나무 중에도 요즘 인기를 끄는 종류가 있는데 바로 꽃댕강나무다. 원예종이기는 하지만 경계목처럼 줄줄이 심어 놓은 곳을 가 보면 어떻게 이런 향이 나는지 놀랄 정도다. 더불어 벌들도 신이 난다. 마치 나무 옆에 벌통을 가져다 놓은 것처럼 많다. 야생에서 절로 나 자라는 댕강나무 종류들은 어떨까? 이름에도 의미가 있고 사는 곳도 특정하며 한때 줄댕강나무로 불렸던 댕강나무를 예로 들어 보려 한다. 댕강나무는 우리나라 식물분류학계의 초대학자이자 거목이신 정태현 박사님의 성함이 학명에 들어 있어 남다르다. 우리나라 식물을 오랫동안 연구한 나카이(Takenosin Nakai)라는 일본학자가 붙여 준 이름이다. 사는 곳도 석회암지대를 좋아해 분포가 제한적이고 지금까지 알려진 개체수도 많지 않아 보호가 필요한 우리나라 특산식물이다.

댕강나무를 만난 것은 제비꽃 연구를 한창 수행하던 10여 년 전으로 거슬러 올라가는데, 바로 석회암지대를 좋아하는 넓은잎제비꽃 덕분이다. 그때만 해도 이 제비꽃은 문헌에서만 볼 수 있고 절로 나 자라는 곳이 알려져 있지 않아 미궁에 빠진 종류였는데 제비꽃 애호가들로부터 들은 이야기 때문에 영월 지역을 방문하게 된 것이다. 넓은잎제비꽃은 높이가 30센티미터가 안 될 정도로 작아 땅만 쳐다보고 다녀야 하는데 정오 시간으로 갈수록 햇볕이 강해지고 숲 가장자리에서 자라는 분포 특성상 그늘은 없는 지역이라 힘들어하고 있는

댕강나무(군락)

데 바람을 타고 밀려오는 은은한 꽃향기가 느껴지기 시작했다. 그 향기에 이끌려 걷다가 도착한 곳은 언덕을 넘어 다른 마을로 가는 좁은 시멘트 길 옆으로, 그곳에는 댕강나무 몇 그루가 자라고 있었다. 찾으려고 하는 넓은잎제비꽃은 뒤로한 채 몇 분 동안이나마 꽃향기를 만끽할 수 있었다. 더욱이 5월의 마지막 주라 그런지 주변의 봄꽃과 더불어 한껏 화사하고 아름다운 분위기를 연출해 그때의 일이 아직까지 인상적인 장면으로 남아 있다. 그렇게 귀하다는 댕강나무를 만났으니 더 많은 곳이 있나 확인해 보기 위해 주변을 둘러보기로 했다. 나지막한 산길을 따라 군데군데에서 다시 만날 수 있었는데 그곳을 중심으로 불과 2-3킬로미터 정도가 우리나라 최대 군

넓은잎제비꽃

락지였다. 사실 댕강나무는 나카이가 1919년 충남 단양군 매포읍 어의곡리에서 측백나무 자생지 조사 때 처음 발견한 것으로 그 후로는 실체가 밝혀지지 않았는데 영월군에서도 자라는 것이 확인돼 이 지역 일대가 우리나라의 분포 중심지로 알려지게 된 셈이다. 그날 결국은 넓은잎제비꽃도 찾았고 더불어 댕강나무도 만날 수 있었으니 식물을 전공하는 학자 입장에서 이렇게 큰 수확은 없었던 것 같다. 요즘도 1년에 한두 번은 그곳에 간다. 개체수도 더 늘어나 이젠 그곳을 지키는 파수꾼 같은 존재가 되었다.

털댕강나무

댕강나무의 학명은 *Zabelia tyaihyonii*다. 속명 '*Zabelia*'는 독일의 식물학자 Hermann Zabel의 이름에서 유래했으며, 종소명 '*tyaihyonii*'는 정태현 박사님의 이름에서 유래했다. 우리나라에서 자라는 댕강나무속 식물은 4종류가 알려져 있는데 이름에 모두 댕강나무라는 단어가 들어 있다. 학자에 따라서는 꽃댕강나무속(*Abelia*)에 포함시키기도 하고, 우리나라에 분포하는 종류를 댕강나무와 털댕강나무로만 취급하는 등 이견이 많다. 형태적으로 댕강나무는 털댕강나무와 비슷한데 꽃이 잔가지 끝에 1–2개씩 달리고 꽃부리도 5–9밀리미터로 길어 댕강나무와 구별된다. 한방에서의 용도는 알려진 것이 없다.

석회암지대가 있는 지역을 방문할 때면 마음이 설렌다. 그곳을 대표할 만한 식물 20여 종 정도는 한꺼번에 만날 수 있기 때문이다. 때로는 하나의 군락으로, 가끔은 듬성듬성 외딴곳에, 또 어떤 때는 사면 전체를 덮고 있는 종류도 있다. 그중 최고를 뽑으라면 역시 댕강나무다. 흰색과 연한 자색이 어우러지는 꽃 색깔의 아름다움과, 작은 덩치에서 내뿜는 꽃향기가 다른 어느 식물과도 비교가 되지 않기 때문이다. 매년 5월이 그리워지는 이유이기도 하다.

댕강나무(줄기)

댕강나무(어린잎과 가지)

댕강나무(꽃)

댕강나무(열매)

댕강나무는 인동과(Caprifoliaceae)에 속하는 떨기나무로 높이는 1미터에 달하고 가지가 많이 갈라진다. 줄기와 오래된 가지에는 세로로 6줄의 홈이 있고 어린가지에는 털이 있다. 잎은 마주나고 넓은 피침형 또는 달걀모양으로 길이 3-6센티미터, 너비 0.9-1센티미터로 양 끝은 뾰족하거나 둔하고 가장자리에 톱니가 없지만 양면 맥 위와 가장자리에는 털이 있고 1-4밀리미터의 잎자루가 있다. 꽃은 5월에 홍색으로 피고 새로 나온 가지 끝에 취산꽃차례로 모여 달리며 꽃을 보호하는 포는 달걀모양으로 끝은 뾰족하고 아래는 심장모양이다. 꽃부리는 4-5밀리미터로 표면에 털이 있고 끝은 5개로 갈라지며 각각의 조각은 뒤로 젖혀진다. 꽃받침은 대부분 5개로 갈라지고 거꾸로 된 피침모양이며 가장자리와 맥 위에 털이 있다. 열매는 곧고 다소 편평하며 씨방의 길이는 4밀리미터 정도로 털이 있다.

75

초롱꽃과

모시대

흔히 먹는 나물 중 쓴맛이 나는 것은 호불호가 갈린다. 쓴맛이 위를 자극해 위산 분비가 촉진되면 식욕이 생겨 잃었던 입맛을 되찾는 데 이만한 것이 없다는 마니아가 있는가 하면, 생것은 꿈도 꾸지 못하고 데치거나 삶은 후 몇 시간을 우려내 사용하는 사람들도 있다. 그런데 이름이 잘 알려진 고급 산채라면 좀 다르다. 쓰든 달든 너도나도 찾기 때문이다. 문헌에 뿌리를 이용하는 산나물 중 최고는 잔대고 두 번째는 더덕이라 했다고 하던가. 잔대는 약간 쓴맛이 강한 반면 더덕은 단맛이 더 난다. 값으로만 따진다면 더덕은 재배 면적이 넓어 대부분 야생 수집에 의존하는 잔대보다 싸다. 이 종류들은 모두 초롱꽃과에 포함되는데 잔대는 잔대속에 더덕은 더덕속에 들어 있어 속은 다르지만 식물체를 자르면 사포닌이 주된 성분으로 알려진 흰색 즙액이 나온다는 공통점을 가지고 있다. 만져 보면 마즙처럼 끈적끈적하고 맛을 보면 쓰다.

잔대 (사진: 천경식)

더덕

잔대속에 포함되는 종류들은 우리나라에 약 20여 종이 자라는데 야트막한 산에서부터 정상부까지 고르게 분포한다. 이 종류들은 주로 잎이 나는 순서, 암술의 길이, 꽃받침의 모양과 가장자리 톱니의 유무, 그리고 화반이라 불리는 꽃받기에서 발달한 원통모양의 구조물 모양에 따라 구별된다.

잔대속 중 깊은 산에서 자라며 뿌리에서 나는 잎과 어린줄기를 나물로 이용하는 모시대라는 식물이 있다. 박사학위논문 주제에 포함되는 종류이기에 평생 함께해야 하는 친구 같은 존재다. 그뿐만 아니다. 예전 산나물을 주로 뜯어 오던 나물꾼 보따리 속에 단골로 등장하는 종류다. 이 때문인지는 몰라도 줄기가 올라올 때면 멀쩡해 보이는 게 드물 정도다. 훼손의 흔적이다. 식물학적으로 모시대를 이야기할 때는 반드시 설명해야 할 종류가 있다. 우리나라 특산속 식물 중 한 가지인 금강초롱꽃이다. 금강산에서 처음 채집한 초롱꽃이란 의미를 가진 이 식물은 꽃이 초롱모양의 보라색으로 달려 초롱꽃의 꽃과 가장

모시대

금강초롱꽃

초롱꽃

비슷하고, 잎은 줄기 위쪽에 모여 달리지만 달걀처럼 생긴 심장모양으로 모시대와 비슷하기 때문이다. 이 두 종류 중 어떤 것과 더 가까운지를 알아보기 위해 엽록체 전체 염기서열을 분석했더니 초롱꽃보다는 모시대와 더 가깝게 유집되는 것으로 나타났다. 앞으로는 이 종류들이 어떤 과정을 통해 새롭게 분화했는지에 대한 연구를 계속할 예정이다.

모시풀(잎)

모시대의 학명은 *Adenophora remotiflora*이다. 속명 '*Adenophora*'는 선(腺)을 뜻하는 그리스어 adenos와 존재한다는 의미의 phoreo의 합성어로 식물체에 유관세포가 있어 흰색 즙액을 분비하는 종류라는 것을 표현한 것이며, 종소명 '*remotiflora*'는 꽃이 드문드문 달린다는 뜻이다. 우리 이름은 쐐기풀과(Urticaceae)에 속하는 모시풀 잎을 닮았다 하여 붙여진 것이라고 한다. 지방에서는 모시때, 모싯대, 모시잔대, 게루지, 몽아지라 부른다. 꽃이 흰색인 것은 흰모시대라는 품종으로 구분하고, 꽃의 길이가 4센티미터로 큰 것은 도라지모시대라 하여 독립적인 종으로 취급하기도 하지만, 학자에 따라서는 연속적인 변이로 여겨 기준표본 채집지인 금강산 지역 표본을 좀 더 많이 관찰할 필요가 있다. 한방에서 모시대 뿌리는 제니(薺苨)라 하여 기관지염, 인후염, 다양한 약물중독에 사용하며, 건위작용과 소염작용이 있는 것으로 알려져 있다.

흰모시대

모시대는 식용으로의 활용도 있지만 꽃도 아름다워 관상 가치도 높다. 자라는 곳도 토양이 비옥하고 숲도 좋은 곳이었던 것으로 기억한다. 주렁주렁 매달려 있는 꽃들은 지나가는 사람들을 반기고, 꽃을 방문한 나비와 벌들은 꿀을 따느라 바쁜 모습이다. 모두가 만족할 만한 아름다운 광경을 연출해 주는 우리식물이다.

모시대(근엽)

모시대(꽃)

모시대는 초롱꽃과(Campanulaceae)에 속하는 여러해살이풀로 높이 29-160센티미터이며 털은 없으나 드물게 돌기모양의 긴 털이 있다. 뿌리에서 올라오는 잎, 즉 근엽은 동그랗고 긴 잎자루가 있으며 가장자리에는 요란한 톱니가 있다. 줄기잎은 어긋나 달리는데 위쪽으로 갈수록 잎자루가 작아져 잎 크기도 작아 보인다. 잎은 달걀을 닮은 심장형, 달걀형, 또는 넓은 피침형으로 길이 3.7-15.8센티미터, 너비 2-11.2센티미터로 끝은 뾰족하고 밑은 둥글거나 심장형이고 가장자리에는 예리한 톱니가 있다. 꽃은 8-9월에 피고 엉성한 원추꽃차례에 아래를 향해 달린다. 꽃부리는 자주색으로 길이 1.5-3.5센티미터 정도이며 깔때기모양으로 끝은 5개로 갈라진다. 꽃받침은 녹색으로 5개로 갈라지고 피침형이며 길이 4-10.6밀리미터, 너비 1-5밀리미터다. 수술은 5개, 암술은 1개이며 꽃부리 밖으로 나오지 않고 끝은 3개로 갈라진다. 암술 기부의 화반은 원추형이며 털은 없다. 열매는 삭과로 타원형이며 종자는 타원형으로 갈색이다.

76

초롱꽃과

애기더덕

1989년 2월 석사학위논문을 식물분류학회에서 발표하던 날이 생각난다. 발표장을 가득 메운 청중들 앞에서 발표를 해야 하는 당사자로서는 어지간한 배짱이 아니고선 감당하기 어려운 시간이다. 발표장 앞줄에는 성함만 들어도 식물연구를 한다면 누구나 다 알 정도의 선배 교수님들과 연구자들이 앉아 계신다. 발표자는 벌벌 떨고 있는데 그분들의 얼굴 표정은 인자하시기만 하다. 한참 후배 학자가 어떤 연구를 했고 당신이 알고 있는 것과 연구 결과가 어떻게 다른지, 그동안 잘못된 지식을 가르치지는 않았는지 모든 것이 검증되는 시간이다. 누구의 잘잘못은 없고 그때까지의 결과가 가장 중요한 만큼 다른 연구를 통해 변화가 필요하면 바꿔 가는 것이 학문에 집중하는 재미가 아닌가 한다.

석사학위논문의 주제는 우리나라에서 자라는 더덕 종류에 대한 분류학적 연구였다. 총 4분류군이 알려져 있는데 그중 3종류는 분포가 다양하므로 쉽게 접할 수 있는 데 비해 제주도에 한정해서 자라는 애기더덕의 경우는 우리 학과 표본실에 표본도 없고 종에 대한 정보도 몇몇 도감에만 간단히 나와 있을 뿐 실체가 불분명한 종류였다. 이 식물은 1914년 일본 식물학자 나카이(Takenosin Nakai)가 제주도식물조사보고서에서 소경불알에 비해 전체 형질이 1/2 정도로 왜소한 특징을 바탕으로 제주도 특산식물로 발표하였고, 그 후 1986년 이창복 교수님은 크기가 작은 특징으로는 독립된 종으로 보기 어렵다는 의견으로 소경불알의 변종으로 격하시켜 발표한 바 있었다. 이런 정보를 기초로 지도교수께서는 이 식물에 관한 한 이 교수님이 가장 많이 알고 계신다고

애기더덕(군락)

확신해 만날 수 있는 기회를 주선해 주셨다. 그 당시 우리나라 최고 분류학자셨던 교수님을 처음 뵙는 영광도 있었고, 전혀 몰랐던 애기더덕에 대한 설명을 들을 수 있어 방문 전날에는 잠을 설칠 정도였다. 다음 날 설레는 마음으로 교수님 댁을 갔더니 사모님께서 일단 표본을 보고 있으라 하셨다며 애기더덕 표본을 가져다주셨다. 처음 대하는 자료, 비록 건조된 것이기는 하지만 왜 새로운 종으로 이름 붙여졌는지를 알 수 있을 정도로 특징이 명확했다. 잠시 후 교수님께서 외출에서 돌아오셔서 이 표본을 어디서 채집했는지 아주 생생하고 현장감 있게 당시의 상황을 설명해 주셨는데, 덕분에 막막했던 생각이 점차 특정한 지역으로 좁혀지면서 찾을 수 있다는 자신감이 생겼다. 결국 애기더덕 채집에 성공했고 이를 통해 4종류에 대한 종합적인 연구를 수행할 수 있었으며 1년 뒤 그 결과를 발표하는 날이 된 것이다. 연구 결과는 교수님께서 애기더덕을 변종으로 격하시킨 것을 다시 원래처럼 독립적인 종으로 봐야 한다는 것이었다. 과연 교수님께서는 이 결과를 수긍하실지 궁금해하며 발표를 시작했는데 가끔 고개를 끄덕여 주시기도 했고 발표 후에는 고생했다 칭찬도 해 주셨다. 지금도 그때 일을 생각하면 한 편의 드라마 같다는 생각을 한다.

애기더덕의 학명은 *Codonopsis minima* 다. 속명 '*Codonopsis*'는 그리스어 codon(종)과 opsis(비슷한)의 합성어로 꽃 보양이 종과 비슷하게 생겼다는 뜻이고, 종소명 '*minima*'는 매우 작다는 의미다. 우리 이름은 작은 더덕이란 의미로 붙여졌으며, 다른 이름으로는 섬더덕, 애기소경불알이라 부르기도 한다. 우리나라에서 자라는 더덕속(*Codonopsis*) 식물은 애기더덕, 더덕, 만삼, 소경불알 등 4종류로 우리나라 초롱꽃과 식물 중 유일한 덩굴성이다. 애기더덕과 소경불알은 형태적으로 매우 유사한데, 애기더덕은 잎의 길이와 폭, 줄기와 꽃의 길이가 절반가량으로 작아 구별 된다. 또 미세구조에서도 잎자루 횡단면 모양이 타원형이고 꽃가루 표면 무늬는 미세망상에 자상돌기가 있어, 횡단면이 반원형이고 유공상에 자상돌기가 있는 소경불알과는 차이가 있다. 한방에서의 용도는 알려져 있지 않다.

더덕

더덕(뿌리)

만삼

소경불알

애기더덕과 관련된 기억은 단지 식물을 찾는 것에만 있는 것이 아니라 선배 학자로서 후배에게 해 주어야 할 훌륭한 본보기를 본 것 같아 기분이 좋다. 이 글을 쓰면서도 그때 교수님께서 알려 주신 장소를 열심히 그림으로 그리고 내용을 받아 적었던 수첩을 펼쳐놓고 있다. 지금은 고인이 되셨지만 그때의 느낌은 평생 갈 것 같으며 나 또한 그런 학자가 되어야겠다는 다짐을 다시 한번 해 본다. 교수님 감사합니다!

애기더덕(잎과 꽃)

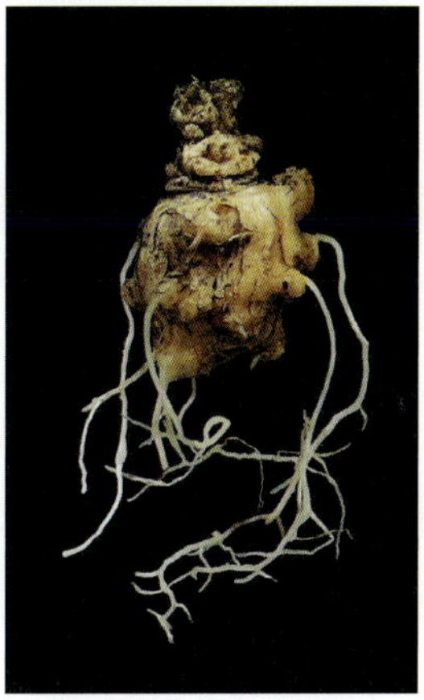

애기더덕(뿌리) (사진: 이강협)

애기더덕은 초롱꽃과(Campanulaceae)에 속하는 덩굴성 여러해살이풀로 길이는 31-106센티미터 정도다. 뿌리는 둥글고 비후되어 있으며 표면이 울퉁불퉁하다. 잎은 어긋나 달리고 짧은 가지 끝에 4장씩 모여 달려 돌려나는 것처럼 보이며, 앞뒷면에는 털이 있고 작은 잎자루가 있다. 잎은 달걀모양으로 길이 2.1-2.9센티미터, 너비 1.1-2.2센티미터이며 끝은 약간 뾰족하고 가장자리에는 톱니가 없어 밋밋하며 밑부분은 쐐기모양이거나 둥그렇게 생겼다. 꽃은 꽃줄기 끝에 1개씩 아래를 향해 달리며, 종모양으로 길이 13-15.6밀리미터, 너비 9.8-11.2밀리미터이고 연한 녹색이며 안쪽에 짙은 자색 반점이 있다. 꽃 윗부분은 5개로 갈라지고 조각은 넓은 삼각형으로 뒤로 말리며 짙은 자색을 띤다. 꽃받침은 5개로 갈라지고 각각은 달걀을 닮은 긴 타원형이며 길이 10.8-12.8밀리미터, 너비 4.1-7밀리미터 정도다. 열매는 삭과로 익으면 윗부분이 열리고 종자는 타원형으로 길이 2.1-2.9밀리미터, 너비 1-1.6밀리미터다.

77

초롱꽃과

금강초롱꽃

산행을 다녀온 후 연구실 컴퓨터 바탕화면 사진을 바꿨다. 화면은 주기적으로 교체해 주는데 대부분 식물 사진이다. 시기에 맞고 화려함이 더하고 아름답다고 생각되는 종류다. 이번 주인공은 금강초롱꽃이었다. 이른 봄 화천 지역을 방문했다가 어린싹이 올라오는 것을 눈여겨봤었는데 이제 꽃이 핀 것이다. 금강초롱꽃은 학위논문의 일부여서 자라는 곳이나 습성을 잘 알고 있다. 또 우리나라 특산속이라는 중요성 때문에 여러 사람들에게 많이 회자되고 있는 종류이기도 하다. 지금까지 경험으로 보면 금강초롱꽃과 관련해 가장 기억에 남는 것은 처음 발견된 장소인 금강산을 방문했을 때다. 구룡폭포로 향하는 계곡 주변에 수줍게 나 있던 모습을 잊을 수 없고 8월이 되면 반드시 다시 와 꽃 핀 개체를 만나 보겠노라 다짐했지만 그렇게 하지 못한 것이 지금까지도 못내 아쉬움으로 남아 있다.

금강초롱꽃은 활짝 핀 꽃을 직접 보는 것보다 그 꽃을 만나러 가는 과정이 더 긴장되는 것 같다. 이번 산행에도 바탕화면 사진을 바꾸려고 한 것은 아니지만 지금쯤이면 반겨 줄 꽃 몇 개는 만날 수 있을 거라는 생각 때문에 머릿속은 그곳을 찾는 데 집중돼 있었다. 한 시간 남짓 가다 보니 바람에 흔들리며 도도하게 서 있는 몇 개체를 만났다. 꽃은 아직 피지 않았고 주변을 둘러봐도 다른 개체를 발견하지는 못했다. 해발고도가 높아져 가면서 숲의 모습이 달라지기 시작할 무렵 보라색 꽃이 눈에 들어왔다. 얼마나 반가웠던지 '저기 있다'라고 소리쳤더니 모두 한결같이 '와' 소리를 내며 반겨 주었다. 10미터가 넘는 신

금강초롱꽃(군락)

갈나무 숲속 경사진 곳에 진한 황토색 흙과 대비되는 금강초롱꽃의 보라색 꽃이 한 폭의 수채화처럼 멋진 장관을 연출해 주었다. 여러 개체가 한꺼번에 모여 큰 집단을 형성하는 곳은 없었지만 정상부가 가까워지는 해발 천 미터 근처부터는 꽃 색깔이 훨씬 더 진한 보라색을 띠는 개체들도 만날 수 있어 반가움이 더했다.

한편 금강초롱꽃의 학명에 대해서는 말이 많다. 1911년 일제강점기 때 새로운 종으로 발표됐고 게다가 우리나라 특산속 식물인데 어떻게 일본인의 이름을 빌려 속 이름을 만들었는지에 대해 불만을 표시하며 이름을 바꿔야 한다는 의견이 있다. 그러나 국제식물명명규약법 상으로는 문제가 없다. 그럼에도 불구하고 북한에서 발행된 『조선식물지』에는 금강초롱꽃의 학명이 *Keumkangsania asiatica*로 되어 있는데, 이는 명명법에 위배되는 것이다.

금강초롱꽃의 학명은 *Hanabusaya asiatica*다. 속명 '*Hanabusaya*'는 일본 식물학자인 나카이(Takenosin Nakai)가 한국식물을 연구할 수 있게 도움을 준 일본 외교관 하나부사(Yoshimoto Hanabusa)를 기리는 의미로 붙인 것이며, 종소명

금강초롱꽃(연한 하늘색)

금강초롱꽃(하늘색)

금강초롱꽃(자색)

금강초롱꽃(진한 자색)

'*asiatica*'는 아시아에서 자란다는 뜻이다. 금강초롱꽃이란 이름은 금강산에서 발견된 초롱모양의 꽃을 가진 식물이란 뜻이며, 지방에서는 화방초 또는 금강초롱이라 부른다. 우리나라에서 만날 수 있는 금강초롱꽃속 식물은 꽃이 흰색인 흰금강초롱꽃과 꽃받침의 너비가 2.7-5.8밀리미터로 넓고 북한 지역에서만 자라는 검산초롱꽃이 있다. 한방에서는 초롱꽃, 금강초롱꽃, 섬초롱꽃의 지상부를 자반풍령초(紫斑風鈴草)라 하여 해산 촉진제로 사용한다.

무더운 여름이지만 금강초롱꽃을 만나는 날은 기분이 좋다. 바람이 없어도 마음이 시원해지는 느낌이다. 깨끗하고 순수한 어린아이 모습으로도 보인다. 우리나라 고유식물이기에 그 가치도 더 높다. 확실한 주권 확보가 필요한 귀중한 우리식물이다.

흰금강초롱꽃

금강초롱꽃(구룡폭포)

금강초롱꽃(전체)

금강초롱꽃(어린줄기 군락)

금강초롱꽃(열매)

금강초롱꽃은 초롱꽃과(Campanulaceae)에 속하는 여러해살이풀로 높이 36-59센티미터 정도이고 전체에 털이 없으며 줄기는 자색을 띠고 가지를 치지 않는다. 뿌리에서 나오는 잎은 콩팥을 닮은 삼각형으로 긴 잎자루 끝에 달리고 가장자리에는 불규칙한 톱니가 있다. 줄기에 달리는 잎은 중간에 4-6장이 모여나듯 어긋나 달려 잔대속(*Adenophora*)이나 초롱꽃속(*Campanula*) 식물과 구별된다. 잎은 길이 7-10센티미터, 너비 3-5센티미터로 달걀을 닮은 삼각형 또는 타원형으로 1.1-3.2센티미터 가량의 잎자루가 있고 끝은 뾰족하지만 밑부분은 둥글거나 약한 심장모양이고 가장자리는 안쪽으로 굽은 불규칙한 톱니가 있다. 꽃은 2-18센티미터 정도의 긴 꽃줄기에 총상꽃차례로 달린다. 긴 종모양의 꽃은 연한 하늘색에서 진한 자색까지 다양하고 길이 4-5.5센티미터로 끝이 5개로 갈라지며 아래를 향해 핀다. 꽃받침은 길이 8.2-11.7밀리미터, 너비 1.2-2밀리미터로 선상 피침모양이며 가장자리에 톱니가 있다. 수술은 5개이고 머리 부분은 모여 취약웅예를 만들며 암술은 1개로 성숙하면 끝이 3개로 갈라져 뒤로 말린다. 열매는 삭과로 타원형이며 종자는 타원형으로 연한 갈색을 띤다.

78

초롱꽃과

백도라지

꽃 색깔의 의미는 여러 가지다. 장미는 만 오천여 종류가 만들어져 있는 것으로 알려져 있는데 꽃말은 각각 다르다. 붉은색은 화려함, 열렬한 사랑, 기쁨 등 아주 긍정적인 뜻으로 대표되지만, 노란색은 이별, 질투, 시기 등 부정적인 의미를 가지고 있다. 비슷한 종류들인데도 상징성은 극과 극인 것이다. 그런데 흰색은 좀 다른 것 같다. 어떤 식물을 막론하고 순수함이나 청결함의 상징으로 사용되기 때문이다. 우리나라에 절로 나 자라는 식물 중 꽃 색깔이 흰색이라면 대부분은 품종 등급을 준다. 기본종의 꽃 색깔은 적어도 흰색이 아니라는 말이다. 더 쉽게 말하자면 기본종과 품종의 모든 형태는 같은데 꽃 색깔만 다르다는 것이다. 예를 들면 송이풀과 흰송이풀, 물봉선과 흰물봉선, 철쭉과 흰철쭉, 그리고 도라지와 백도라지 같은 종류다.

이 중 백도라지는 나에게 특별한 의미가 있다. 우선, 매년 7월 중순쯤이면 강원도 홍천군 장전평리 부근 5번국도 도로변에 가서 백도라지가 군락으로 자라는 것을 본다. 민가가 주변에 있으므로 저절로 자라는 것은 아닐 테고 누군가가 심은 것 같다. 흔히 도라지를 재배하는 곳에 가 보면 꽃이 모두 하늘색이거나 모두 흰색만 피는 곳은 없다. 두 종류가 섞여서 자라든지 아니면 하늘색 꽃이 피는 개체가 훨씬 더 많은 것이 일반적이다. 그러다 보니 백도라지만으로 구성된 군락은 심었든 야생하든 귀한 모습임에 틀림없다. 차를 세우고 한참을 둘러보았다. 녹색 잎이 빽빽하게 달린 줄기 위로 순백색 꽃들이 함께 모여 피어 있는 모습이란 마치 흰색 무늬를 놓은 카펫을 펼쳐 놓은 것처럼 화려하고

백도라지(군락)

도라지(군락)

깨끗했다. 그러면서 이 백도라지의 주인은 마음이 곱고 순수한 분일 것이라는 생각을 했다.

두 번째는 숲 해설 강의를 하면서 백도라지와 관련된 이야기를 하는데, 바로 초등학교 4학년 음악교과서에 나오는 경기도 민요 '도라지타령'의 가사 때문이다. 가사에는 '도라지 도라지 백도라지 심심산천에 백도라지 / 한두 뿌리만 캐어도 대바구니 철철철 다 넘는다'라고 표현돼 있다. 그런데 40년이 넘도록 산에 돌아다녔지만 백도라지를 만난 적은 한 번도 없다. 가끔 만났던 것은 하늘색 꽃이 피는 것뿐이었다. 세나라 한두 뿌리가 대바구니를 넘칠 정도로 크다니 그동안 산에서 도라지를 캤던 경험에 의하면 말도 안 되는 소리다. 그 정도로 크게 자란다는 의미로 가사를 쓴 것 같은데 식물을 전공하는 입장에서 보면 과장이 너무 심하다. 어쨌든 이 이야기는 노래가사에 나오는 잘못된 식물 이야기로 항상 설명하는데 모두들 좋아한다. 어쨌든 이 두 가지 이야기가 백도라지를 기억나게 만드는 일이다.

백도라지

백도라지의 학명은 *Platycodon grandiflorus* for. *albiflorus*이다. 속명 '*Platycodon*'은 그리스어로 넓다는 뜻의 platys와 종을 의미하는 codon의 합성어로 꽃 모양에서 유래했으며, 종소명 '*grandiflorus*'은 꽃이 크다는 뜻이고, 품종소명 '*albiflorus*'는 흰색 꽃이 달린다는 의미다. 우리 이름은 옛 이름인 '도랒'에서 기원되어 도라지로 변화한 것이며, 지방에서는 백길경이라 부르기도 한다. 우리나라에서 자라는 도라지속 식물은 도라지, 백도라지, 겹도라지, 흰겹도라지 등 4종류로 주로 꽃의 형질이 주된 분류 기준인데 학자에 따라서는 모종에 모두 통합하기도 한다. 한방에서는 백도라지를 포함한 도라지 뿌리를 길경(桔梗)이라 하여 약으로 사용하는데 가래를 없애 주거나 혈당과 콜레스테롤 강하, 항암작용, 항염증작용 등이 있는 것으로 보고되어 있다.

백도라지나 도라지를 만나면 왠지 기분이 좋아진다. 커다란 꽃을 보고 있노라면 마음 넓고 인심 후한 시골아저씨가 환하게 웃고 있는 밝은 모습처럼 보이기 때문이다. 내년에도 5번국도 옆 군락지에서 다시 반갑게 만날 수 있기를 기대해 본다.

백도라지(줄기와 잎)

백도라지(꽃)

백도라지(열매)

백도라지는 초롱꽃과(Campanulaceae)에 속하는 여러해살이풀로 뿌리는 인삼처럼 생겼고, 높이는 25-100센티미터로 자라는 곳에 따라 다양하고 자르면 흰색 유액이 나온다. 잎은 여러 개가 함께 달리는데 줄기에 마주나거나, 어긋나거나, 3장의 잎이 돌려나는 등 불규칙적이고 잎자루는 없다. 잎 모양은 타원모양의 피침형 또는 넓은 피침형으로 길이 2.8-6.5센티미터, 너비 0.9-3.5센티미터로 끝은 뾰족하고 밑부분은 쐐기모양이며 뒷면은 약간 흰빛이 돌고 가장자리에는 날카로운 톱니가 있다. 꽃은 7-8월에 흰색으로 피고 꽃줄기 끝에 1개씩 달리거나 총상꽃차례를 만든다. 꽃의 길이는 2-3.8센티미터, 지름은 4-5센티미터로 깔때기모양이며, 윗부분은 5개로 갈라지는데 각각의 조각은 넓은 삼각형으로 털이 있다. 꽃받침은 삼각상 피침모양으로 수술과 같은 방향으로 마주나 달린다. 열매는 삭과로 구형 또는 원추형이며 길이 7.9-20.1밀리미터, 너비 6.5-12.9밀리미터로 익으면 위쪽이 5개로 갈라진다. 종자는 검은색이며 길이 2밀리미터 정도로 타원형이다.

79

국화과

서양등골나물

산책을 하거나 등산을 하다가 같은 식물로 구성된 커다란 군락을 만난다면 나무든 풀이든 어떤 종류를 불문하고 한 번쯤 더 눈길이 간다. 아름답다, 어쩌다 이곳에만 모여 사랄까. 잠시 그 모습을 보고 있으면 온통 여러 가지 생각이 교차하는데, 하지 않아도 될 걱정을 하고 있으니 어쩔 수 없는 식물전공자인 것 같다. 얼마 전 이런 경험을 서울에서 또 한번 했다. 서울은 도시화가 많이 진행돼 있어 흙 밟기가 좀처럼 쉽지 않다. 지상이든 지하든 대부분이 그렇다. 그나마 북한산, 인왕산, 북악산, 도봉산 등 조금만 움직이면 흙을 볼 수 있는 곳이 가까이 있어 다행이다. 건강을 위해서인지 아니면 도심의 답답함 때문인지는 모르겠지만 요즘 서울 주변 산은 젊은이들의 등산 열풍으로 활기를 띠고 있다고 한다. 산길 정비도 잘 돼 있으니 조그만 가방에 간단한 요깃거리와 물 한 병 담아 떠나면 한나절을 즐기기에 충분한 공간이 된다. 인왕산 자락을 돌며 만났던 사람들의 공통된 얼굴 모습은 행복하고 즐거워 보였다. 그런데 내 마음은 편하지가 않다. 등산로 입구 주택이 있는 마을에서부터 눈에 보이기 시작한 서양등골나물 때문이다.

서양등골나물은 북미에서 들어온 귀화식물로 2002년 생태계위해식물로 지정된 종이다. 햇빛이 들어오지 않는 곳에서도 자랄 수 있어 숲 안쪽에도 침투가 쉽고, 번식력도 좋아 해마다 면적이 증가하고 있으며, 이젠 도심 한복판 화단이나 화분에도 씨가 옮겨와 자라고 있을 정도니 여차하면 다른 식물이 살아갈 공간을 모두 내어줄 수도 있을 것 같다. 1978년 서울 남산에서 발견되어 처

서양등골나물(군락)

음 기록된 후 지금은 인천, 경기도, 강원도, 충청북도, 전라북도 등지에 이르기까지 폭넓게 분포 면적을 넓혀 가고 있다. 서양등골나물은 생태계 문제뿐만 아니라 우유병(milk sickness)을 일으키기도 한다. 한동안 미국 켄터키 지역에서 생산된 우유를 먹으면 구토가 나고 손발이 떨리며 침을 흘리다 결국 사망에 이르는 일이 발생했다. 원인을 밝히기 위해 다각도로 알아본 결과 서양등골나물을 먹은 소, 말, 염소의 우유에 독 성분이 들어 있어 사람을 죽게 한 것이다. 이 독성 물질은 벤조퓨란계(benzofurans) 화합물로 알려져 있다. 우리나라에서는 젖소를 거의 방목하지 않아 그나마 다행이지만, 우리 이름에 '나물'이란 단어가 들어 있어 혹시 식용으로 사용할 수도 있지 않을까 염려가 되긴 한다. 확산 속도를 늦추거나 제거 방안 수립 등 적절한 대책이 필요하다고 생각한다.

서양등골나물의 학명은 *Ageratina altissima*다. 속명 '*Ageratina*'는 불로초(不老草)를 의미하는 그리스어 ageratos에서 유래되었으며, 종소명 '*altissima*'는 키가 크다는 뜻이다. 우리 이름은 등골나물과 비슷하게 생겼고 서양에서 왔다는 의미로 붙여졌으며, 지방에서는 미국등골나물, 사근초, 주름등골나물이라 한다. 우리나라에서 자라는 서양등골나물속 식물은 1종류로 한동안은 등골나물속(*Eupatorium*)에 포함하기도 했으나, 등골나무속은 두화 1개당 꽃이 5개씩 달리고 암술대 기부에 털이 있으며 열매에 부속체가 없거나 뚜렷하지 않아 서양등골나물속과 구별된다. 한방에서는 등골나물 종류와 서양등골나물 지상부를 패란(佩蘭)이라 하여 소화불량, 구토, 설사를 멈추게 하고, 뱀에 물리면 찧어 붙여 독성을 제거하는 데 사용하는 것으로 알려져 있다.

언젠가 숲해설가 교육생이 화병에 서양등골나물 꽃을 꽂아 놓고 예쁘긴 한데 이름을 몰라 여쭙는다고 사진을 찍어 보내온 적이 있다. 흰 꽃만 본다면 때 묻지 않은 순수함처럼 보이는데 그 속에는 강력한 독이 들어 있다고 설명해 주었다. 마치 봄에 꽃 피고 산나물로 잘못 이용되는 동의나물이나 미치광이풀처럼 겉과 속이 다른 양면성이 있는 식물이다. 항상 조심해야 할 종류다.

서양등골나물

등골나물

서양등골나물(전체)

서양등골나물(줄기와 잎)

서양등골나물(꽃)

서양등골나물은 국화과(Asteraceae)에 속하는 여러해살이풀로 높이 50–130센티미터이며 줄기는 직립하거나 비스듬히 자라고 털이 있다. 잎은 줄기에 마주나 달리고 2–4센티미터의 잎자루가 있으며 털이 밀생한다. 잎은 삼각상 달걀모양, 넓은 달걀모양 또는 피침형으로 길이 3.5–8.5센티미터, 너비 1.9–5.5센티미터이고 끝은 뾰족하며 밑은 둥글거나 편평하고 가장자리에는 거칠고 뾰족한 톱니나 겹톱니가 있다. 잎 앞면에는 맥 위에만 털이 분포하지만 뒷면에는 전체에 밀생한다. 꽃은 흰색으로 15–25개 정도의 통모양 꽃으로 구성된 뭉치 꽃, 즉 두화 여러 개가 모여 산방꽃차례를 만든다. 꽃잎 밖으로는 끝이 2개로 갈라진 암술대가 뾰족하게 나온다. 꽃을 보호하는 총포는 길이 3–4밀리미터, 너비 3–3.5밀리미터로 10개의 조각이 한 줄로 배열된다. 열매는 수과로 검은색으로 익고 윤기가 있으며, 길이 5밀리미터 정도로 겉에는 4–5개의 능선이 있고, 종자에는 4–5밀리미터의 관모가 있다.

80

국화과

쑥

봄이 되면 여러 가지 꽃소식이 들려오고 주변 나무와 풀들은 기지개를 켜듯 새싹이 나오기 시작한다. 볼 때마다 신기하고 반갑다. 눈으로 반겨 주는 것도 좋지만 봄이면 뭐니 뭐니 해도 다양한 먹거리가 아닐까 싶다. 핑계도 좋다. 추운 겨울을 보내느라 신선한 채소를 먹지 못해 피부가 나빠졌다느니 봄이 됐으니 몸에 활력을 불어넣을 수 있는 제철음식을 먹어야 한다느니 하며 남쪽의 시금치, 봄동, 월동추, 그리고 씀바귀, 고들빼기 같은 재료들로 만든 음식을 상에 올린다. 좀 더 나아가 두 가지를 동시에 맛볼 수 있는 도다리쑥국은 어떤가! 3월 말이나 4월 초쯤 먹어야 제대로 된 맛을 즐길 수 있다고 한다. 흔히 봄 도다리, 여름 민어, 가을 전어, 겨울 넙치를 가장 맛있는 생선으로 친다. 그런데 봄 도다리에는 불편한 진실이 있다. 도다리의 공식 이름은 문치가자미로 산란기

뺑쑥

더위지기

쑥(군락)

가 12월부터 1월까지여서 산란을 마친 3-4월이 되면 살에 축적되었던 단백질이나 지방 같은 영양분들이 몸속에서 빠져나가 살이 푸석해진다. 그러다 보니 횟감으로 사용할 수 없어 국으로 끓여 먹은 것이 시작이 된 것이다. 오히려 이른 봄 새싹에서 나는 강한 쑥 향 때문에 도다리쑥국이 더 유명세를 타는 것인지도 모르겠다.

쑥 종류는 어렸을 때부터 쉽게 보아 왔던 식물이다. 가장 큰 키를 자랑하는 뺑쑥 같은 경우는 양봉을 취미로 했던 아버지가 벌통을 열거나 꿀을 뜰 때 마른 잎으로 연기를 피워 벌들의 활동을 약하게 했고, 밖에서 모기를 쫓을 때도 마른 잎을 태워 연기를 피웠다. 그리고 줄기는 잘 말렸다가 가을에 수확한 여러 가지 곡식들을 말리기 위해 사용하는 발을 만드는 데 쓰였다. 인진쑥으로 불리는 더위지기는 잎으로 엿, 조청, 환으로 만들어 음식이나 약으로 사용했다. 강가에서 놀다가 상처가 나면 쑥 잎을 뜯어 돌에 짓이겨 상처 부위에 붙여 덧나는 것을 방지했다. 또 도다리쑥국은 아니더라도 이른 봄에 올라오는 새싹을 뜯어 쑥버무리나 쑥떡을 해 먹기도 했다. 모두 쑥과 관련된 추억이 있는 일들인데 지금 이런 말을 아이들한테 들려주면 옛사람 취급을 받으니 격세지감(隔世之感)이 든다.

쑥의 학명은 *Artemisia indica*다. 속명 '*Artemisia*'는 이 식물이 부인병에 약효가 있는 특징을 바탕으로 그리스 신화에서 출산을 돕고 어린아이를 돌보는 여신 Artemis의 이름에서 유래했으며, 종소명 '*indica*'는 인도 지역에서 자란다는 뜻이다. 우리 이름은 옛말 '쓰다'는 뜻의 고(苦)와 어근이 같으며, 약용이나 식용할 때 맛이 별로 좋지 않다는 뜻에서 유래했다고 한다. 지방에서는 바로쑥, 사재발쑥, 약쑥, 타래쑥이라 부르기도 한다. 우리나라에서 자라는 쑥속 식물은 36종류 정도가 있으며, 형태적으로 쑥과 가장 비슷한 종류는 율무쑥, 명천쑥, 금강쑥 등인데, 이 종류들은 총포조각이 3열로 배열하고, 두화의 지름이 3-6밀리미터로 커 구별된다. 한방에서는 쑥, 산쑥, 황해쑥의 잎을 애엽(艾葉)이라 하며 지혈, 균의 발육 억제, 기관지 근육의 이완, 진해 및 거담 등에 효용이 있는 것으로 보고되어 있다.

쑥은 곰이 먹고 환웅의 아내가 되어 단군을 낳았다는 신화와 환웅이 새로운 시가지를 건설하고 인간 세상을 다스릴 때도 마늘과 쑥으로 병을 다스렸다고 할 만큼 오랜 역사와 의미를 가지고 있다. 또 쑥 향기에 대해서는 호불호가 있지만 많은 기능성 물질을 포함하고 있다고 하니 식용이든 약용이든 잘만 사용하면 건강에도 많은 도움이 될 것 같다.

쑥(꽃과 줄기)

쑥(근엽)

쑥(어린줄기 군락)

쑥은 국화과(Asteraceae)에 속하는 여러해살이풀로 뿌리줄기가 옆으로 뻗어 새싹을 내며 줄기는 여러 개가 모여나 총생 형태로 자라고 가지를 친다. 높이는 66-105센티미터 정도이고 전체에 털이 있다. 잎은 어긋나 달리는데 줄기 중간의 잎은 타원형으로 길이 4.8-9.9센티미터, 너비 2.9-7.1센티미터이고 가장자리는 3-4쌍으로 깊게 갈라지며, 날개가 있는 길이 1.3-1.9센티미터의 잎자루가 있다. 잎 색깔은 앞면은 녹색인 데 비해 뒷면은 털이 밀생해 회백색을 띤다. 잎 크기와 모양은 줄기 윗부분으로 갈수록 작아져 꽃줄기 시작 부위의 것은 선형이 된다. 꽃은 7-10월에 연한 홍자색으로 피고 가지나 줄기 끝에 길이 2.5-3밀리미터, 너비 1.5밀리미터 정도의 두화가 여러 개가 달려 원추꽃차례를 만든다. 꽃을 받치고 있는 총포 조각은 4열로 배열하는데 바깥쪽 것은 달걀모양으로 끝이 둔하고 안쪽 것은 장타원모양으로 끝이 둥글어 구별된다. 열매는 껍질이 다 익어도 열리지 않는 수과로 장타원형이며 길이 1.2-1.4밀리미터로 갈색이다.

81

국화과

참취

산나물을 좋아하는 사람들은 많지만 취향은 각자 다른 것 같다. 당귀나 곰취 향처럼 약간 자극적인 것을 선호하기도 하지만 참나물이나 미나리 향처럼 부드럽고 향긋한 것을 우선으로 꼽는 경우도 있다. 2014년 산림청에서 출판한 『한반도 관속식물 자원의 평가 및 용도의 재분류』를 보면 우리나라 식물 5,121종류 중 먹을 수 있는 것은 1,828종류로 약 35.7% 정도라고 한다. 우리나라에서 자라는 식물 중 대략 3종류 중 한 가지는 먹을 수 있다는 통계다. 물론 여기에는 앞서 설명한 종류뿐만 아니라 뿌리, 어린순, 열매 등 먹을 수 있는 부위가 있는 종류는 모두 포함한 것이다. 산나물이 가장 많이 나오는 시기는 4-5월이다. 재배된 것이 아닌 자연 그대로 산지에서 수집된 것은 제철에 5일장이나 재래시장에 가면 쉽게 만날 수 있다. 또 산나물을 주재료로 이용하는 산채식당에 가 보면 뜯어온 산나물을 산더미처럼 쌓아 놓은 것을 볼 수 있는데 한쪽에

초롱꽃(근엽)

둥근털제비꽃(잎)

영아자(근엽)

참취(군락)

서는 나물을 다듬어 정리하고 있고, 부엌 근처에서는 솥에 넣어 데치고 삶아 내는 모습을 볼 수 있어 식당 입구에서부터 입맛이 돋는다.

지금까지 알려진 자료에 따르면 우리나라 식물 중 식용으로 가장 많이 이용되는 산나물은 참취라고 한다. 남한 전체와 함경북도 접경 지역을 포함한 총 140개 시군의 1,768명을 대상으로 설문조사를 실시한 조사였는데 참취 다음으로는 고사리, 두릅나무, 쑥, 다래, 도라지, 머위, 음나무, 잔대, 더덕 순으로 나타났다. 참취는 주로 봄철에 뿌리에서 나오는 부드러운 잎이 식용으로 이용되는데 대부분 삶아서 나물로 먹거나 말려서 묵나물로 한다. 강원도에서는 쌈, 튀김, 부침개, 국, 겉절이, 장아찌로도 만들어 먹어 전국에서 가장 다양한 방법으로 활용되었다. 참취는 지방에서 약으로도 사용되는데 잎으로 즙을 내 염증이나 종기 부위에 바르면 치료에 효과가 있고, 뿌리를 달인 물은 돼지고기를 먹고 체했을 때 좋다고 한다. 또 쿠마린(coumarin), 프리델린(friedelin), 스쿠알렌(squalene) 같은 생리활성물질도 함유돼 있다고 하니 쓰임새도 많다.

참취가 사는 곳은 낮은 지역 햇빛이 잘 드는 양지쪽이다. 3월 말이나 4월 초가 되면 어느 곳을 가더라도 만날 확률이 높다. 얼른 보면 초롱꽃, 둥근털제비꽃, 영아자의 뿌리에서 올라온 근엽과 비슷해 헷갈릴 때도 있지만 먹어 보거나 향을 맡으면 금세 구별이 가능하다. 은은하고 고급스런 맛이 입 안 가득 맴돌고 잘라진 잎자루 끝을 코에 대 보면 부드럽고 연한 향기를 느낄 수 있기 때문이다.

참취

참취의 학명은 *Aster scaber*다. 속명 '*Aster*'는 별을 뜻하는 그리스어 *aster*에서 유래했으며 방사상으로 뻗는 꽃잎 모양 때문에 붙여진 것이고, 종소명 '*scaber*'는 까끌까끌한 또는 요철이 있다는 의미로 잎의 특징을 설명한 것이다. 우리 이름은 진짜 좋은 취나물이라는 뜻에서 붙여졌다. 지방에서는 나물취, 암취, 작은참취, 취, 한라참취라 부르기도 한다. 우리나라에서 자라는 참취속 식물은 22종류 정도이며, 참취와 형태적으로 가장 비슷한 종류는 우선국이나 미국쑥부쟁이인데, 잎이 장타원형, 선형 또는 선상 피침형이고 밑부분이 오목해지고 날개모양의 조직이 달려 잎몸과 잎자루가 구별되지 않는 유저(流底)여서 참취와 차이가 있다. 한방에서는 참취의 지상부와 뿌리를 동풍채(東風菜)라 하여 타박상이나 뱀에 물렸을 때 생체를 찧어 환부에 붙여 사용한다.

미국쑥부쟁이

산나물의 수요 때문에 참취를 밭에 심어 재배하는 곳이 많다. 봄이면 뿌리에서 올라온 잎을 수확해 시장에 내다 팔지만 줄기가 올라오기 시작하면 그대로 자라게 놓아둔다. 가을이 깊어 갈 무렵 그곳을 다시 방문하면 전혀 다른 모습의 꽃밭이 만들어져 있는데 주인공은 바로 흰색으로 피어 있는 참취꽃 때문이다. 가을바람을 맞으며 흔들리는 모습이 좋고 함께 모여 자라는 어울림이 좋다. 봄은 봄대로 가을은 가을대로 할 일이 많은 우리식물이다.

참취(전체)

참취(어린잎)

참취(꽃)

참취는 국화과(Asteraceae)에 속하는 여러해살이풀로 땅속줄기는 굵고 짧게 자란다. 줄기는 곧추서고 높이 0.5–1.5미터로 윗부분에서 가지를 친다. 뿌리에서 올라온 잎은 심장모양으로 긴 잎자루가 있고 꽃이 필 때쯤 말라 없어진다. 줄기잎은 어긋나 달리고 달걀을 닮은 심장형으로 길이 5–20센티미터, 너비 5–12센티미터이고, 1–5센티미터의 긴 잎자루가 있지만 위쪽으로 갈수록 작아진다. 잎 끝은 뾰족하고 밑은 심장모양이며 가장자리에는 이빨모양의 톱니 또는 겹톱니가 있다. 잎은 거칠고 양면에 털이 있으며 뒷면은 흰빛이 돌고 잎자루에 작은 날개가 있다. 꽃은 흰색으로 피고 가지와 줄기 끝에 12–45개가 산방꽃차례로 달리며 두화의 지름은 1.8–2.5센티미터다. 꽃을 받치고 있는 보호잎 총포는 반구형이고 포엽은 3열로 배열하며 모두 직립한다. 열매는 수과로 길이 3–3.5밀리미터, 너비 1밀리미터로 장타원상 피침형이고 관모는 길이 3.5–4밀리미터로 흑백색이다.

82

국화과

해국

우리나라는 삼면이 바다인 반도에 백두대간이 등줄기처럼 뻗어 있는 지형적 특징 때문에 면적 대비 생물 다양성이 높은 것으로 알려져 있다. 특히 식물은 더 그렇다. 백두산이나 한라산 정상부를 가야만 볼 수 있는 종류가 있는가 하면 바닷가나 섬 지역에서만 자라는 것도 있다. 요즘은 기후변화에 따른 온도 상승 때문에 이렇게 특정한 지역에서 자라는 식물들이 변화에 적응하지 못해 죽어가거나, 분포지가 여러 곳에서 발견되는 등 지금까지 알려진 것과는 다르게 내용이 뒤죽박죽되는 경향이 나타난다는 언론 기사를 자주 접하곤 한다. 그나마 다행스러운 것은 아직까지 고사리를 뜯으러 바다로 가는 사람은 없어 일종의 지표종 개념에 적절한 비유가 되는 종류들은 그대로 있다는 것이다.

의상대와 소나무

얼마 전 1년에 한 번씩 진행하는 학과 교수 워크숍을 다녀왔다. 한 해도 잘해 보자는 취지로 2020년부터 매년 2월에 진행하는 행사다. 1박 2일로 진행되는데 처음 계획을 세울 때는 강원도를 벗어난 지역으로 거창하게 시작하지만 아직까지 동해안을 벗어나지 못했다. 교통도 편해졌고 친

해국(군락)

숙하기 때문인 것 같은데 그동안의 경험에 의하면 동해안만큼 좋은 곳은 없는 것 같다. 첫 번째 코스는 양양군에 위치한 671년 의상대사가 창건한 것으로 알려진 낙산사 주변을 둘러보는 것이었다. 낙산사 의상대와 홍련암은 대한민국 명승 27호로 지정돼 있고, 송강 정철의 '관동별곡'에 나오는 관동팔경 중 하나로 동해 일출을 보는 데 가장 좋은 곳으로 알려져 있다. 사찰 주변으로는 다양한 볼거리도 있고 2005년 4월 대형 산불로 많은 것을 잃은 아픔도 있지만 이젠 깨끗하게 복원돼 예전처럼 많은 사람들이 찾아오는 곳이다. 의상대도 바다와 어울리는 경치가 좋다. 비스듬히 우뚝 서 있는 소나무가 그곳의 대표 나무처럼 보이고 홍련암으로 가는 길 주변에는 산지와 연결되어 산 쪽으로는 해송과 사철나무, 그리고 바닷가 쪽으로는 해국이 바위 틈새에서 자라고 있다.

겨울이라 하더라도 바닷가 숲은 늘 푸른 식물들이 차지하고 있어 생동감이 느껴지기도 했지만, 2월에 맞이하는 해국의 모습은 아무것도 남지 않은 다 말라버린 줄기뿐이어서 그저 모든 것을 초월하고 다음 생을 기다리는 막연한 바람 같아 보여 안쓰러웠다. 홍련암 주변에서 기도도 하고 사진도 찍은 후 낙산사

입구로 돌아가는데 내 눈에 다시 들어온 해국의 모습은 한창 꽃이 피었을 때를 생각나게 했다. 커다란 바위 사이에 피어 있는 연한 자색 꽃의 화려함과 일렁이는 파도, 그리고 떠오르는 해가 만나 삼위일체가 되는 한 폭의 그림 같은 광경은 다른 어느 것과 견주어도 뒤지지 않는 완벽함 그 자체였다. 이런 한창때의 모습에 줄기뿐인 지금의 해국이 오버랩되면서 모진 비바람을 맞으며 바닷가를 지키고 있는 파수꾼의 모습이 연상되어 새삼 벅찬 감동이 밀려왔다.

해국

단양쑥부쟁이

해국의 학명은 *Aster spathulifolius*다. 속명 '*Aster*'는 라틴어로 별을 의미하는데 방사상으로 뻗은 꽃잎 모양에서 기원했으며, 종소명 '*spathulifolius*'는 주걱모양의 잎을 가진 식물이란 뜻이다. 우리 이름은 바닷가에서 자라는 국화라는 뜻에서 유래했다. 지방에서는 왕해국, 흰해국이라 불린다. 우리나라에서 자라는 참취속(*Aster*) 식물은 22종류 정도가 있다. 이 중 해국과 형태적으로 가장 비슷한 종류는 강가 모래땅에서 자라는 두해살이풀인 단양쑥부쟁이나 높은 산에서 자라는 눈갯쑥부쟁이인데, 이 종류들은 줄기 기부가 목질화되지 않아 해국과 구별된다. 한방에서의 용도는 알려진 것이 없지만 민간에서는 관상용으로 사용한다.

바위틈에 활짝 핀 해국 꽃을 만나면 통째로 집안으로 옮겨 두고 혼자 보고 싶은 욕심이 들 때가 있다. 과유불급이라 했지만 아름다운 모습은 어쩔 수 없는 것 같다. 바닷가를 대표하는 상징성과 아름다운 모습이 기후변화와 상관없이 꿋꿋하게 자라 영원히 함께할 수 있기를 기대해 본다.

해국(꽃)

해국(잎과 작년 열매 흔적)

해국은 국화과(Asteraceae)에 속하는 반목본성 여러해살이풀로 줄기는 아래부터 여러 개로 갈라져 비스듬히 자라고 높이 20-40센티미터이며 전체에 부드러운 털이 밀생한다. 잎은 어긋나 달리고 뿌리에서 올라온 잎은 여러 개가 한꺼번에 나와 로제트모양을 만드는데 길이 3-9센티미터, 너비 1.5-5.5센티미터로 주걱 또는 달걀을 거꾸로 놓은 모양이며 잎자루에 날개가 있고 양면에 부드러운 털이 있다. 잎 끝은 뾰족하고 밑은 좁아지며 가장자리는 밋밋하거나 끝에 몇 개의 큰 톱니가 있다. 줄기에 달리는 잎은 주걱형으로 길이 3.5-6.5센티미터, 너비 1.2-2.5센티미터이고, 다른 특징은 뿌리에서 올라온 잎과 같다. 꽃은 7-11월에 피고 가지 끝에 1개씩 달리며 두화의 지름은 3.5-4센티미터다. 설상화는 연한 자주색이며 길이 1-1.5센티미터로 두화 1개에 33-40개가 들어 있고, 통상화는 길이 6.5-7.5밀리미터로 끝은 깊게 5개로 갈라지며 두화 1개에 99-117개가 들어 있다. 꽃을 보호하는 총포는 반구형이고 각각의 조각은 끝이 뾰족한 선형으로 3열로 배열된다. 열매는 수과로 길이 3.5밀리미터 정도이며 거꾸로 된 피침형으로 납작하고, 표면에 털이 밀생하며, 관모는 갈색으로 길이 4-5밀리미터다.

83

국화과

산국

가을엔 아픔과 기쁨이 교차한다. 그동안 잘 자랐던 나뭇잎이 제 역할을 다하고 떨어지니 앙상한 가지는 겨울을 홀로 나기가 버겁다. 가을 단풍은 기쁨이다. 녹색의 잎에서 노랗거나 붉은색으로의 변신이 우리들 눈을 새로운 색깔로 적응하게 만들기 때문이다. 생물학적으로 단풍이 드는 이유와 낙엽이 지는 이유를 학생들에게 여러 번 가르치기도 했지만 자연의 법칙대로 흘러가는 시간처럼 그때그때 풍광을 봐 주면 다른 설명은 필요 없을 것 같다. 나무는 이렇게 가을과 겨울을 나지만 풀들은 좀 다르다. 가을 식물이 따로 있기 때문이다. 가을을 대표하는 주인공들은 대부분 국화과 식물이다. 들국화라는 이름으로 불리는 종류들이 대부분인데 흰색, 노란색, 보라색 등 색깔도 가지가지다. 구절초, 개쑥부쟁이, 개미취, 미역취, 각시취, 산국, 감국 등등. 이 중 '산국'은 이름만 들어도 느낌이 다가올 정도로 편안함을 주는 종이다. 산에 있는 국화, 산에서 피는 국화, 어떤 설명이든 머릿속에는 노란색 국화꽃이 상상될 정도다. 잎사귀를 손

구절초

미역취

각시취

산국(군락)

으로 비벼 냄새를 맡아 보면 쑥 향이 나는데 몇 시간이 지나도 가시지 않을 정도로 은은하고 오래간다. 언젠가 도로변 절개지 사면 전체에 산국이 심겨 있는 모습을 본 적이 있다. 차창 밖으로 스쳐 지나간 광경이었지만 커다란 군락은 반듯하게 경계 지어진 공간 안에 만들어진 화려한 장식품 같아 보였다. 그렇다고 산국이 자라는 곳이 이렇게 특정한 곳만은 아니다. 작은 샛길을 걷다가 또는 숲이 시작되는 언저리 햇빛이 잘 비추는 곳이면 어느 곳이라도 만날 수 있다.

이젠 팔순을 훌쩍 넘긴 우리 학과 명예교수님이 오후 4시면 항상 운동 삼아 다니시던 춘천 시내 애막골이란 산이 있다. 해발 200여 미터밖에 안 돼 남녀노소 많이 찾는 곳인데, 교수님께서는 평소에도 산길을 걷다가 눈에 띄는 식물이 있으면 사진을 찍어 보여 주며 이름을 알려 달라고 하셨다. 그날은 두 가지 꽃을 동시에 보내 주시며, 얼른 보면 산국인데 꽃 크기와 꽃차례에 차이가 있다는 것이었다. 동물분류학을 전공하신 분이라 남다른 눈썰미가 있어 다르게 보신 것이다. 두 식물은 산국과 감국이었다. 대단하시다는 칭찬과 함께 이 식물에 대해 자세하게 설명해 드렸더니 아주 좋아하셨다. 교수님께서 아주 흡족해 하시던 모습이 지금도 눈에 선하다.

산국

감국

산국의 학명은 *Chrysanthemum seticuspe*다. 속명 '*Chrysanthemum*'은 고대 그리스 이름인 chrysanthemon에서 유래됐는데, 이 단어는 황금색을 뜻하는 chrysos와 꽃을 의미하는 anthemon의 합성어로 꽃 색깔을 표현한 것이다. 종소명 '*seticuspe*'는 가시털처럼 갑자기 뾰족해진다는 뜻이다. 우리 이름은 산에서 볼 수 있는 국화라는 의미이며, 지방에서는 개국화, 나는개국화, 들국, 기린국화라 부르기도 한다. 우리나라에서 자라는 쑥갓속(*Chrysanthemum*) 식물은 산국과 감국 2종류뿐인데, 감국은 꽃 지름이 3-4센티미터로 크고 꽃이 복합산방꽃차례로 달리며 총포는 아구형으로 길이 4-8밀리미터, 너비 9-15밀리미터여서 산국과 구별된다. 한방에서는 산국과 감국의 꽃봉오리를 야국화(野菊花)라 하여 종기, 눈의 충혈, 두통, 현기증, 인후염, 고혈압을 치료하는 데 사용한다. 어린순은 나물로 한다.

길을 가다 산국과 감국 꽃을 만나면 마음이 평안해진다. 꽃 색깔이 화려하지 않고 평범해 보이기 때문이다. 지나가는 사람들을 반기듯, 자기 모습을 보여 주듯 순수함도 갖췄다. 예뻐할 수밖에 없는 이유다. 가을이 깊어 가면 활짝 핀 산국과 감국 꽃을 따다가 국화차도 만들어 봐야겠다. 따뜻한 물에 우려져 나올 노란 색깔과 향기가 벌써부터 기대된다.

산국(잎과 꽃)

산국(꽃과 꽃차례)

산국은 국화과(Asteraceae)에 속하는 여러해살이풀로 키는 0.3–1.5미터까지 자라며 가지를 많이 치고 흰 털로 덮여 있다. 잎은 어긋나 달리고 줄기 밑부분에서 나오는 잎은 꽃이 필 때 시든다. 잎은 긴 타원처럼 생긴 달걀모양으로 길이 4–6센티미터, 너비 3–5센티미터이고, 0.8–1.5센티미터 정도의 잎자루가 있다. 잎의 밑부분은 약간 심장모양이거나 편평하고 가장자리는 깃처럼 갈라지며 예리하고 뾰족한 톱니가 있다. 꽃은 9–10월에 황색으로 피고 두화는 지름 1.2–2센티미터 정도로 여러 개가 모여 가지나 원줄기 끝에 산형꽃차례와 비슷한 모양으로 달린다. 혀모양의 꽃, 설상화는 길이 5–6밀리미터로 꽃 뭉치 가장자리에 동그랗게 위치하고, 안쪽에 자리 잡은 통처럼 생긴 통상화는 길이 2–2.5밀리미터 정도이고 꽃부리 끝이 5개로 갈라진다. 꽃을 받치고 있는 총포는 구형으로 길이 3.5–5밀리미터, 너비 6–8밀리미터이고, 각각의 조각은 3–4줄로 배열된다. 열매는 껍질이 익어도 열리지 않고 안에 종자가 한 개만 들어 있는 수과로 길이는 1.5–2밀리미터 정도다.

84

국화과

고려엉겅퀴

강원도 평창군의 오대산 입구에 가면 산채정식 간판을 내건 식당이 즐비하다. 그것도 모자라 진부 읍내에도 유명한 집이 여러 곳 있다. 요즘은 저장 기술이 발달해 가을이나 겨울까지도 신선한 재료를 활용할 수 있으니 제철 봄의 맛은 아니더라도 나쁘지 않게 음식을 즐길 수 있다. 언제부턴가 식당에 앉게 되면 기본적으로 나오는 반찬 가짓수를 헤아리게 되는데 산채식당 같은 곳은 20여 가지는 되는 것 같다. 반찬 수로 따지자면 전라도 밥상을 따라갈 수 없겠지만 산채라는 단일 품목으로 이 정도를 차려 낸다는 것은 어지간한 실력자가 아니면 불가능한 일이 아닌가 싶다. 평생 산나물만을 고집하며 건강 밥상을 차리는 데 온갖 정성을 쏟은 장인도 있는데 이야기를 나눠 보면 나름 철학도 있고 자부심도 강하다. 주문한 메뉴로 밥상이 채워지면 다음 단계는 어떤 종류의 나물인지가 궁금해진다. 일종의 직업병이다. 어떤 집에서는 친절하게도 접시 순서대로 나물 이름을 적어 놓기도 하지만 대부분은 그렇지 않다. 맛을 음미하며 이름 맞추기에 총력을 기울이는데 삶거나 튀겨내 원래 모습이 변형된 것들은 쉽지가 않다. 크게 망신을 당한 적도 있다. 곤드레나물 때문이다.

곤드레나물의 올바른 이름은 고려엉겅퀴다. 한국에서 자라는 엉겅퀴라는 뜻으로 전 세계에서 우리나라에서만 볼 수 있는 이른바 특산종이다. 이 식물을 활용한 요리는 예전부터 강원도 평창군이나 정선군 등 내륙 지역을 중심으로 알려졌는데, 지금은 전국의 어느 지역에서도 만나 볼 수 있다. 그날도 학생들과 야외조사를 마치고 이동하던 중 점심식사를 위해 산나물을 취급하는 식

고려엉겅퀴(군락)

당에 들어갔다. 먼저 온 손님들의 표정을 보니 모두 행복해 보여 제대로 된 맛집을 잘 찾아왔다고 생각했다. 메뉴는 곤드레밥 정식이었다. 음식 주문 후 바로 반찬이 세팅되었다. 몇 가지 나물들이 선을 보였고 얼른 나물 이름을 학생들에게 알려 주었다. 어수리나물, 취나물, 뽕잎나물, 곤드레나물, 두릅, 개두릅, 도라지, 고사리 등 나름 자신 있게 설명했다. 그런데 잠시 후 식당 사장님이 밥을 들고 나와 한 그릇씩 덜어 준 후 산채 나물에 대한 설명을 해 주겠다고 하는 것이었다. 굳이 확인할 필요는 없는데 그래도 확인을 받아야 신뢰도가 높아지기에 부탁을 했더니 이야기해 주는 나물 이름은 시험은 제대로 보고 답은 밀려 쓰듯 대부분 달랐다. 이름뿐만 아니라 자세한 식물 설명도 곁들여 해 주시는 바람에 나의 입지는 더 좁아졌다. 애써 아닌 척하면서 스스로를 달래 보려 했지만 벌겋게 달아오르는 얼굴빛에 학생들도 겸연쩍은 듯 눈을 마주쳐 주지 않았다. 곤드레밥을 시켜 놓고 곤드레나물 이름도 맞추지 못한 우를 범했으니, 그다음부터는 산채식당에 가도 반찬 이름에 대해서는 누가 물어보지 않는 한 먹는 것에만 충실하기로 했다. 지금 다시 생각해도 학생들에게 미안하다.

고려엉겅퀴의 학명은 *Cirsium setidens*다. 속명 '*Cirsium*'은 그리스어 kirsion에서 유래했는데, 엉겅퀴의 한 종류로 정맥류(kirsos) 치료에 효과가 있다는 것에서 기원된 것이고, 종소명 '*setidens*'은 가시 같은 톱니가 있다는 뜻으로 잎 가장자리의 특징을 설명한 것이다. 우리 이름은 고려, 즉 한국에서 자라는 엉겅퀴라는 뜻에서 붙여졌다. 지방에서는 곤드래, 구멍이, 도깨비엉겅퀴, 독깨비엉겅퀴, 흰잎고려엉겅퀴라 부른다. 우리나라에서 자라는 엉겅퀴속(*Cirsium*) 식물은 15종류가 있으며 이름에 엉겅퀴라는 단어가 모두 들어 있고, 고려엉겅퀴와 형태적으로 비슷한 종류는 정영엉겅퀴인데, 총포가 작고 꽃은 황백색이며 잎 가장자리 톱니가 얕게 갈라져 구별된다. 한방에서 고려엉겅퀴는 약으로 쓰지 않고, 민간에서는 어린잎을 식용으로 이용한다.

고려엉겅퀴

정영엉겅퀴

노래 가사에 '곤드레만드레'라는 부분이 있다. 고려엉겅퀴의 큰 키가 바람에 휘청거리는 모습이 마치 사람이 술에 취해 비틀거리는 것처럼 보인다는 의미다. 또 어떤 지역에서는 곤드레나물을 술안주로 먹으면 만드레가 될 때까지 취하지 않는다고 한다. 호기심에 정말 그런지 직접 실험을 했다. 흐르는 시냇물에 발을 담그고 갓 따온 곤드레나물 생체를 초고추장에 찍어 소주 안주로 먹은 것이다. 결과는 뻔했다. 목이 말라 눈을 떠 보니 방에 들어와 자고 있었다. 어떻게 집으로 왔는지 아무런 생각도 나지 않은 채, 아마 곤드레만드레가 됐었던 것 같다. 다시는 그렇게 하지 않았지만 재밌는 경험이었다.

고려엉겅퀴(줄기와 잎)

고려엉겅퀴(잎)

고려엉겅퀴(꽃)

고려엉겅퀴는 국화과(Asteraceae)에 속하는 여러해살이풀로 높이 0.5-1.2미터까지 자라며 가지를 많이 치고 줄기에는 세로로 난 종선이 있다. 뿌리에서 올라오는 잎은 꽃이 피는 시기에 말라 없어진다. 줄기잎은 어긋나 달리고 달걀 또는 타원상 피침형으로 길이 4.1-22.1센티미터, 너비 1.2-12.2센티미터이고, 잎자루는 1.5-4센티미터 정도다. 잎 끝은 뾰족하고 밑은 넓은 쐐기모양이며 가장자리에는 2밀리미터 정도의 가시 같은 톱니가 있고 뒷면은 흰빛이 돈다. 꽃은 7-10월에 자색으로 피고 지름 3-4센티미터의 두화 1-20개가 가지와 줄기 끝에 산방상 또는 하나씩 달린다. 꽃을 보호하는 총포는 구형 또는 넓은 종모양이고 거미줄 같은 털이 있으며 각각의 조각은 7-8열로 배열하고 분비샘이 있어 끈적거린다. 꽃부리는 길이 1.4-2.2센티미터로 자색이다. 열매는 수과로 장타원형이며 길이는 3-5밀리미터 정도다. 관모는 갈색으로 강하고 길이 1-1.7센티미터다.

85

국화과

산구절초

산행을 하다가 마음에 드는 곳이면 몇 번이고 다시 가게 마련이다. 강원도 평창군 대관령면 옛 고속도로 휴게소 오른편에 위치한 능경봉이 그렇고 태백산국립공원 내 한강의 발원지 검룡소가 그렇다. 매년 한두 번씩 방문하면서 식물도 관찰하고 주위 풍광이 어떻게 변했는가도 확인할 수 있다. 또 마음의 휴식을 취할 수 있는 분위기를 가진 공간이기도 하다. 이번에 방문한 곳도 새로 추가할 수 있는 장소가 될 것 같다. 바로 능경봉 맞은편에 있는 선자령이다. 산을 좋아하는 사람들이나 아이들이 있는 집이면 한 번쯤 다녀왔을 법한 장소다. 해발 800미터에서부터 시작하는 고산지역 생물과 초지로 이루어진 주변 풍경을 제대로 관찰할 수 있고 강릉 시내와 바다도 내려다보이기 때문이다. 어린아이들에게는 양떼목장 때문에 인기 있는 곳이기도 하다.

우리 팀은 식물 종자 수집 프로젝트의 일환으로 방문했는데 시기가 9월 마지막 주로 늦은 가을이다 보니 나뭇잎은 대부분 떨어져 없고 계곡물도 양이 적어 삭막한 느낌마저 들 정도였다. 가끔 흰색과 보라색 꽃이 피어 있는 투구꽃이 있어 그나마 가을다운 분위기를 연출해 주고 있었다. 우리 목표는 확보하지 못한 특정식물 종자 수집이라 해당하는 주인공을 찾는 데 모든 초점이 맞춰져 있어 가끔 나타나는 속새 군락이나 종자만 덩그러니 달려 있는 이상하게 생긴 식물체들을 제외하고는 관심이 없었다. 계곡을 통해 정상으로 가는 길이 얼마나 길던지 예전에 갔었던 길과 달라 바로 왔는지를 의심하게 할 정도로 진이 빠져 버렸다. 커다란 성과 없이 말이다. 어쨌든 계곡을 통해 만난 정상부 길은

산구절초(군락)

임도길이었다. 해발 천 미터가 되는 곳인데도 농원으로 가는 팻말이 있었고 선자령 정상으로 가는 이정표도 있었다. 임도 주변은 여느 산과 다르지 않은 일반적인 모습인데 정상 쪽으로 향한 갈림길에서 산길로 접어들면서부터는 작은 바위가 어우러져 빈 공간이 많아 보였다. 정상까지 남은 거리가 200미터라는 이정표를 반갑게 맞이하고 가려는데 길 주변으로 바닥에 납작하게 깔려 있으면서 흰색 솜뭉치처럼 보이는 산구절초 식물군락이 눈에 들어왔다. 얼마나 아름답던지 하루 종일 걸었던 피로가 모두 사라지는 것 같았다. 식물 사진을 찍고 인물을 넣어 사진도 찍고 같이 갔던 학생들과 함께 아름다운 모습들을 연출했다. 정상부 200미터 길에는 마치 심어 놓은 듯 산구절초가 지친 우리들을 반겨 주고 있었다. 지금까지 만났던 군락 중 가장 크고 가장 활짝 핀 꽃모습이라 감동이 더했다. 사실 이 식물은 8월부터 10월 중순까지 꽃이 피긴 하지만 산 정상부 근처에서 자라는 경우가 많으므로 그곳에 도착할 때쯤이면 몸과 마음이 피곤할 시간인데 그럴 때면 잠시 쉬면서 학생들에게 식물의 쓰임새며 특징에 대해 자주 이야기해 주곤 했었다. 또 잎을 비벼 콧등에 대면 진한 쑥 향기가 나고, 꽃대 몇 개를 잘라 한 움큼 묶어 내면 어느 꽃다발과 견줄 수 없을 만큼 아름답게 보여 항상 행복을 주는 식물로 생각했었다. 이런 모습들이 그곳을 다시 찾아가게 되는 이유가 된 것 같다.

산구절초의 학명은 *Dendranthema zawadskii*다. 속명 '*Dendranthema*'는 그리스어 dendron(나무)과 anthemon(꽃)의 합성어이며, 종소명 '*zawadskii*'는 헝가리의 식물채집가 Zawadski의 이름에서 왔다. 우리 이름은 산에서 자라는 구절초라는 뜻으로 상대적으로 높은 곳에서 자란다는 의미로 붙여졌으며, 지방에서는 가는잎구절초, 구절초, 선모초, 한라구절초 등 다양하게 불린다. 우리나라에서 자라는 구절초속(*Dendranthema*) 식물은 8종류 정도이며, 형태적으로 산구절초와 가장 비슷한 것은 구절초인데, 잎 전체가 1/3 또는 1/2 정도로 갈라지고 두화의 지름이 약 6–8센티미터로 넓어 산구절초와 구별된다. 한방에서는 구절초 종류의 지상부를 구절초(九折草)라 하여 생리불순, 불임증 등 부인병에 사용하는 것으로 알려져 있다.

해마다 찾아갈 곳이 새로 생겼으니 체력도 유지해야겠다. 해발 1,157미터까지 올라가야 해 괜히 억울한 것 같기도 하지만 산구절초 군락을 처음 만났을 때의 기분을 회상해 보면 별것도 아니라는 생각이 든다. 산을 좋아하는 지인들도 모아야겠다. 흰색 꽃구름처럼 활짝 피어 있는 산구절초 꽃을 만났을 때 놀라는 표정이 벌써부터 눈에 선하다.

산구절초

구절초

산구절초(근엽)

산구절초(줄기와 잎)

산구절초(꽃)

산구절초는 국화과(Asteraceae)에 속하는 여러해살이풀로 항상 여러 개체가 군락을 이룬다. 땅 속 뿌리줄기인 근경이 옆으로 뻗어 증식하기 때문이다. 줄기는 곧추서 자라고 높이 10-60센티미터 정도다. 뿌리에서 나오는 잎은 긴 잎자루에 잘게 갈라진 잎이 달리는 데 비해, 줄기잎은 아래쪽 마디에 달리는 것은 달걀처럼 생겼지만 위로 갈수록 가늘게 갈라져 최종적으로는 잎의 너비가 1밀리미터 정도밖에 안 될 정도다. 꽃은 가지와 줄기 끝에 한 개씩 흰색으로 피고, 뭉쳐 달리는 두화의 지름은 3-4센티미터 정도다. 두화를 구성하는 꽃은 혀모양의 설상화가 가장자리에 1열로 배열되어 있고 안쪽에는 통모양의 꽃, 즉 통상화 수십 개가 들어 있다. 꽃을 보호하는 총포는 반구형이고 각각의 조각은 3열로 배열한다. 열매는 수과로 긴타원형이며 길이 2밀리미터로 겉에 5개의 줄이 있고 밑부분은 약간 구부러져 있다.

86

국화과

절굿대

식물조사를 위한 산행을 하다가 생각지도 못한 종류를 만나면 그처럼 반가울 수가 없다. 희귀성을 가진 것이라면 더 그렇고 흔한 것이라도 자라는 곳이 제한적이거나 개체수가 적은 종이라면 마찬가지다. 국화과에 속하는 절굿대가 좋은 예다. 가끔 비슷한 이름을 가진 절국대라는 식물 때문에 두 종을 혼동하는 경우도 있는데, 이 종은 현삼과에 속하는 반기생성 한해살이풀로 잎이 가늘게 갈라지고 노란색 꽃이 수상꽃차례로 달려 절굿대와는 전혀 다르다. 절굿대가 나와 있는 식물도감을 보면 자라는 곳은 햇빛이 잘 비치는 풀밭이라고 돼 있다. 하지만 실제로 이 식물을 현장에서 만났던 것은 손가락을 꼽을 정도다. 꽃 뭉치가 도깨비 방망이처럼 험상궂게 생겼고 키도 크게 자라 쉽게 눈에 띌 것도 같은데 말이다. 그런데 2022년 8월 백석산 조사에서 이 식물의 군락지를 만났다.

옥잠화

원추천인국

풀협죽도

강원도 평창의 한 골짜기로 요란한 펜션 건물이 즐비하게 지어지고 있는 곳이었다. 이렇게 멋진 경관을 가진 곳에 숙박시설이 들어선다는 것에 실망스러움을 달래며 계곡 위쪽으로 나 있는 길을 따라가던 중 조그만 나무 이정표에 그 지역 이름을 앞에 두고 '그림터 가는 길'이라 씌어 있는 팻말을 만났다. 이 첩첩산중에 그림터라! 일부러는 아니었지만 한참을 가다 보니 발걸음은 그쪽을 향해 가고 있었다. 조그만 산을 넘어 굽이굽이 돌아가는 길을 따라 도착한 곳은 집 몇 채만이 남아 있는 조용한 외딴 마을이었다. 사람들이 보이지는 않았지만 이방인들의 인기척이 들리자 이곳저곳에서 강아지 짖는 소리가 들리기 시작했고, 나중에 알게 된 사실이지만 그곳에 사는 분들은 대부분 산속 마을 풍경과 그림을 좋아하는 사람들이라고 한다. 집이 한눈에 들어오는 길 주변으로는 때마침 많은 꽃들이 피어 있었는데 화려함과 시기적절한 종류들이 심겨 있어 집주

절굿대

절국대

수레국화

벌개미취

익모초

인의 안목을 엿볼 수 있었다. 옥잠화, 원추천인국, 풀협죽도, 수레국화, 벌개미취, 익모초 등 무리 지어 자라는 모습이 마치 우리 팀을 환영하는 것처럼 보였다. 절굿대도 그 틈 사이에서 만났다. 석회암지대가 아닌 다른 곳에서의 만남이라 조금은 당황스럽기도 했는데, 동그란 꽃 뭉치를 구성하는 각각의 꽃 끝이 바늘처럼 뾰족한 모습으로 나 있는 어린 개체가 있는가 하면, 활짝 핀 개체의 남색을 띤 보라색 꽃 빛깔은 다른 식물들과는 비교가 안 될 정도로 압도적이었다. 연신 카메라 셔터를 눌러대며 잠시 즐거운 시간을 보냈다.

절굿대의 학명은 *Echinops setifer*다. 속명 '*Echinops*'는 바다밤송이나 고슴도치를 뜻하는 그리스어 echinos와 발을 뜻하는 pos의 합성어였던 것을 Linne가 비슷하다는 의미의 ops로 변경한 것으로 둥근 두상꽃차례의 꽃이 가시처럼 퍼져 달리는 모양을 표현한 것이다. 종소명 '*setifer*'는 가시털이 있는, 또는 강한 털이 있다는 뜻이다. 우리 이름은 열매 모양이 절굿공이와 비슷하게 생겨 붙여진 것이라고 하며, 지방에서는 개수리취, 둥둥방망이, 분취아재비, 절구대, 절구때라 한다. 우리나라에서 자라는 절굿대속 식물은 큰절굿대와 절굿대 등 2종류인데, 큰절굿대는 잎에 나는 가시의 길이가 2–3밀리미터로 길어 구별된다. 한방에서는 절굿대와 뻐꾹채 뿌리를 누로(漏蘆)라 하는데 여러 가지 염증, 통증, 그리고 열을 내리는 데 사용하고, 피를 멈추게 하는 효과도 있는 것으로 알려져 있다.

절굿대를 처음 만났던 것은 강원도 정선군에 있는 각희산이었던 것으로 기억한다. 꽃봉오리가 막 생겨나서인지 전체가 녹색으로 보여 큰 느낌을 받지 못했었는데 이번에는 완벽한 모습을 볼 수 있어 좋았다. 산속 그림터가 만들어 준 좋은 추억거리다. 다음번에도 그 지역을 방문할 기회가 생긴다면 꼭 다시 들르고 싶다. 왜냐하면 절굿대처럼 반겨 줄 또 다른 식물들이 자라고 있을지 모르기 때문이다.

절굿대(줄기와 잎)

절굿대(꽃봉오리)

절굿대(꽃)

절굿대는 국화과(Asteraceae)에 속하는 여러해살이풀로 높이는 1-2미터로 자라고 윗부분에서 가지를 치며 아래에 능선이 있고 전체는 흰 털로 덮여 있다. 뿌리에서 올라온 잎은 꽃이 필 때 시들며, 길이 15-25센티미터로 장타원형이며 빗살처럼 깊게 갈라지고 가장자리에는 1밀리미터의 가시가 달리고 12-14센티미터의 잎자루가 있다. 줄기에 달리는 잎은 잎자루가 없고 어긋나 달리며 장타원형으로 길이 15-30센티미터, 너비 13-20센티미터로 밑부분은 좁아지고 가장자리는 5-6개로 깊게 갈라지며 끝에 작은 가시가 있다. 꽃은 7-8월에 피며 원줄기와 가지 끝에 달리는데, 꽃 뭉치는 지름 3.5-6센티미터 정도로 둥글다. 꽃부리는 푸른 보라색으로 1.1-1.3센티미터 내외로 끝은 5개로 갈라져 뒤로 말린다. 꽃을 받치고 있는 총포편은 17-22장으로 단단하고 외총포조각은 길이 8-9밀리미터이며, 내총포조각은 길이 1.5센티미터로 끝부분에 가시가 있고 가장자리에는 거친 톱니가 있다. 열매는 수과로 원통모양이며 길이 6밀리미터로, 표면에 황갈색 털이 밀생하고, 관모에 달린 비늘조각은 선형으로 길이는 2밀리미터 정도다.

87

국화과

붉은서나물

우리 대학교 자연과학대학 2호관 건물은 40년이 넘는 오랜 역사를 가졌다. 우리 학과도 이곳에 기틀을 마련하고 발전에 발전을 거듭해 왔다. 그동안 건물에 대한 큰 변화는 없었지만 지진으로 인한 위험성 때문에 국가적으로 안전진단을 실시한 후 한 가지 방편으로 건물 외벽에 충격 흡수를 위한 철 구조물 설치로 마치 껍질을 포장하는 것처럼 보이는 일이 진행되었다. 40년 동안 붙어 있던 빛에 바랜 직사각형의 갈색 타일이 가려지는 순간이다. 더 좋은 것은 창문도 이중창으로 교체했다는 것이다. 오랫동안 사용하다 보니 창문틀이 틀어지고 홑창이라 냉난방, 소음에 취약했었다. 안전 구조물이 설치되고 군데군데 남은 빈 공간은 페인트로 칠했다. 6개월에 걸친 공사 끝에 40년 된 건물은 새것처럼 탈바꿈 됐고, 내막을 모르는 사람이 건물을 처음 본다면 공부할 맛 난다는 말을 할 수 있을 정도로 그럴듯한 건물이 되었다. 건물 공사 후 주변 환경 정리까지 끝나고 나니 훨씬 깨끗하고 쾌적한 공간이 되었다. 개인적으로는 자연과학대학장 때 진행되었던 일이라 나름 의미가 더 있었고 지금도 참 잘한 일이라는 생각을 한다. 그로부터 몇 년이 지났다. 그동안 가장 많은 변화가 있는 것은 건물 주변 환경이다. 그늘이 있는 곳에는 이끼가 자라고 있고 바람에 날아온 씨앗들도 정착해 꽃피고 열매까지 맺는 종류들이 많아졌다.

그중 가장 많은 개체가 자라는 것은 붉은서나물이다. 북아메리카에서 들어온 귀화식물로 지금은 거의 전국에서 자라고 있다. 그런데 이 식물에 대해서는 지도교수이신 이우철 교수님과의 관련성을 이야기하지 않을 수 없다. 강원도 춘천시에서 가장 높은 대룡산 조사 때 가장 먼저 발견했고 이름도 대룡국화라고 처음 붙였기 때문이다. 지도교수께서 1996년 집필한 『원색한국기준식물도감』에도 같은 이름으로 되어 있지만 유효출판물이 아니어서 지금은 공식적으로 발표된 논문에 등록된 붉은서나물이라는 이름이 사용되고 있어 아쉬움이 크다. 어쨌든 건물 주변에서 보이는 붉은서나물은 30도가 넘는 뙤약볕에서도 견딜 수 있는 강인함을 가져 주변 다른 종류들과는 대조되며, 번식력도 강해 여러 개체를 한꺼번에 만날 수 있는 것 같다.

붉은서나물의 학명은 *Erechtites hieraciifolius*다. 속명 '*Erechtites*'는 그리스의 식물학자 Dioscorides가 개쑥갓에 사용했던 *Erechthites*에서 유래되었으며, 종소명 '*hieraciifolius*'는 조밥나물속(*Hieracium*) 식물과 비슷한 잎을 가졌다는 뜻이다. 우리 이름은 줄기가 붉은빛을 띠고 잎이 쇠서나물과 비슷해 붙여졌다고 하며, 다른 이름으로는 물쑥갓, 대룡국화, 산쑥갓, 조밥쑥갓이라 부른다. 우리나라에서 자라는 붉은서나물속에는 붉은서나물 1종만이 자란다. 지방에서 어린순은 나물로 한다.

붉은서나물(전체)

개쑥갓(전체)

조밥나물(잎과 꽃)

쇠서나물(잎)

붉은서나물이 열매를 맺는 10월이면 희고 긴 관모 덕분에 가을하늘도 즐길 수 있다. 바람에 날아가는 방향을 따라 올려다보면 구름 한 점 없는 높고 푸른 하늘을 만날 수 있기 때문이다. 가끔 너무 많이 날리는 씨앗 때문에 불편할 때도 있지만 붉거나 노란색 가을 단풍과 잘 어우러지는 커플 같은 느낌도 든다. 우리나라에 절로 나 자라는 식물은 아니지만 매력을 가진 식물이다.

붉은서나물(줄기와 열매)

붉은서나물(잎, 꽃)

붉은서나물(종자)

붉은서나물은 국화과(Asteraceae)에 속하는 한해살이풀이다. 줄기에는 세로줄이 있으며 이름처럼 붉은빛이 돌고 높이는 50-150센티미터 정도 자란다. 잎은 어긋나 달리거나 2-3장이 모여 나는 것 같아 조금 복잡해 보인다. 잎은 피침 또는 장타원 모양이고 길이 5-40센티미터, 너비 1.4-2.6센티미터로 끝은 뾰족하고 가장자리에는 불규칙하고 커다란 톱니가 있다. 밑부분은 갑자기 좁아지거나 귀처럼 생겨 줄기를 감싸기도 한다. 꽃은 9-10월에 피고 줄기나 가지 끝에 달리는 꽃 뭉치, 즉 두화는 길이 1.5센티미터, 너비 0.5센티미터로 원통모양이며 밑부분은 뚜렷하게 팽창돼 약간 튀어나와 있고, 전체적으로는 산방꽃차례 형태를 만든다. 꽃을 보호하는 총포조각은 모두 선모양이지만 바깥쪽 총포조각은 길이 2-3밀리미터로 짧고, 안쪽 총포조각은 10-14밀리미터로 길다. 꽃은 담황색 또는 황록색으로 통상화로만 구성돼 있으며 각각은 좁은 통처럼 생겼다. 열매는 수과로 장타원모양이며 길이 2-3밀리미터 정도로 작다. 겉에는 10-12개의 능선이 있고, 끝에 달리는 관모는 흰색으로 길이는 14밀리미터 정도다.

88

국화과

개망초

집 밖을 나서면 보이는 많은 식물 중 유독 많은 개체가 있다. 얼른 예를 들어 보면 코스모스, 무궁화, 서양민들레가 생각나기도 하겠지만, 이 식물은 햇빛이 비치는 곳이면 어느 곳에서든지 만날 수 있다. 바로 '개망초'라는 종류다. 식물 이름에 '개'라는 글자가 붙어 있으면 그 뒤에 오는 단어와 연관이 있다는 의미인데 그다지 좋은 뜻은 아닌 것 같다. 그래도 한 단어로 된 편리성 때문인지 우리나라 식물 100여 종류에 붙어 있다. 이참에 '좀', '긴', '넓은', '좁은', 그리고 '큰' 자가 붙으면 식물의 크기를 말하고, '아재비', '너도', '나도' 자가 붙은 이름은 기본종과 비슷하다는 의미라는 걸 알아 두었으면 좋겠다. 개망초가 눈에 잘 띄는 이유는 우리나라에 절로 나 자라는 종류가 아니고 외국에서 들어온 귀화식물 중 한 가지이기 때문이다. 귀화식물들은 숲속으로의 침입은 어렵지만 운동장이나 경사지 등 열려 있는 공간에는 침투가 빨라 그 지역을 독식하게 된다. 동물 종류로는 황소개구리가 그랬고, 요즘은 어류나 곤충류도 많이 유입되어 생태계에 나쁜 영향을 주고 있다.

개망초는 북아메리카 원산으로 우리나라에는 1921년 이전에 들어온 초기 귀화식물에 포함되며, 현재는 전국에 퍼져 있다. 개망초는 봄에는 나물로 인기가 높다. 뿌리에서 올라온 잎은 로제트모양이라 하여 달맞이꽃처럼 바닥에 방석처럼 펼쳐져 겨울을 지나게 되는데, 봄이 되어 언 땅이 녹고 온도가 올라가기 시작하면 묵은 잎 사이로 새로운 잎이 올라온다. 봄나물 중 향을 좋아하는 사람들이라면 냉이나 달래를 우선적으로 찾겠지만, 은은하고 평범한 맛을 선

개망초(군락)

개망초(전체)

호한다면 새로 나오는 개망초 잎을 추천해 주고 싶다. 열무를 솎아 내듯 새로 올라오는 부분을 칼로 도려내고 함께 딸려 온 오래된 주변 잎을 제거해 주면 연하고 부드러운 달걀모양의 녹색 잎만 남게 된다. 이것을 끓는 물에 데쳐 낸 후 시금치나물처럼 무치면 훌륭한 봄나물이 된다. 입맛 없는 계절에 안성맞춤이다. 여름의 개망초는 아름다운 꽃으로 환영받는다. 꽃을 위에서 내려다보면 마치 계란프라이처럼 보여 계란꽃이라 부르기도 한다는데 재미있는 이름 같다. 활짝 열린 개활지라면 개망초 꽃으로 가득한 커다란 군락도 만날 수 있는데 눈높이를 같이해 옆에서 보면 꽃송이가 물에 떠 있는 것처럼 보여 황홀할 지경이다. 하지만 개망초의 가을 모습은 스산하기만 하다. 꽃이 지고 열매를 터트려 씨를 내보내고 나면 줄기는 누렇게 마르고 만다. 줄기 속 스펀지 같은 푹신푹신한 층 때문에 가을바람을 버텨 보기도 하지만 한계가 있다. 이렇게 한 세대가 마무리된다.

개망초의 학명은 *Erigeron annuus*다. 속명 '*Erigeron*'은 그리스어 eri(빠르다)

개망초

망초

와 geron(노인)의 합성어로 회백색의 털로 덮이고 꽃이 빨리 핀다는 뜻이며, 종소명 '*annuus*'는 일년생이란 뜻이다. 우리나라에 분포하는 개망초속 식물은 7종류가 있는데 민망초, 산민망초, 구름국화만이 자생종이고 나머지는 귀화종이다. 최근에 분포가 밝혀진 비슷한 종류로는 봄망초와 주걱개망초가 있는데, 봄망초는 줄기속이 비었고 줄기에 달리는 잎의 아래가 줄기를 감싸며 설상화가 350–400개로 많아 다르다. 한편 주걱개망초는 뿌리에서 올라오는 잎이나 줄기에 달리는 잎 가장자리에 톱니가 없어 개망초와 구별된다. 개망초라는 우리 이름 때문에 기본종처럼 느껴지는 망초는 꽃의 특징으로 실망초와 함께 망초속(*Conyza*)으로 이전되어 소속이 달라졌다. 지방에서 개망초는 개망풀, 넓은잎잔꽃풀, 망국초, 버들개망초, 왜풀, 넓은잎망풀이라 부르기도 한다. 한방에서는 개망초 지상부를 일년봉(一年蓬)이라 하여 소화불량이나 장염으로 인한 복통, 간염 등의 치료제로 사용한다.

개망초는 외국에서 들어온 종류가 아니었다면 훨씬 더 인정받는 식물이 되었을 텐데 하는 아쉬움이 있다. 그래도 지나가던 길에 활짝 핀 꽃 무리를 만난다면 누구나 한 번쯤은 바라봐 주는 것 같다. 노랗고 하얀 꽃의 조화 때문이다. 그래서 더 친근함을 주는 것 같다.

개망초(근엽)

개망초(경엽)

개망초(줄기와 꽃)

개망초(꽃)

개망초는 국화과(Asteraceae)에 속하는 두해살이풀로 줄기는 곧추서고 줄기 상부에서 가지가 많이 갈라지며 높이 30-100센티미터로 전체에 털이 있다. 잎은 어긋나 달리고 뿌리에서 올라온 잎은 꽃이 필 때 없어진다. 줄기 아래쪽 잎은 달걀모양으로 길이 4-15센티미터, 너비 1.5-3센티미터로 끝은 뾰족하고 밑은 좁아져 잎자루의 날개가 되며 가장자리에 톱니가 있다. 줄기 위쪽 잎은 좁은 달걀모양 또는 피침형으로 양 끝이 뾰족하고 가장자리에 톱니가 있거나 없다. 꽃은 6-7월에 흰색 또는 약간 자홍색으로 피고 가지와 줄기 끝에 산방꽃차례로 달린다. 두화의 지름은 2센티미터 정도인데 설상화라 부르는 혀모양의 꽃과 통상화라 불리는 통모양의 꽃 두 종류가 어우러져 있다. 꽃을 받치고 있는 총포에는 긴 털이 있다. 열매는 수과로 관모가 있다.

89

국화과

서양민들레

요즘은 교통수단이 좋아져 이동하기가 편해졌다. 1980년 고등학교 입학을 위해 강원도 횡성에서 춘천으로 유학 올 때 버스를 타고 걸린 시간은 2시간 30분 정도였다. 횡성 고향집 마을을 가로지르는 5번국도 주변에는 춘천까지 63킬로미터가 남았다고 새겨 넣은 표지판을 지금도 기억하고 있는데 이렇게 오래 걸린 것은 도로 사정이 그다지 좋지 않았다는 말이 된다. 지금은 40여 분이면 갈 수 있다. 중앙고속도로도 있고 5번국도도 홍천-횡성 간은 오래전에 4차선으로 넓혀졌기 때문이다. 도로를 달리다 보면 멀게는 산이나 하늘을, 가깝게는 도로변으로 늘어선 나무를 쉽게 볼 수 있다. 식물을 전공하는 입장에서는 또 다른 즐거움이다. 여러 명이 함께 같이 갈 때는 나무와 관련된 이야기를 해 줄 수 있어 어깨가 으쓱거리기도 하는 시간이다. 자동차를 타고도 속도를 내지 못하는 도심에서의 주변은 어떤가? 온통 다양한 건물과 아스팔트로 만들어진 도로와 주변 사람들을 위한 인도가 전부다. 가끔 인위적으로 만든 화단이 눈에 띄기도 하지만 그 안에 심겨 있는 외국 화초들을 보면 차라리 안 본 것만 못하다는 생각을 할 때가 많다. 그래도 가끔 예외는 있다. 조그만 공터나 인도의 블록 틈을 비집고 올라오는 놀라운 생명력을 가진 종류들을 볼 수 있기 때문이다. 비록 우리나라에 절로 나 자라는 종류는 아니더라도 비싼 돈을 들여 심은 화초들보다는 훨씬 더 운치 있고 예뻐 보인다.

최근에 이런 경험을 했다. 꽃샘추위로 기온이 영하 2도까지 내려갔다가 다시 영상권을 회복한 어느 날 학교에서 집으로 향해 가다가 신호가 바뀌어 차를

서양민들레(군락)

멈췄다. 순서대로 일제히 출발하는 다른 차선의 차들을 보다가 무심코 오른편 상가 건물 앞 바닥에 홀로 피어 있는 서양민들레 꽃이 눈에 들어왔다. 주변은 휑한데 햇빛이 잘 드는 양지쪽에서 도도하게 자라고 있는 모습은 차에서 내다봐도 봄기운과 봄 색깔을 만끽할 수 있을 정도로 훌륭했다. 서양민들레는 어떤 식물인가? 해마다 봄이면 적어도 도시화된 공간에는 애물단지처럼 등장하는 식물이 아니던가! 생태계를 위협할 정도는 아니라 하더라도 개체수나 번식력은 다른 어떤 식물보다도 뛰어나 그다지 환영받지는 못하는 종류다. 그런 주인공이 자동차 안에서는 가장 아름답게 보인 것이다. 만약 봄이 더 깊어 가는 4월 중순경이었다면 전혀 그렇게 느끼지 않았을 텐데 주변에 이렇다 할 식물이 없고 약간은 삭막함마저 느껴져 더 그렇게 보였던 것 같다. 집으로 돌아와 주변을 살펴보았다. 서양민들레 꽃은 어느 곳에서도 보이지 않았고 냉이나 꽃다지 같은 식물들의 잎이 기지개를 켜듯 얼굴을 내밀고 있는 것이 전부였다. 이른 봄 서둘러 핀 노란색 꽃 한 송이 때문에 하루가 편안하고 즐거웠던 시간이었다.

서양민들레의 학명은 *Taraxacum officinale*이다. 속명 '*Taraxacum*'은 아랍어 tharakhchakon(쓴맛이 나는 풀)을 변형시킨 이름이라고도 하며, 페르시아의 쓴 풀 이름 talkh chakok에서 생긴 중세기 라틴명이라고도 한다. 종소명 '*officinale*'는 약용의, 약효가 있다는 뜻이다. 우리 이름은 서양에서 자라는 민들레란 뜻으로 붙여졌다. 지방에서는 양민들레 또는 포공영이라 부르기도 한다. 우리나라에서 자라는 민들레속(*Taraxacum*) 식물은 6종류로 이름에 모두 민들레라는 단어가 들어 있다. 서양민들레와 형태석으로 비슷한 종류는 흰털민들레인데, 바깥쪽 총포편 조각이 직립하고 모양은 달걀 또는 넓은 피침형이며 끝에 작은 뿔 모양의 부속체가 있어 서양민들레와 구별된다. 한방에서는 민들레, 산민들레, 흰민들레, 서양민들레의 지상부를 포공영(蒲公英)이라 하여 변비, 유방염, 급성간염, 황달, 시력저하, 화상, 볼거리, 피부에 생긴 사마귀 제거에 효과가 있는 것으로 알려져 있다.

서양민들레 꽃은 3월에서 9월까지 연속해서 볼 수 있다. 열매도 관상 가치가 있고, 어린이들과는 함께 놀이기구로 사용해도 손색이 없을 정도다. 또 유럽에서는 잎을 샐러드로 사용하고, 뉴질랜드에서는 뿌리를 커피 대용으로 하며, 우리나라에서도 잎과 뿌리는 쓴맛을 즐기기에 충분해 음식의 재료로도 활용된다. 유럽에서 왔다는 것만 아니라면 전천후 식물로 칭찬해 주고 싶은 장점을 가진 종류다. 연구실 창밖을 가만히 바라보고 있으니 바람을 타고 둥실둥실 날아가는 서양민들레의 하얀 열매가 눈앞에 보이는 듯하다.

서양민들레(건물 앞 바닥에서 자라는 모습)

서양민들레

흰민들레

서양민들레(잎)

서양민들레(꽃)

서양민들레(성숙 열매)

서양민들레(열매)

서양민들레는 국화과(Asteraceae)에 속하는 여러해살이풀로 뿌리는 땅속 깊이 들어가고 줄기는 없다. 잎은 뿌리에서 여러 개가 나와 총생하며 땅 표면에 넓게 퍼져 자란다. 잎은 타원형으로 길이 5–30센티미터, 너비 1.5–4.5센티미터로, 밑이 좁아지고 깊게 갈라지며 갈라진 조각은 밑으로 처지고 가장자리에는 성긴 톱니가 있거나 밋밋하다. 꽃은 노란색으로 피고 암수배우자 수정 없이 씨가 만들어지는 단위생식을 한다. 꽃의 지름은 2.5–3.5센티미터의 두화가 긴 꽃줄기 끝에 달린다. 꽃을 받치고 있는 총포는 검은빛이 도는 녹색으로 종모양이며 꽃이 필 때 길이 1.3–2센티미터다. 총포의 바깥쪽 조각은 넓은 피침형 또는 선상 피침형으로 길이 5–6밀리미터이고 뒤로 젖혀지며, 안쪽에 나는 내총포 조각은 피침형 또는 장타원상 피침형으로 길이 1.1–1.5센티미터다. 열매는 수과로 편평한 방추형이며 돌기가 많고 회갈색이다. 열매 윗부분은 부리처럼 길어지고 관모는 흰색으로 길이 7–8밀리미터이며 열매 끝에 산형꽃차례처럼 길게 퍼진다.

속씨 식물 *Angiosperms*

최초의 속씨식물 화석은 약 1억 4천만 년 전
중생대 백악기 초기에 발견된 꽃가루이고,
꽃 화석은 1억 3천만 년 전이며,
이후 급속히 종 분화가 이루어져 현재에 이르고 있다.
약 369,000여 종이 전 세계 지역에 폭넓게 분포하며,
식량작물이나 경제적으로 중요한 종류가 많이 포함되어 있다.
우리나라에는 4,008종류가 자라는 것으로 보고되어 있다.

400여 개체밖에 남지 않은 멸종위기식물 **광릉요강꽃**

서로 경쟁하듯 노란 꽃을 뽐내는 **금난초**

줄기에 날개를 가진 희귀식물 **날개하늘나리**

흰색 꽃잎 위 노란색 무늬가 돋보이는 **노랑무늬붓꽃**

외떡잎식물 *Monocotyledons*

속씨식물 중에서 종자가 발아해 떡잎을 1장씩 갖는 종류로
단자엽식물(單子葉植物)이라고도 하며,
속씨식물의 22% 정도가 포함된다.
이 중 목본은 10% 정도로 대부분 종려과에 속한다.
잎맥은 나란히맥, 줄기의 관다발은 불규칙하게 산재하며,
뿌리는 수염뿌리로만 되어 있다.
꽃가루의 발아구는 대부분 1개씩 있고, 꽃 구성 요소는 3의 배수다.
우리나라에는 1,178종류가 분포하며, 그중
사초과에 361종류가 포함돼 있어 다양성이 가장 높다.

꽃이 지고 잎이 나와 항상
서로 그리워하는 **석산**

울릉도에서 만날 수 있는
노란꽃 특산식물 **섬말나리**

홍자색 꽃잎의 자색 반점이
아름다운 희귀식물 **솔나리**

꽃과 열매가 예쁘지만
맹독성이 있는 **점백이천남성**

90

백합과

무릇

식물의 기관은 크게 영양기관과 생식기관으로 나누는데 영양기관에는 뿌리, 줄기, 잎이 포함되고, 생식기관에는 꽃, 열매, 종자가 포함된다. 이들 기관의 기능이 모두 집약돼야 한 세대가 완성된다. 그런데 모든 식물이 같은 기관을 갖고 있지는 않다. 대놓고 잎이 없음을 나타내는 이름을 가진 난초과의 홍산무엽란이 그렇다. 씨가 발아해 뿌리가 생겼다가 줄기가 기주식물에 흡착해 양분을 빨아들일 정도가 되면 뿌리가 없어지는 새삼 같은 기생식물도 있다. 줄기가 없는 종류도 있다. 대표적으로는 백합과에 속하며 땅속 비늘줄기나 저장기관이 잘 발달한 것들이 주로 포함되는데 마늘, 파, 산마늘, 양파, 달래, 무릇 등을 예로들 수 있다. 화초로 잘 알려진 히아신스, 군자란, 상사화도 마찬가지

홍산무엽란

새삼

산마늘

무릇(군락)

다. 이 종류들의 지상부는 비늘줄기 위로 잎이 몇 장씩 나와 서로 포개져 감싸 안는 것이 전부이고 가운데서 긴 꽃줄기가 나와 끝에 꽃이 피는 것이 대부분이다. 예로 들었던 종류들은 밭에서 재배해 반찬이나 요리를 위한 양념으로 사용하고 화초는 관상용으로 키워 비교적 우리 생활과 친근감이 있는데 무릇이란 식물은 좀 생소해 보일 것 같다.

무릇을 처음 만난 것은 고향집 근처 마을 어귀에서였다. 주변에서 함께 자라는 바랭이나 잔디 잎에 가려 전체 모습을 볼 수는 없었지만 수많은 연한 홍자색 꽃이 돋보였다. 그러다가 식물체 전체를 확인하게 된 것은 대학 시절 식물분류학실험 야외실습 때다. 양지쪽 밭둑에서 자라던 것을 채집해 놓고 보니 땅속에 묻혀 있던 부분의 겉은 시커멓고 작은 비늘줄기에는 뿌리 몇 가닥이 나 있었다. 지상부로는 가늘고 긴 잎이 달랑 두 장 붙어 있었으며 꽃은 겨우 피기 시작해 정말이지 볼품없는 모습이었다. 결국 기억 속 무릇의 모습은 특별함이 없는 그저 그런 종류에 불과했다. 그런데 최근 반전이 일어났다. 추석 즈음하여 할아버지 산소로 벌초를 하러 갔다가 커다란 무릇 군락을 만났기 때문이다. 그동안 벌초는 추석날을 중심으로 한 주나 두 주 전에 했었는데 올해는 가족들 모두 모일 수 있는 시간이 조금 앞당겨져 일찍 했던 것이 이런 즐거움을 누릴 수 있는 계기가 됐다. 묏등과 주변 경계 지역을 따라 줄지어 나 있는 모습은 화단이나 정원에 일부러 꾸며 놓은 것 같았으며, 지금껏 한두 개체만 보다가 수백 개체가 한꺼번에 나 있는 모습을 보고 있으니 눈으로 느껴지는 황홀감에 그곳을 빠져나올 수 없을 정도여서 한참 동안을 감상했다. 무릇에 대한 그동안의 편견이 깨지는 순간이었다.

무릇의 학명은 *Barnardia japonica*다. 속명 '*Barnardia*'는 영국의 생물학자 Edward Barnard의 이름에서 유래했으며, 종소명 '*japonica*'는 '일본의'라는 뜻으로 최초 발견지를 나타낸다. 우리 이름은 어원사전을 찾아보면 '물웃'에서 유래되었다고 하며, 둥근 비늘줄기가 있고 무리 지어 꽃이 피는 특징에서 지어졌다. 지방에서는 물구, 물구지, 물굿이라 부르기도 한다. 우리나라에서 자라는 무릇속 식물은 무릇과 흰꽃이 피는 품종 흰무릇 등 2종밖에 없다. 한방에서는 무릇의 비늘줄기와 지상부를 면조아(綿棗兒)라 하여 유방염이나 피부가 헐어 생긴 독을 제거하는 데 생체를 찧어 사용한다. 또 비늘줄기나 잎을 알코올로 추출한 물질은 이뇨작용이나 강심작용을 하는 것으로 알려져 있으며, 지상부를 달인 물은 치통이나 타박상 등으로 인한 통증 치료제로 이용한다. 또 민간에서는 비늘줄기와 어린잎을 엿처럼 오랫동안 졸여서 먹기도 하는 것으로 알려져 있다.

우리나라에서 자라는 초본식물들은 화려하지는 않지만 아기자기한 맛은 있다. 가끔 제비꽃이나 주름잎처럼 자세한 모습을 보기 위해 허리를 굽히기도 해야 하는 것이 있는가 하면, 무릇처럼 길쭉하게 나온 꽃줄기가 식물체 전부인 것처럼 보이는 종류도 있다. 어떤 모양이든 자세히 관찰해 보면 그 속에는 그동안 몰랐던 아름다움이 들어 있는 것 같다. 혼자로 부족하다면 여럿이 함께하는 것도 남들에게 보여 줄 수 있는 한 가지 방법이다.

무릇(잎)

무릇(꽃)

무릇(비늘줄기와 뿌리)

무릇은 백합과(Liliaceae)에 속하는 여러해살이풀로 땅속 비늘줄기는 달걀모양의 구형으로 길이 2-3센티미터이며 겉은 흑갈색이다. 뿌리에서 나오는 잎은 2개가 마주나며 선형으로 길이 10-30센티미터, 너비 4-6밀리미터로 끝이 뾰족하고 표면은 오목하다. 꽃은 7-9월에 연한 홍자색으로 피고 20-50센티미터 정도의 긴 꽃줄기 끝에 총상꽃차례를 만든다. 포는 길이 2-2.5밀리미터로 좁은 피침형이다. 꽃잎은 6장으로 거꾸로 된 피침형이며 길이 3-3.5밀리미터로 작고 옆으로 넓게 퍼진다. 수술은 6개, 암술은 1개이고, 씨방은 타원형으로 잔털이 3줄로 난다. 열매는 삭과로 거꾸로 된 달걀모양이며 길이 4밀리미터이고, 종자는 장타원형이다.

91

백합과

얼레지

가끔 강원도에서 사는 것에 대해 자부심을 느낄 때가 있다. 이유는 멋진 자연환경 때문이다. 흔히들 '자연의 보고'라고는 하지만 얼마나 보고 듣고 느꼈느냐가 중요할 텐데, 태어나서부터 지금까지 강원도에 살고 있고 40년 이상 강원도 산을 다녔으니 다른 사람들보다는 풍부한 경험을 했다고 확신한다. 지금까지의 경험 중 자부심을 느끼게 할 정도로 가장 큰 감동을 받았던 것은 꽃이 활짝 핀 커다란 군락을 만났던 일이다. 계절마다 순서대로 보여 주는 식물 종 각각의 특징을 만나는 것도 중요하지만 약속이라도 한 듯 일제히 한꺼번에 꽃이 핀 군락들은 눈이 휘둥그레질 정도다. 능선부를 경계로 금강초롱꽃이 함박웃음으로 반겨 주던 자리, 아름드리만 한 크기의 잎을 가진 개병풍 군락을 만났을 때 느꼈던 위압감, 두루미꽃이 키 재기를 하듯 바위 위에 한가득 피어 있는 모습, 산 정상부 편평한 지역에 마치 심어 놓은 듯 길옆으로 뭉텅뭉텅 자라며 안내자 역할을 해 주는 철쭉, 지금 다시 생각해도 가슴이 설렌다. 만약 지금까지 봐 왔던 것 중 가장 최고를 꼽으라면 단연 능경봉의 얼레지 군락이라 말하고 싶다. 여기에는 특별한 이유가 있다. 매년 5월 1일에는 옛날 영동고속도로 대관령휴게소 옆에 있는 해발 1,123미터의 능경봉을 오른다. 휴게소 자체가 해발 800미터 이상이므로 1시간 정도 올라가면 정상에 다다를 수 있고 식물 종류도 많아 자주 찾는다.

능경봉의 5월 숲은 나무층과 초본층이 뚜렷하게 구분되는데 나무는 아직 새싹이 나오기 전이라 고산지대에서 자라는 초본 종류들이 날개 돋듯 앞다

얼레지(군락)

투어 꽃이 피는 시기다. 등산로 시작 지점에는 조릿대가 우점해 있어 다른 식물들은 안으로 들어갈 엄두를 못 낸다. 점점 그 면적이 정상부 쪽으로 확대되고 있어 걱정은 되지만 분포가 끝나는 지점부터는 온통 봄꽃들의 향연이 시작된다. 하늘색 꽃의 갈퀴현호색, 꽃 뭉치가 동글동글 특이하게 생긴 회리바람꽃, 넓은 잎을 부채처럼 펼치며 자라는 박새, 잎맥이 특이하게 생긴 터리풀, 좋은 향기를 간직한 참나물과 함께 그곳을 지휘하듯 얼레지의 자주색 꽃들이 사면 전체를 둘러싸고 있다. 자연이 만들어 준 최고의 풍광이라 해도 손색이 없을 정도다. 게다가 봄바람에 조금씩 흔들리는 얼레지 꽃은 주변에 함께 자라고 있는 작은 식물들을 격려라도 하듯 이곳저곳을 살피고 있는 것처럼 보이며, 완전히 뒤로 젖혀진 꽃잎은 나비가 비행하듯 마치 날아갈 것처럼 긴 꽃자루 위에 가볍게 얹혀 있다, 이런 모습이 정상부까지 연결돼 있고, 접근성도 좋으니 매년 찾아갈 수밖에 없는 이유가 된 것이다. 얼레지 잎은 산나물로도 인기가 높다. 땅속 비늘줄기도 밥에 넣어 먹으면 색다른 맛을 느낄 수 있다고 하는데, 이렇게 아름답게 핀 꽃과 군락을 보고도 감히 음식 재료로 사용할 목적으로 손을 댈 수 있을지 의심스럽다.

얼레지의 학명은 *Erythronium japonicum*이다. 속명 '*Erythronium*'은 그리스어 erythros(붉은색)에서 기원한 것으로 꽃의 색깔을 의미하며, 종소명 '*japonicum*'은 '일본의'란 뜻으로 발견된 곳을 나타낸다. 우리 이름은 잎 표면에 있는 자주색 무늬가 얼룩덜룩하게 보인다는 것을 표현한 것으로 피부에 생긴 진한 반점을 뜻하는 옛말 '어우러기'를 비유해서 만들어진 이름이라고 한다. 지방에서는 가제무릇, 가재무릇, 얼레기라 부른다. 우리나라에서 자라는 얼레지속 식물은 얼레지 1종밖에 없으며, 흰색 꽃이 피는 것을 흰얼레지라 하여 품종으로 취급한다. 한방에서는 얼레지의 비늘줄기를 차전엽산자고(車前葉山慈菇)라 하며 변비 치료에 사용하고, 민간에서는 강심제, 해열제, 해독제, 이뇨제 등으로 쓴다.

얼레지

흰얼레지

얼레지 씨의 산포는 개미와 연관 있다. 씨앗 끝에는 지방산, 단백질, 당분을 많이 함유한 엘라이오솜(elaiosome)이라는 구조물이 있는데, 개미는 이것을 좋아해 집으로 옮겨간 후 이 구조물을 떼어 먹고 남은 씨는 땅속 이곳저곳에 버려두게 되는 것이다. 개미집에서 보호받은 씨가 발아해 꽃이 피기까지는 대략 8-9년이 걸린다는데 산 사면에 가득 피어 있는 군락을 보면 얼마나 오랫동안 많은 시련을 극복하고 자라 왔는지를 알 수 있을 것 같다. 꽃을 피워 보지도 못하고 사라진 개체들도 있었을 텐데, 이런저런 것 모두를 생각하면 얼레지의 한살이가 마치 우리네 인생 같다는 생각을 한다. 갑자기 숙연한 마음이 든다.

얼레지(꽃)

얼레지(열매)

얼레지는 백합과(Liliaceae)에 속하는 여러해살이풀로 땅속에는 길이 5–6센티미터 정도의 통처럼 생긴 긴 타원형의 황갈색 비늘줄기가 들어 있다. 잎은 2–3장이 달리고 긴 잎자루를 갖지만 땅속에 묻혀 있어 땅 위에는 잎몸만이 올라와 있다. 잎은 좁은 달걀모양 또는 장타원형으로 길이 6–12센티미터, 너비 2.5–5센티미터로, 끝은 둔하거나 뾰족하고 가장자리는 밋밋하며 앞면에는 녹색바탕에 자색 무늬가 있다. 꽃은 자색으로 20–25센티미터 정도의 꽃줄기 끝에 1개씩 밑을 향해 달린다. 꽃잎과 꽃받침은 각각 3개로 크기와 색깔이 같으며 모양은 피침형이고 길이 4–5센티미터, 너비 2.5–5센티미터로 뒤로 완전히 말리는데 안쪽에는 W자 형태의 짙은 자색 무늬가 있고 그 아래쪽에 꿀샘이 있다. 수술은 6개로 3개는 짧고 3개는 길며, 암술은 1개로 끝이 3개로 갈라진다. 열매는 삭과로 넓은 타원형 또는 구형이며 3개의 능선이 있다.

92

백합과

참나리

식물을 만나는 방법은 여러 가지다. 장기 계획을 세워 차근차근 접근하는 방법이 가장 일반적이기는 하지만 때에 따라서는 내일 출발할 일정을 오늘 결정하기도 한다. 장마철 같은 경우는 일기예보가 맞지 않아 계속 허탕을 치는 경우도 있는데 그때마다 허망한 기분이 들기도 한다. 하지만 생각지도 못했던 식물을 우연한 기회에 만난다면 일석이조요 덤에 덤을 얻은 기분이어서 훨씬 좋다.

한번은 고향집에서 잠을 자고 6시쯤 일어나 하루를 시작할 준비를 하는데 갑자기 전화 벨소리가 울렸다. 집안 어른들이 계시면 아침 새벽 전화 벨소리에 덜컥 겁부터 나게 되는데 그런 기분이었다. 얼른 전화를 받으니 작은아버지 목소리다. 때는 7월 중순, 비는 오는데 옥수수는 다 여물어 가고 이제 더 놔두면 먹지 못하게 되니 비가 오는데도 마지막 정리를 하고 계신다는 것이다. 옥수수는 넘치고 보낼 곳은 많지 않으니 우리 형제들에게도 나눠 주고 싶으시다는 내용이다. 얼른 채비를 하고 작은아버지 농장으로 갔다.

비가 너무 쏟아지고 있어 어둡고 앞도 잘 보이지 않아 천천히 안전운전을 하면서 가고 있는데 길옆 저만치로 커다란 황적색 꽃이 눈에 들어왔다. 한 송이도 아니고 여러 개체가 한꺼번에 모여 피어 있는 것이었다. 어둠침침한 주변으로 누런빛을 띤 붉은색 꽃이 다발로 나를 응시하듯 고개를 내밀고 있는 모습은 잠이 확 달아날 정도로 강한 인상을 주었다. 그 꽃들은 어느 집 밭둑에 심어 놓은 참나리로 만약 비가 내리지 않았다면 훨씬 더 화려한 모습으로 지나가

참나리(군락)

는 사람들을 즐겁게 해 줬을 것이라 생각했다. 농장에 도착하니 그곳에도 참나리 꽃이 활짝 피어 있었다. 사실 이 식물은 햇빛이 잘 드는 곳이면 우리나라 어디에서나 볼 수 있고, 요즘은 시골집뿐만 아니라 도심의 아파트 화단에서도 만날 수 있을 정도로 대중화된 종이다. 꽃이 크고 색깔도 화려해 많은 사람들이 좋아한다. 어쨌든 아침 시간 비를 맞고 하천 주변 물안개를 헤치고 가면서 뜻하지 않게 만나 새로운 분위기를 느끼게 했던 꽃이었다. 그래서 그런지 옥수수 맛도 훨씬 더 맛있었던 것 같다.

참나리의 학명은 *Lilium lancifolium*이다. 속명 '*Lilium*'은 고대 라틴명으로, 흰색을 뜻하는 켈트어의 li와 그리스어 leirion에서 유래해 꽃 색깔과 연관 있으며, 종소명 '*lanci-folium*'은 피침모양의 잎이라는 뜻으로 잎의 모양을 나타낸

참나리(전체)

말나리

털중나리

하늘나리

하늘말나리

다. 우리 이름은 진짜(眞)로 좋은 나리라는 뜻이고, 지방에서는 나리, 백합, 알나리라 부르기도 한다. 이처럼 나리와 백합은 혼용해서 쓰기 때문에 헷갈리기도 하는데 '나리'는 순우리말이고, '백합'은 한자에서 왔으며, 릴리(lily)는 영국 이름을 그대로 부르는 것이어서 통일된 이름을 써야 한다면 '나리'를 선택해야 할 것 같다.

우리나라에서 자라는 백합속(*Lilium*) 식물은 13종류로 이름에 모두 나리라는 단어가 들어 있다. 이 중 형태적으로 참나리와 가장 비슷한 종류는 중나리인데, 인편이 달걀모양이고 잎겨드랑이에 살눈(주아)이 없어 참나리와 차이가 있다. 한방에서는 백합과 참나리의 비늘줄기를 백합(百合)이라 하여 약으로 사용하는데 가래를 삭여 주고 장을 튼튼하게 하며, 백혈구 감소증에 효과가 있고, 항산화작용, 진정작용, 항알러지작용이 있는 것으로 알려져 있다.

참나리는 식용, 약용으로 활용될 뿐만 아니라 관상용으로도 인기가 많다. 다용도 기능을 가진 식물자원으로서 더 넓은 공간에 더 넓은 면적으로 더 많은 기능성을 가진 우리식물로 거듭나기를 기대해 본다.

참나리(인경)

참나리(줄기와 잎)

참나리(열매)

참나리(꽃)

참나리(살눈)

참나리는 백합과(Liliaceae)에 속하는 여러해살이풀로 땅속에는 5-8센티미터 크기의 달걀을 닮은 동그란 모양의 인경이라 불리는 황백색 비늘줄기가 들어 있다. 높이는 1-2미터까지 크게 자라며 줄기에는 진한 자색점이 많고 어릴 때는 흰색 털이 많이 나 있어 부드러워 보인다. 잎은 피침모양으로 줄기에 여러 개가 다닥다닥 붙어 나는데 길이 5-18센티미터, 너비 5-15밀리미터로 가늘고 가장자리는 밋밋하다. 줄기와 잎 사이에는 무성적으로 만들어진 동그랗고 콩알만 한 크기의 짙은 갈색 살눈이 하나씩 들어 있다. 꽃은 줄기 끝에 4-20개가 모여 총상꽃차례를 만들며 아래를 향해 핀다. 꽃잎은 6장으로 길이 7-10센티미터 정도이며, 모양은 피침 또는 넓은 피침형이고 뒤로 말린다. 그 덕분에 꽃 가운데에 위치하는 6개의 수술과 1개의 암술은 길게 돌출되어 돋보인다. 열매는 삭과로 결실률은 낮다.

93

백합과

청미래덩굴

어떤 특별한 음식이나 행사를 말하면 그것을 주최하는 지자체가 떠오른다. 닭갈비와 막국수 하면 강원도 춘천시, 억새꽃잔치 하면 강원도 정선군의 민둥산과 경남 창녕군의 화왕산 같은 곳이다. 얼마 전 텔레비전 프로그램에서 망개떡 만드는 과정이 소개되는 것을 보았다. 남쪽 지역 조사를 갔다가 길가에서 떡 이름이 새겨진 간판을 본 적이 있어 귀를 쫑긋하고 관심을 가졌다. 대부분 떡 이름 앞에 특정한 단어가 들어 있으면 재료로 사용하는 식물 이름이 붙는 것이 일반적인데 '망개'라는 단어는 서울 이북 지역에 사는 사람 입장에서는 생뚱맞은 것이어서 더 궁금증이 생겼다. 방송을 보니 멥쌀이나 찹쌀로 만든 반죽을 방망이로 밀어 두꺼운 만두피처럼 펼치고 그 안에 팥소를 넣어 반달이나 사각 모양으로 만든 후 망개나무 잎 한두 장으로 싸서 찌거나, 떡을 일단 만든 후 떡시루 바닥에 망개나무 잎을 깔고 쪄서 만드는 떡이었다.

그렇다면 망개나무라 불리는 식물에는 어떤 종류가 있을까? 크게 세 가지인데, 우선 갈매나무과에 속하고 산림청 지정 희귀식물 적색목록 중 준위협종에 포함되어 있으며 충청북도와 경상북도 일부 지역에 한정되어 자라는 망개나무라는 종류로, 일부 자생지는 천연기념물로 지정되어 있다. 두 번째는 갈매나무과에 속하고 약관심종으로 지정되어 있는 까마귀베개로, 지방에서 부르는 이름이 망개나무다. 세 번째는 백합과의 청미래덩굴로 우리나라 남쪽 지역에서 망개나무라고 달리 부르는 것이다.

이 세 종류 중 망개떡과 관련된 주인공은 바로 청미래덩굴이다. 잘못하면 전

청미래덩굴(군락)

혀 엉뚱한 식물의 잎이 떡의 재료로 사용되는 것으로 알 뻔했다. 그런데 왜 하필이면 청미래덩굴을 사용했을까? 잎이 두툼하고 표면에 큐티클이라는 물질이 많아 떡이 달라붙지 않고, 천연방부제 역할을 해 오랫동안 쉬거나 상하지 않으며, 잎에서 나오는 독특한 향이 떡에 배어나기 때문이라고 한다. 이 떡은 오랫동안 충청남도와 경상도 지역에 전해 내려오는 향토음식으로, 충남에서는 망개잎떡, 멍가잎떡이라 부르고, 경상도에서는 망개떡 또는 거창 송편이라 한다.

망개나무

까마귀베개

망개떡과 관련해서 전해 오는 여러 가지 이야기가 있다. 임진왜란 당시에는 의병들이 산속으로 피신할 때 쉽게 상하지 않아 보관이 쉬운 장점을 활용해 밥 대신 망개떡으로 식사를 대신했다고 하며, 가야 여인들이 백제로 시집갈 때

가져간 음식으로도 알려져 있고, 신선이 먹는 음식이라 하여 선유량(仙遺糧)이라 불리기도 했다. 망개떡에 대해 가장 활발하게 홍보하는 곳은 경남 의령군인데 매년 4월 열리는 '의령 홍의장군 축제'에서 다양한 이벤트를 진행하고, 가을에는 떡 만들기 체험행사를 통해 사람들을 끌어들이는 전략을 펴기도 한다. 또 요즘에는 망개떡을 상품화하여 온라인 판매는 물론 급속냉동 방식을 통해 장기간 보관이 가능하도록 만들어 수출 길도 열렸다고 하니 잘된 일이다. 전 세계에 널리 알려져 한국을 대표하는 쌀케이크로 자리매김하기를 기원한다.

청가시덩굴

청미래덩굴의 학명은 *Smilax china*다. 속명 '*Smilax*'는 늘푸른 가시나무 종류에 대한 고대 그리스명에서 전용된 것이며, 종소명 '*china*'는 '중국의'란 뜻으로 발견된 곳을 의미한다. 우리 이름은 푸른색이 도는 덩굴식물이라는 뜻으로 붙여졌다. 지방에서는 망개나무, 매발톱가시, 명감, 명감나무, 섬명감나무, 좀명감나무, 좀청미래, 종가시나무, 청열매덤불, 팔청미래, 팥청미래덩굴 등 다양하게 불린다. 우리나라에서 자라는 청미래덩굴속 식물은 5종류이고, 청미래덩굴과 형태적으로 비슷한 종류는 청가시덩굴인데, 잎이 넓은 달걀모양 또는 삼각상 달걀모양이고 열매가 검은색으로 익어 청미래덩굴과 구별된다. 한방에서는 청미래덩굴의 뿌리줄기를 발계(菝葜), 잎은 발계엽(菝葜葉)이라 하여 약으로 쓴다. 발계는 소염작용이 있고, 관절염, 피부병, 여러 가지 암을 치료하는 데 쓰며, 발계엽은 종기나 화상 치료에 사용한다.

청미래덩굴은 식용, 약용 등 쓰임새도 많지만 관상 가치도 높다. 잎이 다 떨어지고 난 10월쯤 가시 달린 줄기와 붉은색 열매의 조화는 어떤 구조물보다도 멋지다. 감히 접근을 허락하지 않는다는 서늘함도 느껴진다. 하지만 봄에 새로 올라오는 잎의 부드러움과 덩굴손의 날렵한 굴곡은 또 다른 매력을 가졌다. 가시 달린 멋진 나무다.

청미래덩굴(잎)

청미래덩굴(덩굴손)

청미래덩굴(꽃)

청미래덩굴(어린열매)

청미래덩굴(열매)

청미래덩굴은 백합과(Liliaceae)에 속하는 덩굴성 떨기나무로 뿌리줄기는 단단하고 굴곡이 지면서 옆으로 뻗어 자란다. 줄기는 길이 3미터 정도이고 갈고리 같은 가시가 전체에 분포한다. 잎은 어긋나 달리고 윤채가 나며 두껍고 동그랗거나 넓은 타원모양으로 길이 3–12센티미터, 너비 2–10센티미터다. 잎끝은 갑자기 뾰족해지고 밑은 둥글거나 약간 심장형이며 가장자리는 밋밋하고 3–5개의 맥이 있다. 잎자루는 길이 7–20밀리미터이며 흔적엽은 끝이 2개의 덩굴손으로 된다. 꽃은 황록색으로 피고 잎겨드랑이에서 나오는 길이 1.5–3센티미터 가량의 꽃자루에 산형꽃차례로 달리며 작은 꽃자루는 약 1센티미터 정도다. 꽃잎은 6개로 장타원형이며 뒤로 말리고 안쪽에는 6개의 수술과 1개의 암술이 들어 있다. 열매는 포도나 꽈리처럼 종자가 과육 속에 묻혀 있는 장과로 모양은 둥글며 길이 1센티미터로 붉은색으로 익는다.

94

백합과

연영초

금강애기나리

금강제비꽃

깊은 산에 가야 만날 수 있는 식물을 예상치 못한 곳에서 뜻하지 않게 만나면 그보다 더 반가울 순 없다. 강원도 산을 동네 뒷동산처럼 다녀오는 일이 빈번하긴 하지만 가끔 얼굴을 내밀어 주는 식물들 때문에 피로도 풀리고 보람도 있다. 연영초를 만났을 때가 그랬다. 국립생물자원관에서 발행한 『한국의 멸종위기 야생동·식물 적색자료집: 관속식물』을 보면 연영초는 관심대상종에 포함돼 있고 설명문에는 제주도를 제외한 전국에 분포하지만 자생지나 개체수는 그리 많지 않고 강원도에 집중적으로 분포한다고 돼 있다. 기억을 더듬어 보니 연영초를 가장 의미 있게 만났던 곳은 강원도 인제군 대암산, 정선군 두위봉 도사곡 계곡, 강릉시 석병산 등 세 지역인 것 같다.

대암산은 우리나라에서 유일한 고층습원이 있어 많은 사람들이 찾는 곳인데 인제군에서 오르려면 5시간 정도 산길을 걸어야 한다. 대부분 서흥리 계곡에서 시작해 용늪을 거쳐 대암산 정상을 보고 다시 출발한 곳으로 돌아오는 경로인데, 정상에서 내려가는 길은 북사면으로 어느 정도 가면 계곡을 만나게 된다. 바로 그 주변에 연영초가 자라고 있었다. 녹색 잎들이 깔려 있는 것처럼 보이는 초본식물 사이에는 금강애기나리, 금강제비꽃 등이 함께 어우러져 있고, 그 가운데 피어 있는 흰색 연영초 꽃은 모든 사람들의 눈길을 끌 만큼 돋보였다.

연영초(군락)

도사곡 계곡은 수량이 풍부하고 두위봉 정상부에 우리나라에서 가장 큰 주목이 자라고 있어 유명한 곳이다. 계곡을 따라 올라가다 만나는 쉼터에 돌로 만들어 놓은 아기자기한 구조물들은 피곤하고 지친 몸과 마음을 편히 쉬게 해주는데 제2 쉼터에서 원 계곡 길을 버리고 정상 쪽으로 향하는 입구 경사진 사면에 피나물 군락과 연영초 몇 개체가 함께 자라고 있었다. 시원한 계곡 물소리와 산들산들 불어오는 봄바람과 더불어 조금씩 흔들리는 연영초 줄기가 즐거운 음악을 들었을 때 리듬을 타는 것처럼 어깨를 들썩이게 만들었다.

연영초(전체)

석병산 군락은 정상에서 내려와 휴양림까지 이어지는 계곡 중간에서 만났는데 여러 개체가 마치 심어 놓은 듯 큰 군락을 이루고 있었다. 사실 석병산은 정상부에서 자라는 석회암지대 식물 때문에 많은 이들의 관심을 받는 곳인데 계곡 주변과 숲 가장자리에도 털괭이눈, 홀아비바람꽃, 피나물, 회리바람꽃, 태백제비꽃, 큰괭이밥 같이 습지를 좋아하는 식물 군락들로 장관을 이루었다. 특히 연영초 옆으로 마치 도전장이라도 내밀듯 노란색 꽃의 피나물이 함께 자라는 풍경은 멋진 조화를 이루고 있었다.

돌이켜 보면 세 지역에서 만난 연영초 무리들은 자라는 환경에 맞춰 각각의 터전을 마련하고 튼튼하게 잘 자라고 있어 대견하고, 그 모습을 보면서 앞으로 어떤 일이 있더라도 그곳을 잘 지켜낼 수 있을 것이라는 믿음을 주는 것 같아

주목(두위봉)

피나물 군락(두위봉 도사곡 계곡)

고맙기까지 했다.

연영초의 학명은 *Trillium camschatcense*다. 속명 '*Trillium*'은 3을 뜻하는 그리스어 treis에서 유래한 것으로 잎과 꽃을 구성하는 개수가 3장이어서 붙여진 이름이고, 종소명 '*camschatcense*'는 캄차카 지역에 분포한다는 뜻이다. 우리 이름은 수명을 연장한다는 한자어 연령초(延齡草)에서 유래한 것으로 한약재로 사용하는 것과 관련 있다고 한다. 지방에서는 연령초, 왕삿갓나물, 큰꽃삿갓풀, 큰연령초라 부르기도 한다. 우리나라에서 자라는 연영초속 식물은 연영초와 큰연영초 2종류뿐이며, 큰연영초는 꽃잎 끝이 뾰족하고 꽃밥과 수술대 길이가 거의 같아 구별된다. 한방에서는 연영초와 큰연영초의 뿌리줄기를 우아칠(芋兒七)이라 하여 고혈압으로 인한 두통과 어지럼증을 없애고 타박상이나 골절상의 진통작용에 효과가 있는 것으로 알려져 있다.

줄기 끝에 넓은 방석처럼 사이좋게 마주 보는 것처럼 달린 3장의 잎, 서로 어긋나게 위치하는 3장의 녹색 꽃받침과 흰색 꽃잎의 조화는 연영초를 표현하기에 충분한 특징이다. 혼자 있을 때는 가끔 고독해 보이기도 하지만, 여럿이 함께 있을 때는 우아하고 아름다움이 돋보이는 존재다. 우리들의 삶처럼 말이다!

연영초(잎과 꽃봉오리)

연영초(꽃)

연영초는 백합과(Liliaceae)에 속하는 여러해살이풀로 땅속줄기는 굵고 짧다. 줄기는 곧추서 자라고 높이 20-30센티미터 정도며 아래쪽에는 갈색 비늘잎이 달린다. 잎은 줄기 끝에 3장이 돌려나고 넓은 달걀모양의 마름모꼴로 길이와 너비는 각각 7-17센티미터이며 잎자루는 없다. 잎 끝은 짧게 뾰족하고 밑은 약간 둥글며 가장자리는 톱니가 없어 밋밋하고 3-5개의 큰 맥이 있다. 꽃은 5-6월에 흰색으로 피고 4-6센티미터 정도의 꽃자루 끝에 1개가 비스듬히 위를 향해 달린다. 꽃잎은 3장으로 달걀이나 타원 모양이며 끝은 둔하거나 둥글고 길이는 3-4센티미터 정도다. 꽃받침조각은 3개로 장타원형이며 길이 2.5-3.5센티미터로 끝은 둔하다. 수술대는 길이 3-5밀리미터이며 꽃밥은 9-12밀리미터다. 열매는 장과로 둥글고 지름은 약 15밀리미터다.

95

벼과

바랭이

요즘 시골은 고령화로 인해 농사짓기가 쉽지 않다고 한다. 그나마 농기계를 운전할 수 있는 정도의 연령대가 있는 곳이라면 좀 나은데, 그렇지 못한 경우는 밭을 일구고 논을 삶는 일조차 어려우니 기본적인 준비가 어려워 안타까울 때가 많다. 그러다 보니 퇴직 후 시골에 아담한 집을 짓고 텃밭을 일구며 소소한 삶을 누려 보겠다는 지인들의 이야기를 들을 때면 적극 말리는 이유가 되었다. 농사는 아무나 하는 게 아니다. 보고, 듣고, 행동으로 실천하는 삼박자가 갖춰져야 가능하다. 체력은 말할 것도 없다. 요즘 시골에 계신 아버지가 허리 때문에 고생하시는 것을 보면, 젊은 시절 농사를 짓기 위해 얼마나 많은 체력을 소모했는지 헤아릴 수 있다. 출퇴근 이외의 시간은 모두 논과 밭에 계시던 모습이 지금도 생생하게 기억에 남아 있다. 가장 문제가 되었던 것은 바로 잡초였던 것 같다. 이를 없애기 위해 노력도 했다. 밭에서 있었던 기억으로는 밭두둑 주변에 나 있는 잡초들을 제거하는 것이 아버지를 돕는 방법이었는데 큼지막한 것들이야 어린 손으로도 쉽게 뽑지만 작은 종류들은 뿌리도 강하고 잘 잡히지 않아 그대로 지나쳐 버리는 경우가 많았다. 결국 아버지가 두 번 일을 해야 하는 상황이 만들어지곤 했다. 그래도 아버지는 늘 칭찬해 주셨다. 지금 돌아보면 아버지와 함께했던 그때 그 시간이 많은 추억으로 남아 있다.

잡초라는 식물은 없지만 경작지에서 자라는 주인공 작물 이외에 나타나는 불필요한 종류들을 모두 잡초라 정의한다면 대부분의 밭에는 원하는 작물보다 잡초가 더 많았다. 요즘은 밭둑을 비닐로 씌워 이런 잡초들의 활동을 제한

바랭이(군락)

하지만 비닐이 환경문제로 대두되면서 또 다른 문제를 발생시키기도 했다.

우리나라에서 발표된 잡초 관련 논문은 여러 종류가 있다. 2017년 발표된 논문에 의하면 논 잡초는 28과 90종류로 벼과, 사초과, 국화과 순으로 많고, 종별로는 피, 물달개비, 올챙이고랭이, 올방개, 벗풀 등이 우점하는 것으로 되어 있다. 밭 잡초는 2014년 기준, 50과 375종류로 1990년 처음 발표된 46과 232종에 비해 140여 종이 증가하였다. 과별 종 다양성은 국화과, 벼과, 마디풀과 순이었고, 종 수준에서는 바랭이, 쇠비름, 깨풀, 흰명아주, 속속이풀, 돌피, 한련초, 중대가리풀, 냉이, 참방동사니가 가장 많이 분포하는 것으로 나타

쇠비름

깨풀

속속이풀

났다. 밭 잡초 중 가장 많은 출현 빈도를 보인 바랭이는 밭에서 주로 자라고 줄기도 단단하지 않아 쉽게 제거가 가능했던 종류인데 뽑아내고 돌아보면 또 자라는 것이 보일 정도로 번식력이 아주 강해 몇 번이고 반복해서 뽑아냈던 기억이 있고, 장마철이 되어 물이 많아질 때면 줄기를 잘라 십자 모양으로 만든 후 도랑으로 가져가 물레방아처럼 빙글빙글 돌게 만드는 놀이기구로 사용했던 적도 있다. 어렸을 때를 생각나게 만드는 식물 중 한 가지다.

바랭이의 학명은 *Digitaria ciliaris*다. 속명 '*Digitaria*'는 손가락을 의미하는 라틴어 *digitus*에서 유래되어 꽃차례가 갈라지는 것을 표현한 것이며, 종소명 '*ciliaris*'는 가장자리에 털이 있다는 뜻이다. 우리 이름은 장소를 일컫는 '바'와 땅이 넓게 퍼진 것을 의미하는 '라'가 만나 땅을 기며 자라는 줄기에서 뿌리가 나오는 모습이 '바라'와 같다 하여 붙여진 이름으로 처음에는 '바랑이'라 불리다가 '바랭이'가 되었다고 한다. 지방에서는 바랑이, 털바랑이라 부른다. 우리나라에서 자라는 바랭이속 식물은 민바랭이, 좀바랭이, 바랭이 등 3종류가 있는데, 바랭이와 모양이 비슷한 좀바랭이는 잎 길이가 5-10센티미터이고 엽초에 털이 없어 구별된다. 한방에서는 바랭이의 지상부를 마당(馬唐)이라 하여 물에 넣고 달여 마시면 눈이 맑아지고 위장의 소화력을 증가시키는 효과도 있는 것으로 알려져 있다.

바랭이는 자라는 대로 밭에서 뽑혀 나가 천덕꾸러기 신세지만 겉으로 풍기는 모습은 아주 안정적이다. 이른 아침 이슬을 머금고 흔들리는 꽃차례가 이젠 잡초가 아니라 밭에서 자라는 엄연한 구성원 중 한 가지라고 시위라도 하듯 버티고 있다. 가만히 그 모습을 보고 있으니 갑자기 아버지가 보고 싶다.

한련초

중대가리풀

돌피

냉이

바랭이(어린 줄기)

바랭이(잎과 줄기)

바랭이(꽃)

바랭이는 벼과(Poaceae)에 속하는 한해살이풀이다. 땅 위를 기어가며 자라는 줄기는 마디에서 뿌리를 내리기도 하고 꽃이 달리는 가지는 높이 40-70센티미터에 이른다. 잎은 가늘고 길게 자라며 길이 3-15센티미터, 너비 3-10밀리미터이고, 잎혀, 즉 엽설은 길이 1-3밀리미터다. 줄기를 감싸는 엽초 근처에는 흰 털이 있다. 꽃차례는 3-8개의 가지가 함께 모여 달리며, 중심축에는 날개가 있는데 가장자리에는 가시 같은 털이 있어 꺼끌꺼끌하다. 꽃은 연한 녹색 또는 자주색으로 핀다. 작은 꽃이삭은 긴 자루와 짧은 자루를 갖는데 각각 2개의 꽃이 달린다. 꽃을 보호하는 제1포영은 삼각형이고, 제2포영은 피침형으로 3개의 맥이 있으며 가장자리에 긴 털이 난다. 제1소화는 불임이고 제2소화는 열매를 맺으며 가장자리는 내영을 감싼다.

96

벼과

수크령

화려한 꽃을 가진 식물은 인기도 많다. 식물원이나 수목원 같은 곳은 계절마다 달리 피는 꽃식물들을 심어 언제라도 새로운 경치를 구경할 수 있게 만들어 놓았다. 이런 풍광을 연출하기 위해 수십 년 동안 준비했을 테니 입장료가 비싼 이유를 알 것 같다. 꽃이 화려하지 않다면 어떨까? 심어 놓았다 하더라도 찾는 이가 적고 관심의 대상에서 밀려나게 된다. 이런 문제를 해결하기 위해 요즘은 군락지를 만들고 가끔 외국에서 들여온 다양한 색깔의 품종들을 함께 심어 사람들을 오게 한다. 서울 하늘공원에 갔을 때 산책로 주변에서 본 억새 군락, 분홍쥐꼬리새라 이름 붙여진 핑크뮬리 군락, 댑싸리 군락이 그렇다.

건물 주변이나 주택 정원과 가장 잘 어울린다는 수크령을 개량해 만든 많은 원예품종들도 인기다. 하멜른, 모우드리, 리틀버니, 리틀허니 등 이름도 다양하다. 그런데 몇 년 전 강원도 홍천군에 있는 무궁화수목원을 방문했다가 대단히 실망한 적이 있다. 수목원에는 많은 품종들이 육성됐다는 입간판과 함께 이곳저곳에 다양한 종류들의 무궁화가 심겨 있었는데 아래쪽 바닥에 만들어진 화단에는 수크령 원예품종을 포함한 다양한 벼과 식물들이 함께 자라고 있었다. 적어도 우리나라 국화가 심겨 있는 곳인데 주인공보다는 화려한 원예종이 더 눈에 들어오니 모순이라는 생각을 했다. 우리나라

억새(군락)

수크령(군락)

에서 절로 나 자라는 토종식물을 그대로 활용하면 어떨까? 비싼 로열티를 지불하지 않아도 되고, 이국적이지도 않은 자연 그대로의 모습을 꾸준히 볼 수 있기 때문이다. 말이 나온 김에 숲속이 아닌 햇빛이 잘 비치는 양지쪽 길가에서 자라는 수크령을 예로 들어 본다.

일단 수크령의 꽃줄기는 어떤 원예품종과 비교해도 손색이 없을 정도로 아름답고 튼튼해 아이들의 장난감으로 활용해도 될 정도다. 외국에서는 꽃차례 모양이 마치 여우꼬리처럼 생겼다 하여 'foxtail fountaingrass'라 부른다. 이름만 들으면 암수에 따라 달리 부르는 이름처럼 생각되기도 하지만 사실 암크령

댑싸리(군락)

핑크뮬리(군락)

이란 식물은 없다. 가끔 왜 없는지에 대해 질문을 받기도 하는데 그때는 이렇게 대답한다. 수크령이 그령과 비슷해서 붙여진 이름이므로 그령이 암크령이 아니겠느냐고 말이다. 실제로 『한국 식물명의 유래』라는 책에는 그령을 암크령, 꾸부령, 암그령 등으로 부른다고 표기하고 있어 전혀 틀린 말은 아닌 것 같다. 이처럼 이름만 보면 수크령과 그령은 아주 유사해 보이는데 식물학적 특징은 그렇지 않다. 그령은 참새그령속에 속하고 꽃도 20–40센티미터나 되는 원추꽃차례로 달려 구별되기 때문이다. 아마 자라는 곳이 서로 비슷하고 줄기 여러 개가 함께 모여나는 공통점이 있어 그렇게 비유한 것이 아닌가 한다.

그령

수크령의 학명은 *Pennisetum alopecuroides*다. 속명 '*Pennisetum*'은 갈라진다는 뜻의 라틴어 'penna'와 가시처럼 생긴 털을 의미하는 'seta'의 합성어로 꽃에 까락이라는 뾰족한 털이 있는 것을 표현한 것이다. 종소명 '*alopecuroides*'는 벼과의 뚝새풀속(*Alopecunus*)과 비슷하게 생겼다는 뜻에서 붙여졌다. 우리 이름은 꽃줄기가 큰 그령이란 의미고, 지방에서는 길갱이라 부르기도 한다. 우리나라에서 자라는 수크령속 식물은 수크령 한 종밖에 없다. 총포에 달리는 털의 색깔이 연한 것은 청수크령, 짙은 적색인 것은 붉은수크령이라 하여 품종으로 구분하기도 하지만 연속적인 변이로 보기도 한다. 한방에서는 수크령의 지상부를 낭미초(狼尾草)라 하는데 눈을 맑게 하는 작용이 있어 아프거나 충혈된 눈을 치료하는 데 사용한다.

언젠가 조그만 집을 짓고 주변에 화단이나 정원을 꾸민다면 수크령처럼 있는 그대로를 활용할 수 있는 우리식물로 가득 채우고 싶다. 화려한 색깔로 도배된 인위적인 요소가 가미된 정원을 바라보면 잠깐의 행복감은 느낄 수 있겠지만 수수하고 은은함을 오랫동안 즐기는 데는 한계가 있는 것 같다. 우리나라에서 절로 나 자라는 식물 종 하나하나가 더 소중해지는 이유다.

수크령(줄기와 잎)

수크령(꽃)

벼과(Poaceae)에 속하는 수크령은 여러해살이풀로 땅속줄기에서 뻗어 나가는 억센 뿌리는 사방으로 퍼져 자란다. 줄기는 30-80센티미터 정도로 여러 개가 한꺼번에 나와 큰 군락을 만들며, 줄기 윗부분에는 흰 털이 분포한다. 잎은 길이 40-60센티미터, 폭 9-15밀리미터 정도이고 편평한 잎에는 약간의 털이 있다. 꽃은 8-9월에 피고 줄기 끝에 원추꽃차례로 달리며, 꽃차례는 원주형으로 길이 10-15센티미터로 흑자색이다. 작은 꽃이삭은 길이 7밀리미터 정도로 2개의 꽃이 달리고 기부에는 길이가 다른 짙은 자색 털이 돌려나며, 길이 2-3밀리미터의 자루가 꽃줄기 축에 달린다. 꽃을 구성하는 첫째 포영에는 맥이 없지만 둘째 포영에는 3-5개의 맥이 있다. 퇴화된 호영은 양성화를 둘러싸며 7개의 맥이 있고, 양성화의 호영에는 5개의 맥이 있다.

97

벼과

강아지풀

요즘은 반려동물도 가족의 일원처럼 생각할 정도로 관계가 친숙해졌다. 강아지나 고양이는 기본이고 어떤 학생들은 양서류나 파충류를 집에서 키우기도 한다고 들었다. 우리 식구들은 이런 것에 흥미가 없는 편이어서 집 안에서 동물을 키운 적이 없다. 아이들이 어렸을 때는 이웃집 강아지를 보고 우리도 키우자고 조르기도 했지만 시간이 해결해 주었고 그 후로는 한 번도 언급한 적이 없다. 반려동물에 관한 한 내 머릿속에는 강아지뿐이다. 중학교 때까지 시골집 대문 옆에는 항상 강아지가 있었고 학교에서 돌아오거나 집을 나갈 때는 가장 먼저 아는 척해 주는 친구 같은 존재였다. 살랑살랑 흔들어 대는 꼬리로 반가움을 표시했고 가까이 가면 서로 얼굴을 비빌 정도로 가까웠다. 동네 사람이 아닌 이방인이 집 근처로 오면 큰 소리로 위협하기도 하고 밤에는 도둑을 쫓아 주는 역할도 했다. 새끼를 낳으면 모성애가 얼마나 강하던지 감히 접근도 못할 정도였다. 모든 생물이 마찬가지겠지만 제 새끼를 향한 보호본능은 이유 여하를 막론하고 철저한 것 같다.

식물에도 '강아지'가 들어간 이름이 있다. 도감을 찾아보니 총 18종류인데, 곡정초과의 곡정초속에 속하는 개수염 종류의 이명(異名)으로 불리는 7종류와 벼과에 속하는 강아지풀속 식물 11종류다. 그렇다면 식물 이름에 왜 강아지라는 단어가 들어갔을까? 곡정초 종류는 꽃을 받치고 있는 보호조직 총포조각이 강아지의 수염을 닮았다 하여 붙여졌다고 한다. 큰강아지고위까람, 큰강아지별수염풀, 털강아지수염 같은 이름이다. 시골집을 오가는 길에 만나는 강아

강아지풀(군락)

지풀은 강아지 꼬리를 닮아 붙여진 이름이라는데 그 이름만큼이나 더욱 정겹게 느껴진다.

지난 10여 년 동안 매주 수요일 홀로 계시는 아버지와 함께하기 위해 고향집을 방문해 왔다. 서로 이야기도 나누면서 적적함도 달래려는 취지다. 도착 다음 날 아침에 식사를 함께하고 서둘러 설거지를 마친 후 춘천으로 올라오면 1박 2일 일정이 마무리된다. 집에서 나와 춘천으로 오기 위해서는 금계천과 인접하고 마을 앞을 가로질러 나 있는 5번 국도를 타야 하는데 그곳으로 접근하기 위해서 항상 중학교 앞으로 나 있는 농막길을 이용했다. 곧장 도로와 연결되는 길도 있는데 이렇게 했던 이유는 아침 녘 잔뜩 이슬을 머금고 있는 길가에서 자라는 식물과 논밭 주변에 심어 놓은 종류들을 보기 위해서다. 길 오른쪽에는 시원스럽게 자란 옥수수로 가득한 밭이 있고 연이어 잘 정착한 어린 벼가 줄지어 자라는 논이 보인다. 왼편에는 농사

강아지풀(전체)

를 위해 물을 공급하는 작은 물길이 나 있고 경사진 사면에는 어느 집에서 심어 놓았는지 여러 가지 쌈 채소들이 자라고 있다. 불과 2-3분 정도 걸리는 거리지만 차창 밖으로 내다보이는 풍광은 참으로 아름답다. 그 주인공 중 한 가지가 바로 강아지풀인 것이다. 길 가장자리를 비집고 올라와 여러 개체가 한꺼번에 군락을 이루고 꽃에 맺힌 물방울을 이기지 못해 출렁이듯 흔들리는 모습, 마치 강아지가 반가운 사람을 만났을 때 꼬리를 흔드는 것처럼 보여 갖게 된 이름이다. 게다가 햇빛을 받아 반짝이는 물방울의 모습은 영롱함마저 느끼게 해주니 지나가다 보면 '나 출근 안 해!'를 외칠 수 있을 정도로 멋지다. 아침이 아니면 더 이상은 못 볼 장관이다. 강아지풀이 가진 가장 큰 장점이기도 하다.

강아지풀의 학명은 *Setaria viridis*다. 속명 '*Setaria*'는 그리스어 seta(거센 털)에서 유래한 말로 작은꽃이삭, 즉 소수 기부에 거센 털이 있어 붙여진 이름이며, 종소명 '*viridis*'은 '녹색의'란 뜻이다. 우리 이름은 개의 꼬리풀이라는 한자어 구미초(狗尾草)에서 왔는데 꽃차례 모양을 강아지 꼬리에 빗대어 형상화한 것이라고 한다. 지방에서는 개꼬리풀, 자주강아지풀, 제주개피라 부른다. 우리나라에서 자라는 강아지풀속 식물은 10종류가 있으며, 강아지풀과 형태가 가장 비슷한 것은 가을강아지풀인데 소수의 길이가 2.8-3밀리미터이고, 제2포영의 길이는 소수의 2/3-3/4정도여서 강아지풀과 구별된다. 한방에서는 강아지풀의 지상부를 구미초(狗尾草)라 하여 종기, 부스럼, 옴, 버짐 치료에 사용하며, 충혈된 눈을 회복시키는 데 쓴다.

강아지풀 꽃줄기는 놀이기구로도 사용했다. 학교 운동장에서 친구들과 어울려 놀다가 집으로 갈 때면 논이나 밭둑을 지나쳐야 하는데 강아지풀이 눈에 들어오면 걸음을 멈추고 꽃줄기를 잘라 손바닥에 올려놓고 손을 구부렸다 펴기를 반복해 움직이는 모습을 보는 것이다. 그 이유가 작은꽃이삭에 붙어 있는 거센 털 때문이라는 것은 나중에 알았다. 그 시절 친구들은 이제 모두 할아버지 할머니가 됐지만, 나에게는 잊지 못할 추억이 들어 있는 식물이다. 손주가 생긴다면 함께할 수 있는 놀이도 되기에 그날을 기다려 본다.

강아지풀(어린줄기와 꽃)

강아지풀(줄기, 마디, 잎)

강아지풀(열매)

강아지풀(종자)

강아지풀은 벼과(Poaceae)에 속하는 한해살이풀로 높이 20-80센티미터이며 줄기는 곧추서고 가끔 가지를 친다. 잎은 선형으로 편평하고 길이 5-20센티미터, 너비 5-18밀리미터로 털이 없다. 엽설에는 한 줄의 털이 있으며 엽초 가장자리에는 잔털이 줄지어 난다. 꽃은 7-8월에 피고 꽃차례는 원주상이며 길이 3-6센티미터로 곧추 자라거나 끝이 구부러진다. 작은 꽃이삭, 즉 소수는 길이 1.8-2.3밀리미터이고 아래쪽에 녹색 강모가 있으며 길이는 소수보다 3-4배 길다. 첫 번째 포영은 소수 기부를 감싸며 두 번째 포영은 소수와 길이가 동일하고 5개의 맥이 있다. 제1소화는 불염성이고, 제2소화는 염성이 있으며 호영은 내영을 감싼다.

98

천남성과

반하

다양한 식물의 특징 중 불염포(佛焰苞)라는 것이 있다. 불염포는 어린 꽃을 보호하고 꽃가루받이의 효율성을 높이며 수분 매개 동물을 유인하기 위해 꽃을 둘러싸고 있는 보호기관이다. 얼른 보면 꽃으로 착각하기 쉬운데 실제로 꽃은 그 안쪽에 들어 있다. 이런 구조의 꽃차례를 육수꽃차례(肉穗花序)라고 하는데, 좀 더 자세히 설명하자면 두툼하거나 육질성 중앙축을 지닌 수상꽃차례에 꽃들이 밀집해 달리고 겉을 불염포가 싸고 있는 구조로, 이는 천남성과 식물의 특징이다. 꽃집에서 볼 수 있는 열대 아메리카 원산의 안스리움속(*Anthurium*), 열대 아프리카 원산의 칼라속(*Zantedeschia*), 그리고 길이 3미터 정도로 전 세계에서 가장 큰 꽃을 자랑하는 '시체꽃'이라 불리는 *Amorphophallus titanum* 도 여기에 포함된다.

앉은부채

큰천남성

반하(군락)

우리나라에서 자라는 것을 예로 들어 보면 천남성, 산부채, 반하, 앉은부채 같은 종류다. 숲 해설이나 수업 시간에 땅속줄기에 독성이 있어 항상 조심해야 한다고 이야기해 주는 식물들이기도 하다. 약간 습한 곳을 좋아하는 습성상 잎보다 꽃이 먼저 피는 앉은부채 같은 경우 이른 봄 떨어진 낙엽 사이를 비집고 올라오는 꽃을 만난다면 불염포가 자갈색이고 표면에 나 있는 진한 자색 무늬 때문에 섬뜩하게 놀랄 정도이고, 남쪽 지역에서 주로 자라는 무늬천남성이나 큰천남성은 불염포가 크고 흑자색이어서 공포감을 느끼게 되기도 한다. 하지만 꽃이 작고 어려 보이는 모습 때문에 쉽게 접근할 수 있는 종류도 있는데,

바로 반하라는 식물이다. 사실 반하는 밭둑이나 햇볕이 잘 드는 낮은 지역 사면에서 주로 만날 수 있는데 땅속줄기의 한 종류인 알줄기(구경, 球莖)를 약으로 쓴다고 해 한약 재료상에 내다 팔기 위해 이곳저곳으로 캐러 다녔던 기억 때문에 지금까지 오랫동안 머릿속에 남아 있는 식물이다. 키가 크지는 않지만 가늘고 뿔 달린 코브라 모양을 하고 있는 불염포가 매력적이고 꼿꼿하게 자라는 모습은 강인한 인상까지 준다.

반하의 학명은 *Pinellia ternata*이다. 속명 '*Pinellia*'는 이탈리아의 식물학자 Gian Vincenzo Pinelli의 이름에서 유래했으며, 종소명 '*ternata*'는 3개씩 난다는 뜻으로 잎이 3출엽이라는 것을 의미한다. 우리 이름은 한자명 반하(半夏)에서 유래했으며 시기적으로 여름의 중간쯤에 캔 땅속 알줄기가 약재로 사용된다는 뜻에서 붙여진 이름이라고 한다. 지방에서는 끼무릇 또는 지리반하라고 부르기도 한다. 우리나라에서 자라는 반하속 식물은 반하와 대반하 2종류뿐이며, 대반하는 잎이 단엽으로 3갈래로 깊게 갈라지고 잎자루에 살눈이 없어 반하와 구별된다. 한방에서는 반하와 대반하의 덩이뿌리를 반하(半夏)라 하여 약으로 사용하는데 진해, 거담작용, 구토 및 규폐증 예방에 쓰이고, 항암작용도 뛰어난 것으로 알려져 있다.

어렸을 때 반하를 캐기 위해 호미를 들고 집 밖으로 나가면 쉽게 만날 수 있었다. 하지만 지금은 상황이 좀 다르다. 그나마 남은 개체들도 자꾸 줄어드는 것 같아 아쉬움이 크다. 얼마 전 충남 서천군 서면 마량리에 조사를 갔다가 길옆에 심어 놓은 것처럼 한꺼번에 여러 개체가 자라고 있는 군락을 만난 적이 있다. 최근에 만난 가장 큰 집단이어서 아주 반가웠다. 반하는 관상 가치도 있고 번식 방법도 다양하며 여러 가지 용도로도 사용되니 예전 기억 속 그 모습으로 다시 번성하기를 기대해 본다.

반하(꽃)

반하(잎)

반하(종자)

반하는 천남성과(Araceae)에 속하는 여러해살이풀로 높이는 20-50센티미터다. 땅속에는 지름 0.5-2.2센티미터 가량의 둥근 알줄기가 있다. 잎은 알줄기에서 나와 1-2장씩 달리는데 잎자루는 8-20센티미터로 길고 무성아인 살눈이 달려 참나리나 참마처럼 무성적으로도 번식이 가능하다. 잎은 3장의 소엽으로 구성되며 각각의 길이는 3-13.1센티미터, 너비 0.9-4.6센티미터이고 모양은 타원형에서 장타원형으로 다양하고 끝은 뾰족하며 밑부분은 쐐기모양이거나 둥글고, 가장자리는 밋밋하다. 꽃은 6-7월에 피고 육수꽃차례로 달리며 꽃자루는 알줄기에서 나와 15-43센티미터로 길게 자란다. 불염포는 녹색이고 길이 1.8-4.8센티미터이며 통처럼 생긴 넓은 부위, 즉 통부는 길이 1.5-2센티미터, 배의 양쪽 가장자리처럼 생긴 현부는 피침모양으로 끝이 둥글고 안쪽에 잔털이 있다. 꽃차례는 밑부분에 암꽃이 달리는데 불염포 아래 부분과 완전히 밀착해 있고 약간 위쪽에 수꽃이 달리며 이어지는 막대기 모양의 부속체는 길이 6-10센티미터로 비스듬히 자란다. 수꽃은 수술대 없이 꽃밥만으로 구성되며 황백색이다. 열매는 과육 부분에 수분이 많이 들어 있고 연한 조직으로 되어 있는 장과로 달걀모양이며 길이 3.8-4.7밀리미터, 너비 2.1-2.9밀리미터로 녹색이다.

99

부들과

부들

자동차에 식물을 넣어 놓았다가 낭패를 당한 적이 있다. 한여름 햇빛에 노출된 자동차 실내 온도는 80도 이상 올라간다고 하는데 아무 생각 없이 습지에서 자라는 부들 꽃을 꺾어 차 안에 놓았다가 생긴 일이다. 부들 꽃은 마치 소시지나 핫도그를 연상하게 할 정도로 비슷하게 생겼다. 실제로 본다면 누구나 꽃병에 꽂아 놓고 싶을 정도로 예쁘다. 또 대부분 군락을 형성하며 자라기 때문에 전체 모습도 보기 좋다, 이렇게 아름다운 모습이 햇빛을 받은 후 터져 수염 같은 털이 붙어 있는 꽃들이 차 안 가득 날아다니게 된 것이다. 마치 방울나무라 불리는 양버즘나무 열매가 터진 것처럼 말이다. 차 문을 활짝 열고 몇 번을 털어 냈는데도 일부는 계속 남아 있어 며칠을 고생한 적이 있다. 두 얼굴을 가진 것처럼 희비가 엇갈렸던 경험이었다.

큰고랭이

택사

가래

물옥잠화

부들(군락)

부들을 가장 멋지게 본 것은 강원도 춘천시에 있는 중도라는 섬에서다. 내륙 지역에 웬 섬이 있는지 궁금해할 수도 있겠지만 이 섬은 북한강과 소양강이 합류하는 지점에 1967년 의암댐이 만들어지면서 생긴 것으로 상중도와 하중도 그리고 붕어섬으로 불리는 우명도 등 3개의 섬으로 구성돼 있다. 현재 하중도에는 놀이기구 상업시설과 생태수변공원이 만들어져 있고, 우명도에는 태양광 발전시설로 가득 차 있으며, 예전부터 마을이 형성되어 있던 상중도에는 지금도 논과 밭, 그리고 하우스를 이용한 농사가 지어지고 있어 3개 섬 가운데 옛 모습이 가장 많이 남아 있는 곳이다. 그러다 보니 자연적으로 만들어진 연못도 여러 개 있고 그곳에서 자라는 식물도 다양해 볼거리가 많다. 우리 연구실에서 2022-2024년 동안 현장조사를 통해 얻은 결과를 논문으로 출판한 「중도의 관속식물상」에 따르면 중도에는 총 411분류군이 자라는 것으로 집계되었고, 특히 상중도에는 수생 및 습지식물로만 구성된 택사과, 자라풀과, 가래과, 물옥잠과, 곡정초과, 부들과에 속하는 종류만 해도 15종류 이상 분포하는 것으로 조사돼 다른 2개 섬보다 식물 다양성이 높은 곳으로 분석되었다. 이 중 부들은 연못을 포함한 대부분의 습지 지역에서는 모두 자라는 것으로 확인되었고 키도 2미터 이상으로 높아 다른 종류의 식물에 비해 월등하게 돋보이는 모습으로 자라고 있어 중도를 대표할 수 있는 습지식물이라 해도 과언이 아닐 정도다. 한편 춘천시에서는 중도 3개 섬과 도심을 연결하는 '춘천호수 국가정원'을 구상하고 있는 것으로 알려져 있다. 상중도에는 이미 산림청 산하 지방정원조성 및 정원소재실용화 센터와 온실이 조만간 건립될 예정이고 이를 바탕으로 국가정원으로 승격시키겠다는 구상이다. 좋은 아이디어라고 생각하며 이를 위해서는 가능한 한 훼손 지역을 최소화하고 연못, 습지의 보존과 그곳에서 자라는 부들, 큰고랭이 등 많은 수생식물들이 자연 그대로의 모습으로 활용되어 정원이 만들어졌으면 좋겠다.

애기부들

부들의 학명은 *Typha orientalis*다. 속명 '*Typha*'는 고대 그리스명 typhe에서 유래한 것이며 tiphos(늪지, 연못)가 어원으로 사는 곳의 특징을 설명한 것이고, 종소명 '*orientalis*'는 동양에서 자란다는 뜻이다. 우리 이름은 붓꽃을 의미하는 옛 이름 '붇곶'과 어원을 같이하는 이름으로 꽃차례의 모습이 붓처럼 보인다는 것에서 유래했다. 지방에서는 좀부들 또는 부들박망이라 부른다. 우리나라에서 자라는 부들속 식물은 애기부들, 큰잎부들, 꼬마부들, 부들 등 4종류가 있다. 부들과 외부 형태가 가장 비슷한 종류는 큰잎부들인데, 잎의 너비가 1~2센티미터로 넓고 횡단면은 편평하며 꽃가루는 4개의 세포 단위로 구성된 4립이어서 부들과 구별된다. 한방에서는 부들과 애기부들의 꽃가루를 포황(蒲黃)이라 하여 출혈을 멈추게 하거나 통증을 완화시키는 데 사용한다.

부들은 우리나라 어느 곳에서나 만날 수 있는 습지식물이다. 여름에는 넓적하고 긴 녹색 잎이 하늘거리는 모습이 좋고 가을에는 단풍진 황색 잎과 그 위로 나 있는 열매가 좋다. 물고기나 개구리같이 물과 친하게 지내는 동물들에게는 쉴 수 있는 공간도 마련해 준다. 생물들이 함께 공존하는 곳, 그래서 더 멋진 곳, 이런 조화로움이 훼손되지 않고 오랫동안 계속 유지되면 좋겠다.

부들(꽃)

부들(잎)

부들(열매)

부들은 부들과(Typhaceae)에 속하는 여러해살이풀로 잘 발달한 땅속줄기는 흰색으로 옆으로 뻗어 자라고 수염뿌리가 있다. 줄기는 둥글고 높이 1-1.5미터로 털이 없고 밋밋하다. 잎은 선형으로 길이 80-130센티미터, 너비 5-10밀리미터로 밑부분이 원줄기를 완전히 둘러싼다. 꽃은 7월에 피고 수꽃차례는 윗부분에 달리며 길이 3-10센티미터이고, 바로 아래에 6-12센티미터의 암꽃차례가 달린다. 꽃에는 꽃잎이나 꽃받침이 없으며 밑부분에는 긴 털이 있다. 수꽃은 황색이고 기부에 실모양의 털 또는 인편이 달리며 수술은 선형으로 수술대는 붙어 있다. 암꽃은 황색으로 작은 포가 없으며 암술은 길고 암술머리는 주걱처럼 생긴 피침형이다. 열매는 골돌로 성숙 후 열리기 전에는 수과처럼 보이며 자루에 긴 털이 있고 타원형으로 적갈색을 띤다. 종자는 구형이다.

100

사초과

괭이사초

계절은 거짓말을 안 한다고 한다. 절기가 지나면 이내 분위기가 달라지기 때문이다. 유난히 더위가 기승을 부리는 해에는 가을 기다림이 더 커지는데 그래서인지 말복과 입추라는 단어가 나오면 기분이 좋아진다. 아침에 아파트 창문을 열었더니 서늘한 바람이 분다. 걷기에 알맞은 온도 같기도 하다. 아내를 깨워 학교에 데려다 달라고 하려다가 걸어가기로 마음먹었다. 집에서 학교까지 무작정 걷는다면 30분 정도가 걸리는데 전공 특성상 길 주변 식물을 대충이라도 보면서 걷느라 10분 정도는 더 걸리는 것 같다. 하천 주변으로 나 있는 보행자길, 자전거길, 운동기구, 맨발걷기길 등 많은 장치들과 시설물들이 사람들을 기다리고 있다. 이런 곳을 제외하면 주변은 온통 식물들로 가득 차 있다. 8월 중순이라 그런지 꽃이 핀 종류들도 많고 장마에 내린 비 때문인지 식물들의 생육 상태도 좋아 아주 싱싱하고 튼튼해 보인다. 아쉬움이라면 대부분이 외래식물이라는 것이다. 하천 주변은 숲이 없는 나대지 형태여서 외래식물의 침입이 용이하기도 하지만 심할 정도로 왕성하다. 또 미국쑥부쟁이, 단풍잎돼지풀, 돼지풀, 환삼덩굴 같은 생태계위해식물들도 군데군데 군락을 이루고 있다. 출근시간 30여 분을 걷는 동안 어림잡아 50여 종 이상의 외래식물을 만난 것 같다. 그런데 그 와중에 눈에 띄는 한 가지가 있었다.

외래식물 사이를 비집고 함께 경쟁이라도 하듯 씩씩하게 자라고 있는 괭이사초를 본 것이다. 경험으로 보면 이 식물은 계곡 주변이나 약간 습한 곳에서 자라는 습성을 가지고 있고, 꽃차례 아래에 긴 포가 달리는 것이 중요한 특징

괭이사초(군락)

이어서 쉽게 구별할 수 있는 종류였는데 생뚱맞게도 하천변 귀화식물이 지천으로 깔려 있는 곳에 자리를 잡고 자라는 게 마냥 신기하기만 했다. 한참을 쳐다보면서 생존 전략의 비결은 무엇일지, 어떻게 여기까지 왔을지 궁금하기도 했지만, 이런 종류가 진정한 우리식물이 아닐까 생각했다.

괭이사초의 학명은 *Carex neurocarpa*다. 속명 '*Carex*'는 갈대나 골풀을 뜻하는 고대 라틴명 carex에서 유래됐으며, 종소명 '*neurocarpa*'는 열매에 맥이 있다는 뜻이다. 우리 이름은 고양이를 말하는 '괭이'와 사초가 만나 만들어졌는데 줄기 끝에 달리는 꽃 모양과 긴 포가 달리는 모습이 고양이처럼 생긴 사초라는 뜻에서 붙여진 것이라 한다. 지방에서는 수염사초 또는 참보리사초라고 부른다. 사초속(*Carex*) 식물은 전 세계적으로 2천 종 정도가 기록된 커다란 속인데, 우리나라에도 약 195종류나 자란다. 괭이사초와 형태적으로 가장 비슷한 종류는 대구사초인데, 포가 비늘조각 같은 인편처럼 생겼고 열매를 감싸는 포는 날개가 없거나 아래부터 끝까지 좁은 날개가 있어 괭이사초와 구별된다.

사초과 식물들은 화려한 꽃을 갖거나 아름다운 색깔을 가지고 있지는 않지만 습지 지역을 책임져 주는 중요한 역할을 한다. 가끔 특징이 비슷비슷해 이름을 알아내는 데 어려움이 있긴 하지만 매력 있는 식물들이다. 오늘 새로운 장소에서 만난 괭이사초, 열악한 환경에서도 꿋꿋하게 경쟁하며 자라는 것을 보니 새삼 대단하다는 생각을 했다. 한 번 더 살펴봐 주고 싶은 존재로 충분할 것 같다.

괭이사초(전체)

괭이사초(꽃)

괭이사초(열매와 포)

괭이사초는 사초과(Cyperaceae)에 속하는 여러해살이풀이다. 땅속에는 짧은 지하경이 있어 줄기가 많이 뭉쳐나 총생하고 높이는 20-49센티미터로 3개의 둔한 능선이 있으며 전체에 작은 반점이 분포한다. 잎은 편평하며 황록색이고 길이 11-23센티미터, 너비 1.8-2.9밀리미터 정도다. 꽃은 5-6월에 피고 자루가 없는 여러 개의 꽃이 모여 줄기 상부에 총상으로 배열하여 달걀을 닮은 원주형을 만들며 길이는 3-5센티미터 정도인데, 위쪽에는 수꽃이, 아래쪽에는 암꽃이 달린다. 꽃줄기 아래에는 방사상으로 퍼져 달리는 잎처럼 생긴 길이 9-20센티미터, 너비 1.3-3.3밀리미터의 긴 포가 있다. 열매를 싸고 있는 주머니 모양의 포는 편평한 달걀모양으로 겉에 맥이 많고 상부 양쪽 가장자리에 날개와 함께 톱니가 있으며, 끝은 2개로 갈라진다. 열매는 수과로 넓은 타원형이며 길이와 너비는 각각 1-1.3밀리미터와 0.6-0.8밀리미터다.

참고문헌

강원도교육청. 1991. 강원의 자연(식물편). 강원일보사 출판국.

국립생물자원관. 2012. 한국의 멸종위기 야생동·식물 적색자료집: 관속식물. 자연과생태.

국립수목원. 2012. 한국식물 도해도감 III(구과식물). 지오북.

국립수목원. 2020. 국가표준식물목록(자생식물). ㈜두루행복한세상.

국립수목원. 2020. 한반도 수목지 4. ㈜두루행복한세상.

국립수목원. 2025. 국가표준식물목록(https://www.nature.go.kr/kpni/index.do)

국립수목원. 2025. 한국의 특산식물(https://www.nature.go.kr/kbi/plant/prtct/KBI_2001_050201.do)

국립수목원·한국식물분류학회. 2007. 국가표준식물목록. 대신기획인쇄.

김남덕. 2020. 강원인의 삶과 역사를 찾아가는 여행 큰 나무. 문화통신.

김진석, 김태영. 2012. 한국의 나무. 돌베개.

산림청. 2012. 한국의 가로수. 지오북.

산림청. 2014. 한반도 관속식물 자원의 평가 및 용도의 재분류. 최종보고서. p. 12.

샐리 쿨타드. 2022. 꽃말의 탄생(서양문화로 읽는 매혹적인 꽃 이야기). ㈜동양북스.

안덕균. 2003. 원색한국본초도감. ㈜교학사.

유기억. 2012. 솟은땅 너른땅의 푸나무. 지성사.

유기억. 2013. 특징으로 보는 한반도 제비꽃. 지성사.

유기억. 2018. 꼬리에 꼬리를 무는 나무, 풀이야기. 지성사.

유기억. 2023. 노랫말 속 꽃 이야기. 황소걸음.

윤경원, 김무열. 2009. 한국산 닥나무속(*Broussonetia*, 뽕나무과)의 분류학적 연구. 한국식물분류학회지 39: 80-85.

이영노. 2007. 한국식물연구원보 제7호. 교학사.

이우철. 1996. 원색한국기준식물도감. 아카데미서적.

이우철. 2005. 한국식물명의 유래. 일조각.

이인용 등. 1997. 우리나라 농경지에 발생하는 잡초 현황. 한국잡초학회지 6: 86-108.

이창복. 2006. 원색대한식물도감(상, 하). 향문사.

이창숙, 이강협. 2018. 한국의 양치식물. 지오북.

정태현, 도봉섭, 이덕봉, 이민재. 1937. 조선식물향명집. 조선박물연구회.
조민제 등. 2021. 한국 식물 이름의 유래『(조선식물향명집』 주해서). 심플라이프.
천리포수목원. 2025. https://www.chollipo.org/63
춘천시. 1996. 춘천100년사(하). 강원일보사 출판국.
하태문. 1987. 꽃말 · 꽃전설(꽃에 얽힌 사연들). 풍림출판사.
한국민속대백과사전. 2025. https://folkency.nfm.go.kr/topic/detail/7562
한국식물지편집위원회. 2018. 한국속식물지. 홍릉과학출판사.
한국식물지편집위원회. 2024. 한국식물지. 국립생물자원관. vol. 2b, 5a-2, 6c-1, 6c-2.

찾아보기

그날의
꽃
그날의
기억
식물학자가 들려주는
100가지 식물 이야기

1판 1쇄 펴낸날 2025년 11월 10일

지은이 | 유기억
펴낸이 | 김시연

편집디자인 | 최정희

펴낸곳 | (주)일조각
등록 | 1953년 9월 3일 제300-1953-1호(구 : 제1-298호)
주소 | 03176 서울시 종로구 경희궁길 39
전화 | 02-734-3545 / 02-733-8811(편집부)
02-733-5430 / 02-733-5431(영업부)
팩스 | 02-735-9994(편집부) / 02-738-5857(영업부)
이메일 | ilchokak@hanmail.net
홈페이지 | www.ilchokak.co.kr

ISBN 978-89-337-0854-5 03480
값 40,000원